典型海岛地质灾害监测与预警

李 萍 刘乐军 杜 军 徐元芹 高 伟 李培英 等

海洋出版社

2019·北京

图书在版编目（CIP）数据

典型海岛地质灾害监测与预警/李萍等著. —北京：海洋出版社，2019.4
ISBN 978-7-5210-0312-3

Ⅰ.①典… Ⅱ.①李… Ⅲ.①岛-地质灾害-监测预报-中国 Ⅳ.①P736

中国版本图书馆 CIP 数据核字（2019）第 009258 号

责任编辑：白　燕
责任印制：赵麟苏

海洋出版社　出版发行

http://www.oceanpress.com.cn
北京市海淀区大慧寺路 8 号　邮编：100081
北京顶佳世纪印刷有限公司印刷　新华书店北京发行所经销
2019 年 4 月第 1 版　2019 年 4 月第 1 次印刷
开本：889mm×1194mm　1/16　印张：15.75
字数：416 千字　定价：168.00 元
发行部：62132549　邮购部：68038093　总编室：62114335
海洋版图书印、装错误可随时退换

编 委 会

（按姓氏拼音排序）

前　言

海岛是连接我国内陆与海洋的"桥头堡"，是海上陆地国土和第二经济带的基地，具有港口、养殖、景观旅游、油气、矿物、风力等资源优势，在国家经济建设中担负着重要作用。海岛既是维护国家海洋权益的战略要地，也是建立国际交往海洋大通道的前沿阵地，同时也是区域可持续发展的战略资源宝库。无论在国家权益、国防安全、经济开发与建设等方面，海岛均具有举足轻重的战略地位和价值。

相对内陆而言，海岛面积狭小，地域结构简单，环境相对封闭，自我调节与恢复能力弱。随着全球气候变暖，海平面上升，台风、风暴潮等极端动力作用加强，自然灾害频繁对海岛造成巨大威胁。另外，由于人们对海岛环境、生态保护意识淡薄，人为活动如围填海、开挖养殖池塘、采石、采砂、滥采滥挖海岛资源等现象普遍存在。这些无序的、过度的开发活动使海岛陆域、岸线、岸滩、海水、生物生态环境发生了根本性的、难以逆转的变化，从而使海岛原生植被和土壤被破坏，水土流失严重，岸坡和岸线加速滑塌，导致一系列的海岛地质灾害发生，既破坏了海岛原来的生态环境和地貌景观，也给海岛人民的生命财产带来严重威胁。

内陆地质灾害监视监测预警工作成熟，2004年实施了《地质灾害防治条例》，并开展了全国汛期地质灾害气象预报工作，有效地减少了地质灾害引发的人员伤亡和财产损失。然而，相对于内陆而言，我国海岸带与海岛地质灾害监测预警研究尚在起步阶段。《中华人民共和国海岛保护法》于2009年12月发布，明确规定"国家实行海岛保护规划制度"。因此，为了科学制定和实施海岛保护规划，防止和减轻地质灾害对海岛经济社会和生态环境的影响，须对海岛的地质灾害进行监测、风险评估和预警示范研究。鉴于上述背景，2010年国家海洋公益性行业科研专项设立了"我国典型海岛地质灾害监测与预警示范研究"课题。开展了80个海岛地质灾害现场调查，15个典型海岛重要地质灾害周期性监测，选择了北长山岛、崇明岛和东海岛作为示范岛，构建了示范岛监测预警体系。项目在执行过程中，探索性地把新技术结合起来应用于海岛地质灾害的监测预警工作中。例如，开展了探地雷达、无人机与三维激光扫描仪联合监测岛陆滑坡；无人机、三维激光扫描仪和 CORS（Continuously Operating Stations，卫星定位连续运行参考站网）系统联合监测海岛海岸侵蚀与沙滩退化；地下水自动监测系统、常规水化学监测与电法相配合监测海岛海水入侵；常规地面高程测量与 PS-InSAR 地表形变监测海岛地面沉降等。

本书以上述研究成果为基础，着重介绍了海岛地质灾害监测技术方法，以及这些技术方法在北长山岛、崇明岛和东海岛 3 个典型海岛地质灾害监测中的应用，并构建了北长山岛、崇明岛和东海岛主要地质灾害预警体系，提出海岛主要地质灾害的防治对策。本书是国家海洋公益性行业科研专项"我国典型海岛地质灾害监测及预警示范研究"部分成果的总结；是《中国海岛典型地质灾害类型及特征》（2015）一书的姊妹篇，对其内容进行了补充与完善，进一步丰富了海洋地质灾害研究的领域和内容。

本书共 6 章：第 1 章主要阐述了海岛地质灾害研究的意义，主要地质灾害监测的内容与技术方法；第 2 章简要介绍了本书典型海岛基本环境特征，包括区域地质、气候条件和海洋水文；第 3 章介绍了海岛地质灾害类型，北长山岛、崇明岛和东海岛 3 个典型海岛主要地质灾害类型的监测和灾害特征，海岛近岸海底地质灾害类型与特征；第 4 章介绍了北长山岛滑坡、崇明岛海水入侵和东海岛海岸侵蚀地质灾害监测预警体系的构建；第 5 章介绍了海岛地质灾害监测预警辅助决策系统的设计、运行环境和功能；第 6 章对海岛地质灾害防治对策进行了阐述。本书由李萍和李培英统稿，刘乐军、杜军审稿，徐元芹校稿。

最后，借本书出版之机，向对本项目研究给予支持、指导和帮助的部门、单位及其有关领导、专家和同事，表示诚挚的谢意。专题的设计、执行、协调和管理，得到国家海洋局科技司的支持和具体指导。东海预报中心、广东海洋环境监测中心和烟台海洋环境监测中心的领导与项目参加人员，在外业调查、监测、资料收集中，提供了许多便利条件和支持。此外，在研究过程中，还有许多参加外业监测的同事和专家们给予了不同程度的帮助，在此一并致谢。

李　萍　李培英

2018.3.20

目　录

1 概述

1.1 海岛地质灾害研究的意义

海岛地质灾害系指对海岛人民生命财产造成直接损失，或对海岛生态环境和地貌景观造成破坏，并影响海岛经济社会发展和间接造成损失的岛陆、岛岸、环岛近岸海域的地质现象和地质作用（杜军等，2010）。

我国在大陆已经实施了《地质灾害防治条例》，通过建立地质灾害实时监视监测预警系统（包括系列监测站），已经开展了全国汛期地质灾害气象预报工作，有效地减少了地质灾害引发的人员伤亡和财产损失。然而，我国海岛地质灾害理论与技术方法的研究以及系统的调查与监测还没有开展，监测和预警工作尚处于起步阶段。

《中华人民共和国海岛保护法》于 2010 年 3 月 1 日颁布实施，明确提出"国家实行海岛保护规划制度"。近 20 多年来，沿海经济快速发展，海岸带和海岛开发活动异常迅猛，本来就脆弱的海岛生态环境受到严重威胁，发生地质灾害的几率在提高，例如沙滩退化、崩塌和滑坡等地质灾害，既破坏海岛原来的生态环境和地貌景观，也给海岛人民的生命财产造成损失，并影响海岛保护和海岛经济的持续发展。因此，为了科学制定和实施海岛保护规划，防止和减轻地质灾害对海岛社会、经济、生态环境和地貌景观的影响，满足海岛保护、管理和海岛人民及时获取防灾减灾信息的需求，开展海岛地质灾害监测、风险评估和预警示范研究，可以为科学制定海岛保护与开发规划提供依据，对保障海岛地区的经济社会可持续发展具有重要意义和应用价值。

1.2 海岛地质灾害监测与预警技术的研究现状

世界多数沿海国家都比较重视海岛管理及地质灾害防治工作。从 20 世纪 90 年代起，对地质灾害的监测与预警开始成为国内外政府机构和科研部门关注与研究的重点，但是由于海岛位置的特殊性，海岛地质灾害发生的突发性和强大的破坏力，如何有效进行监测和预警就成为一个亟待解决的难题。一些发达国家比较重视海岛地质灾害的监测与预警工作。美国、日本、欧洲诸国等开始大规模开展地震海啸、海水入侵、海岸侵蚀、滑坡泥石流等地质灾害风险分析或灾害评估工作（Aydan，2008；Douglass，1994；Furuya et al.，1999；Jones，1985；Manakou，2000），并把有关成果作为确定减灾责任与实施救助的重要依据。

滑坡泥石流作为海岛灾害监测与预警的重要组成部分一直是各沿海国家关注的重点。日本通过专业系统调查，获得了大量的重要灾害基础数据，如列出了全岛土砂灾害潜在危险区 41 万处，其中陡坡地崩塌危险区 11.7 万处，滑坡危险区约 9.2 万处，泥石流沟约 19 万条（鄢武先等，2012）。在地震和滑坡等地质灾害的监测与预报方面，采用激光高程测量和泡沫钻孔技术，建立了自动观测预警系统和地震 5 年预报体系（张燕，2007）。日本的地质灾害监测、预警、防治技术及其管理处于世界先进水平，并基本形成了法规体系。1985 年，美国地质调查局（USGS）和美国国家气象服务中心（USNWS）联合，在旧金山湾地区建立了滑坡泥石流预警系统（Wieczork，1990），主要是依据降雨强度、岩土体渗透能力、含水量和气象变化做出判断，预警结果通过气象中心进行广播（唐亚明等，2012）。美国地质调查局提出了 2006—2010 年滑坡灾害计划（LHP），将开发新的预测模型和滑坡监测技术，建立不同诱发因素（如强降雨、地震等）的滑坡灾害时空预测系统（美国地质调查局，2009）。

海岛海岸侵蚀的监测与研究，同样受到沿海国家的关注与重视。20 世纪 80 年代中期后，欧盟海岛国家相继执行的 CORIN、SEDMOC（1998—2002）、HUMOR（2001—2005）和 EUROSION（1999—2004）等研究计划，对欧洲沿海国家海岸的长/短期演变规律、泥沙的运动机理、海岸侵蚀强度以及预报模型和防护措施等开展了比较全面的研究（杜军，2009）。十几年前，联合国教科文组织开展的"应对海滩侵蚀"项目，对加勒比海地区海岛国家及部分欧美国家的海滩侵蚀进行了观测和研究，并推荐利用划定预警线（Setback）的措施进行海岸带财产的保护（Cambers，1998）。在海岸侵蚀数据获取方面，除了传统的直接观测方法，如利用 DGPS、RTK DGPS 系统、全站仪、激光测距仪等对岸线位置、海滩高程进行观测外，近年来遥感技术在海岸侵蚀研究中的应用愈来愈受到青睐，特别是航空相片和定点光学摄影等方法（Argus Metric System）。在海岸带管理项目（CZMP）支持下，美国马萨诸塞州、得克萨斯州等州在多个侵蚀典型岸段，构建了基于固定观测塔（Argus Metric System）和不定期重复监测海滩剖面相结合的监测网络，建立了技术中心、州政府、联邦政府三级节点的海岸侵蚀数据处理、预测、传输、发布和决策体系。1994 年美国国会批准的"洪涝灾害保险改革计划（National Flood Insurance Reform Act）"项目，对 60 年后海岸侵蚀灾害开展了评估研究（任自力，2012）。2004 年，欧盟 EROSION 项目基于海岸侵蚀及洪涝灾害影响半径的概念，对欧洲各区域海岸侵蚀风险进行定量评价（Morgan et al.，1998）。

澳大利亚沿海多个城市自 20 世纪 60 年代发现海水入侵现象后开始布置监测网，并制定相应的用水计划（Adrian et al.，2012）。1977 年美国环境保护局编著的《美国咸水入侵调查》和 1986 年美国俄克拉荷马大学编著的《美国咸水入侵现状与潜在问题》，总结了美国自 20 世纪 50 年代以来海水入侵方面的研究成就（尹泽生等，1991）。其中在海水入侵监测预警的数据获取方面，主要采用了水文地球化学方法和地球物理探测方法，如电阻率测深、瞬变电磁测深、激发极化、Gamma 射线和感应电导率测井等（李福林，2005）。

我国陆地区域地质灾害监测和预警工作在 20 世纪 80 年代末逐渐开始。近几年，针对崩塌、滑坡、泥石流等突发性地质灾害，已逐步建立了系统的监测和预警体系。目前，省级地质灾害气象预警体系已经初步形成，并在部分重点地区建立了地质灾害监测预警示范站。在缓变性地面沉降曾经较为严重的上海，全市地面沉降自动化预警预报系统工程正在建设和完善之中（方志雷等，2009）。目前，我国控制长江三角洲地区和华北平原地区的区域地面沉降监测网络已初具规模。

对于滑坡的监测与预警方法主要是采用 GPS、InSAR 等监测技术测量地表变形，钻孔测斜仪检测深部位移，孔隙水压力计监测地下水变化动态，钢筋应力计分别用于监测抗滑桩内部钢筋和锚索、锚杆的受力变化；同时，采用遥测台网技术采集包括位移、倾斜、地下水、钢筋计、危岩声发射等在内的各种动态监测数据。此外，还开发了 3D 可视化监测信息管理系统（欧阳祖熙等，2005）。泥石流监测主要以接触式监测为主，结合成因预报的方法，即通过设在泥石流孕育区的雨量资料，建立泥石流预警数学模型，以此来判断泥石流暴发的可能性，同时通过监测断面高度或泥位对泥石流流体进行量化监测，利用泥石流从监测断面到保护区的流动时间差来做出预警报（杨顺等，2014）。香港与台湾地区是我国山地地质灾害最发育的地区，港台学者在山地地质灾害监测预警方面的调查与研究深度也较高，自 1994 年起系统地研究香港的自然山坡和它们的危险性，编制了香港岛、九龙半岛自然山坡山泥倾泻事件目录。香港特区政府土木工程署 1998 年建立了一个覆盖范围广阔的自动雨量计网络，基本实现山泥倾泻（即滑坡）警报系统（余逸锋等，2002）。

遥感技术应用于地质灾害调查，可追溯到 20 世纪 70 年代末期，在国外，开展得较好的有日本、美国、欧共体等（冯东霞等，2002）。日本利用遥感图像编制了全国 1/5 万地质灾害分布图；欧共体各国在大量滑坡、泥石流遥感调查基础上，对遥感技术方法做了系统总结，指出识别不同规模、不同亮度或对比度的滑坡和泥石流所需遥感图像的空间分辨率；遥感技术结合地面调查的分类方法，用 GPS 测量及雷达数据监测滑坡活动可能达到的程度（冯东霞等，2002）。从载荷平台划分，现有遥感技术分为卫星遥感技术、载人机遥感技术和无人飞行器遥感技术。卫星遥感技术的优点是航天平台位于大气层之上，遥感平台飞行不受大气层扰动，只要遥感器的空间分辨率足够好，获取的影像分辨率甚至优于航空遥感影像，目前大多数卫星影像的空间分辨率还达不到微型海岛的管理要求（杨燕明等，2011）。载人机航空遥感的优点是有一定的机动性，没有卫星重访周期的问题；可方便更换遥感载荷，影像分辨率不受 0.5 m 的限制；但数据获取成本高昂，且受到空域管制和转场等因素的制约。无人飞行器遥感技术由于具有自主性强、机动灵活、快速、经济等优势，已经成为世界各国争相研究的热点课题，现已逐步从研究阶段发展到实际应用阶段，有望成为未来主要的航空遥感技术（金伟等，2009）。

我国利用遥感技术开展地质灾害调查起步较晚，但进展较快。20 世纪 80 年代初，湖南省率先利用遥感技术在洞庭湖地区开展了水利工程地质环境及地质灾害调查工作。随后，先后在雅砻江二滩、红水河龙滩、长江三峡、黄河龙羊峡、金沙江下游溪落渡、白鹤滩及乌东清等电站库区开展大规模的区域性滑坡、泥石流遥感调查。自 80 年代中期起，分别在宝成、宝天、成昆等铁路沿线进行大规模航空摄影，为调查地质灾害分布及其危害提供了信息源（李江等，2011）。90 年代起，在主干公路及京九铁路沿线也使用了该技术（张卫东等，2006）。近年来，在全国范围内开展的"省级国土资源遥感综合调查"中，各省（区）都设立了专门的"地质灾害遥感综合调查"课题（1∶50 万~1∶25 万），其目的为识别地质灾害微地貌类型及活动性。通过近 20 年的实践，摸索了一套较为合理、有效的滑坡、泥石流等地质灾害遥感调查方法。即利用遥感信息源，以目视解译为主，计算机图像处理为辅，重点区遥感解译成果与现场验证相结合，并辅助其他非遥感资料，综合分析，多方验证。目前地质灾害遥感调查已从示范性实验阶段，走向全面推广的实用性阶段（卢刚等，2014）。

我国国土资源部通过建立 700 个调查县（市）县、乡、村三级责任制的群测群防、群专结合的监测预警体系和"防灾预案"，2017 年全国共成功预报地质灾害 1 642 起，有效应急避险 55 356 人，避免直接经济损失 14.5 亿元（中国地质调查局，2017）。相比于内陆地质灾害开展的调查、监测和取得的成果，我国海岛地质灾害的调查与研究工作开展得较少，而关于海岛地质灾害监测预警方面的研究则更加薄弱。

1.3　典型海岛地质灾害监测内容与技术

海岛主要地质灾害有岛陆滑坡、海岸侵蚀与沙滩退化、海水入侵、滨海湿地退化、地面沉降及海底潜在灾害地质因素。针对不同地质灾害研究需要使用不同的监测技术，以便实现科学的研究目的。

1.3.1 典型海岛地质灾害监测内容

1.3.1.1 滑坡监测内容

（1）滑坡体的位置、形态、分布高程、几何尺寸、体积规模。

（2）滑坡体的地质结构，包括地层岩性、地形地貌、地质构造、岩（土）体结构类型、斜坡组构类型。岩土体结构应重点查明软弱（夹）层、断层、裂隙、裂缝、采空区、临空面、侧边界、底界（崩滑带）以及它们对滑坡的控制和影响。

（3）滑坡变形发育史，进行变形监测，查明变形特征。

（4）滑坡运移斜坡与堆积体，划定滑坡灾害范围，确定滑坡派生灾害的范围。

（5）调查滑坡体周边环境地质体的工程地质特征。

（6）非地质孕灾因素（如降雨、开挖、采掘等）的强度、周期以及它们对滑坡变形破坏的作用和影响。

（7）进行数值模拟和物理力学性质模型试验，研究滑坡体变形破坏形式和特征，研究其稳定性和防治工程方案及效果。

1.3.1.2 海岸侵蚀与沙滩退化监测内容

（1）岸线变化情况，包括岸线后退距离、速率等。

（2）海滩剖面的形态变化，监测周期内海滩剖面的变化趋势、下蚀速率。

（3）监测桩的桩高变化，距海岸沙丘坡脚的距离变化及相应的后蚀速率。

（4）风成沙丘的形态及后退变化。

（5）海滩沉积物粒度参数变化，主要包括平均粒径、分选系数的变化趋势。

1.3.1.3 海水入侵监测内容

（1）监测井的静水位变化。

（2）水化学监测，包括水样氯离子浓度、矿化度、钾、镁、钠、钙、硫酸根、碳酸氢根。

（3）监测剖面电阻率变化，分析入侵的通道和范围。

（4）监测海水入侵的距离、范围及强度。

1.3.1.4 滨海湿地退化监测内容

（1）湿地面积变化：监测时段内湿地的分布特征和面积的变化，包括陆域、海域的转换、岸线变迁、海岸侵蚀特征等。

（2）湿地类型变化：自然及人为活动作用下，湿地类型的变化情况，包括湿地功能的变化、类型格局的转变等。

（3）湿地植被特征变化：监测时段内湿地植被的分布变化、植物群落类型的变化、演替的特征、种类的变化等。

（4）湿地环境质量状况：监测时段内湿地土壤环境、水环境、生态环境等的变化状况，包括近岸及岸滩以上咸水与淡水的主要水质指标、岸滩沉积物与岸上土壤的主要污染指标、生态环境健康状态等。

（5）湿地区域人类活动状况：监测湿地区域内人类的作用方式和开发活动特征，包括此处的人类行为方式、开发活动的方式、强度、趋势、影响范围等。

1.3.1.5　地面沉降监测内容

（1）地面沉降变化监测：选择典型区域，设立监测控制点，通过仪器的周期性观测，获得固定时期内地面沉降量监测结果。

（2）地面沉降分布特征：在环岛陆分布的填海区域，选择部分重点监测区，利用监测结果，分析岛屿地面沉降分布特征。

（3）总体地面沉降量估算：利用收集到的区域工程地质钻孔资料，选用合理的沉降量估算模型，估算沉积物固结沉降量、固结时间和固结度等。

（4）地面沉降影响因素分析：利用地面沉降量的短期监测结果和模型估算结果，结合区域地质构造背景、沉积物特性、人类活动特征等，分析造成地面沉降的自然或人为因素，进一步评价各因素对地面沉降量的贡献。

（5）沉降固结变化趋势预测：利用实测、估算结果和影响因素的分析，确立区域历史沉降量，预测未来总的沉降幅度及时间，为岛屿开发、生态保护等提供科学依据。

1.3.1.6　海岛近岸海底地质灾害调查内容

调查海岛重点岸段海底地形、地貌和地层特征，识别和圈定海底表层和地层中的灾害地质体，分析其特征，评价其危害性。

1.3.2　典型海岛地质灾害监测技术方法

1.3.2.1　滑坡监测技术方法

监测技术方法主要有宏观地质观测法、简易测量法、大地精密测量法、GPS 法、仪器仪表监测法和综合自动遥测法等。

1）传统地质监测

这种方法主要是对滑坡发育过程中的各种迹象，对滑坡体形态、裂缝、落石等进行定期监测、记录，掌握滑坡的动态变化和发展趋势。

2）无人机遥感整体监测

无人机遥感技术是指利用无人机飞行平台，通过搭载对地成像载荷，获取高重叠度无人机图像，并利用无人机图像处理技术获取地面无人机正射图像与三维高程信息。本项目采用高性能四旋翼无人机系统。高性能四旋翼无人机系统安全可靠，具有无需要跑道，对起降场地要求低；操控性能好，灵活、机动性好，可在 1 000 m 以下的任意高度悬停和飞行，抗风能力较强等优点，适合于海岛无人机高分辨率图像的获取。

3）滑坡体三维激光扫描

三维激光扫描技术，是从复杂实体或实景中重建目标的全景三维数据及模型，与传统的单点定位测量及点线测绘技术不同，该技术主要是获取目标的线、面、体、空间等三维实测数据并进行高精度的三维逆向建模，其采样点的集合称之为"距离影像"或"点云"，三维激光扫描系统的核心是激光发射器、激光反射镜、激光自适应聚焦控制单元、CCD 技术、光机电自动传感装置。

三维激光扫描总体流程包括：资料收集及分析、现场踏勘、技术设计、仪器和软件的准备与检查、控制测量、数据采集、数据处理、成果制作、质量检查与成果提交等环节。

4）滑动面探测——探地雷达探测

探地雷达法是一种对地下或物体内不可见的目标体或界面进行定位的电磁技术（周松，2003），具有很高的高分辨率和作业效率，用电磁波穿透地下介质，其穿透深度取决于介质的介电常数和电导率，通过记录反射时间来获取地层内部结构特征。

5）滑动距离监测——位移传感器监测

该方法适合于滑坡、崩塌等突发性地质灾害裂缝位移的自动监测及预警。位移传感器安装在滑坡的地面裂缝两侧。监测过程中，位移数据能够自动记录，并实时通过 GPRS 信号传送回接收系统，当裂缝张开尺度超过设定的报警阈值时，便会自动对险情报警。

6）气象指标资料收集

该方法主要针对滑坡体外部诱发因素的监测，包括降雨量、降雪量、融雪量、气温和蒸发量等监测内容（周平根，2004）。根据降雨期间的滑坡距离实时监测数据，可分析降雨量和降雨持续时间与滑坡体滑动速率之间的关系，对分析和研究滑坡体滑动速率和滑动机制等起到十分重要的作用。

1.3.2.2 海岸侵蚀与沙滩退化监测技术方法

根据海岸侵蚀监测要素和实际作业条件，确定海岸侵蚀地质灾害主要采用的监测方法。海岸侵蚀监测分为剖面形态监测、岸线变化监测、高滩风成沙丘形态监测和动力因素监测等，采用的监测方法主要有传统地质监测法、卫星遥感监测法、无人机遥感监测法、滩面高程监测法、沉积物粒度监测法、监测桩监测法和三维激光扫描监测法等。

1）传统地质监测法

传统地质监测法主要是对砂质岸滩等进行定期监测、记录，掌握岸滩的动态变化和发展趋势。可采用无人机、照相机、摄像机等拍摄不同时期的标志物变化情况，是对海岸侵蚀最直观的监测方式。

2）卫星遥感监测法

卫星遥感监测法对区域海岸环境变化和大面岸线变化具有较高的效率。对比不同时期的遥感影像提取海岸线，根据监测区的海岸类型分别按照设定的解译标准，通过遥感影像解译出不同时期的海岸线，结合地形图、海图，经过在勘察数据验证的基础上，把各个时间的岸线在地理信息系统中进行叠加，得到工作区海岸线多年的动态变化图。

3）无人机遥感监测法

无人机遥感监测法是指利用无人机飞行平台，通过搭载对地成像载荷，获取高重叠度无人机图像，并利用无人机图像处理技术获取地面无人机正射图像与三维高程信息。无人机遥感监测工作主要包括监测准备、实施监测及数据处理 3 个部分。

（1）在确定海岛监测区域后，应充分收集监测区域的最新卫星遥感图像、交通与地形地貌等相关资料，了解监测区域的近期气象条件、潮位以及周边机场、重要设施等情况。

（2）在资料收集基础上，对海岛监测区域及其周边环境进行实地踏勘。踏勘任务主要包括确认监测区域及周边地形地貌、周边设施，影响 GPS 信号与地磁环境的干扰因素，确定无人机起降位置、岸线大致位置以及监测边界，进行航线规划设计。

（3）在现场踏勘的基础上，确定海岛监测区域的无人机飞行范围，规划无人机自动飞行航线，包括飞行高度、速度、航向、旁向重叠度，设计地面控制点（检查点）布设方式。

（4）无人机起飞前，仔细检查系统设备的状态是否正常，对直接影响飞行安全的无人机动力系统以及航线等应重点检查和确认。

（5）在无人机准备起飞期间，开展海岛监测区域内的地面 GPS 控制点选取与标志板布设。为保证无人机作业时间窗口，地面控制点测量可在完成无人机飞行作业后开展；但对于易受潮水影响的地面控制点须提前或同步于无人机进行测量。

（6）在仪器设备检查与安装测试正常以及 GPS 控制点布设完毕的基础上，采用预先设计的航线进行无人机自主导航飞行作业，获取海岛监测区域的高重叠度无人机图像。

（7）无人机飞行作业完毕后，采用平面、高程精度要求在 10 cm 以内的高精度 DPGS 或 RTK GPS 进行地面 GPS 控制点测量，同时利用数码相机对这些 GPS 控制点进行现场拍照记录。

（8）无人机图像内业处理。对获取的海岛高重叠无人机图像开展无人机图像正射处理、三维点云、地形数据提取；在正射图像基础上解译海岸侵蚀线位置、类型以及海岸植被状况等相关信息；同时依据多时相无人机正射图像，开展海岛岸线变化特征以及海岸侵蚀等分析。

4）滩面高程监测法

该方法主要应用于对岸滩剖面进行周期性测量。基于 CORS 系统，通过监测不同时期的海滩剖面高程，分析剖面形态变化过程，反映岸滩的冲淤状况，研究海岸冲淤变化机制和不同动力因素对海滩冲淤的影响。RTK（Real-time kinematic）实时动态差分法，是一种能够在野外实时得到厘米级定位精度的测量方法。而 CORS 通过建立永久性的基站，采取长时间的连续观测，通过对这些点观测数据的解算，获得该区域该时间段的"局域精密星历"，即为 CORS 系统的基本理论依据（张永奇等，2014）。利用 CORS 测量技术可对海滩剖面进行高效快速测量，获得高精度海滩剖面高程数据。

5）沉积物粒度监测法

沉积物粒度参数不仅可以用来提取沉积物的沉积环境、水动力等信息，还可以用来指示沉积物的搬运趋势。通过对海滩剖面不同时期的沉积物粒度监测，获得该剖面区域的沉积物粒度变化特征，可直观反映监测区域沙滩变化情况。

6）监测桩监测法

监测桩监测法是最为简单有效和具有最高精度的海岸变化监测方法。通过在海滩监测剖面布设监测桩，量测监测桩出露地表的高度，反映海滩下蚀与否。若监测桩高度变大，表明该处处于下蚀状态，反之则处于淤积状态。长周期监测中，高滩监测桩距离沙丘坡脚的距离可以反映海岸线是否有蚀退现象的发生。若其距离变大，则说明沙丘有后退迹象，但是需要注意短周期监测中沙丘滑塌或海滩吹沙，往往造成海砂在后滨沙丘坡脚堆积，此时量测监测桩距沙丘坡脚的距离时，反而会导致距离变小。

7）三维激光扫描监测法

利用三维激光影像扫描仪非接触式高速激光测量海岸沙丘的高程与体积变化情况。

1.3.2.3 海水入侵监测技术方法

海水入侵监测技术方法主要有静水位测量、水化学法监测和电法探测。

1）静水位测量

在调查区选用与人们生活息息相关的民用水井进行水位测量，记录测量时的天气状况，以及测点高程和周边环境特征。地下潜水观测是测量静水位埋藏深度，观测方法采用皮尺加泡沫浮子物测绳测量，并将观测井的上沿作为基准点，根据水准测量确定测点高程。观测频率为每月观测 1 次，观测时间为早晨用水前。观测记录时，同时记录天气状况和用水情况。测绳每半年校测一次，防止测绳拉长引起的测量误差。

2）水化学法监测

定期对调查区域内设置的测井进行水质取样，为实验室分析和项目研究做好样品采集。现场人工采集水样量 1 000 mL（500 mL×2 瓶）。用取样水桶采集活水样清洗水样瓶，连续采集 3 次，清洗水样瓶 3 次；第四次采集水样灌装 1 000 mL，立即密封水样瓶，贴上标签；取样点位置，取样时间和水样编号要在现场登记在取样本上，并记录取样时的环境条件。

将野外采集水样移送至实验室，进行氯度、矿化度含量测定。实验分析主要是对地下潜水化学成分进行测定，测定水化学要素：氯离子浓度、矿化度。同时对水样每 3 个月进行钾、镁、钠、钙、硫酸根、碳酸氢根 6 大离子的监测分析，以验证海水入侵特征及分析入侵成因等。

3）电法探测

电法探测用于监测海水入侵，是依据咸淡水两种不同介质对自然或人工电场不同的电导反映（电阻率、充电率差异）来确定海水入侵形成的咸淡水界面，它常和化学指标法共同使用，相互补充、相互印证。采用的主要指标有：①电阻率指标，主要方法有垂向电测深法和瞬变电磁法；②充电率指标，目前仅限于激发极化法。一般视电阻率值 20 Ω·m 可作为咸淡水界面的特征值。垂向电测深法是海水入侵监测中最常用的物探方法，缺点是受高阻包气带和低阻地层的影响会导致测量误差。瞬变电磁法能够有效地确定不同深度的导电层（包括高阻包气带和低阻地层），特别适宜于多层含水层海水入侵监测，但其曲线解译复杂，影响了实际使用。激发极化法可以根据人工电场在地下岩层产生极化二次场的衰减特性及多项物理参数异常来确定岩层性质，它可以作为垂向电测深法的一种补充手段。另外，电剖面法、电磁剖面法和地震反射法等物探方法也可用于海水入侵监测，而且常常多种方法联合使用，相互补充。

1.3.2.4 滨海湿地退化监测技术方法

主要有野外现场监测与调查、遥感影像解译与分析、文献资料收集与整理，实测资料与历史资料相结合，是一种遥感与典型断面调查相结合的方法。

1）资料的收集与整理

尽可能多地收集研究区域相关的调查研究报告，包括历史海岸带与海岛调查资料，调查区域地质、地貌、水文、农业、水产养殖、盐业利用、水利、交通等资料，与湿地退化相关的海面上升、海水入侵、海岸侵蚀等灾害资料，海洋功能区划、海洋开发规划、湿地开发利用规划等；各种图件，如地形图、土地利用图、植被图等；不同时期的遥感影像等。

2）湿地类型及变化

通过遥感影像分析和现场调查监测相结合，确定调查区的滨海湿地类型、面积及分布状况，同时对比不同时期的历史图件和资料，结合 20 年来不同阶段的遥感影像，分析研究区域的滨海湿地在相应时期的类型分布及其变化特征。

3）滨海湿地环境特征调查与监测

根据海岛滨海湿地的环境条件布设调查监测断面。一般一个海岛的调查监测断面不少于 5 个，必要时可根据实际情况适当增加断面；除特殊需要（因地形、水深和监测目标所限制）外，所有断面应在兼顾到不同类型的滨海湿地前提下在调查区域内尽量均匀布设。一般情况下，每个断面的调查监测站位不少于 3 个，可根据断面长度与环境特征适当增加站位。在各站位进行水质和底质（或土壤）的 pH 值、盐度、生物、污染状况等的调查与监测。断面调查与监测频次一般每年 2 次，分别在 6 月前后和 10 月前后。

4）滨海湿地开发利用与保护现状调查

以实地调查和资料调研相结合的方式，了解湿地的开发利用和保护现状，弄清造成滨海湿地损失退化的主要影响因素及其作用特点，分析各种开发活动和保护利用措施对海岛滨海湿地的影响程度和未来发展状态。

5）湿地损失退化现状与原因调查分析

通过历史文献资料和现场调查监测资料的对比，分析导致滨海湿地损失退化的主要影响因子、作用特点、退化现状与变化趋势。

1.3.2.5 地面沉降监测技术方法

1）实地高程测量

通过实地踏勘调研，选定合理的重点监测区域和断面，建立测量控制网。利用传统测量仪器全站仪或 GPS 等，按照地面沉降测量规范实施现场观测。通过定期内的周期性重复测量完成现场监测工作。

2）PS-InSAR 地表形变监测

InSAR 技术作为一种新型空间对地观测技术，具有全天时、全天候的对地观测能力（董育烦，2008）。周期性地重复观测能够为长时间序列的形变分析提供丰富的数据集。高相干点目标分析技术：永久散射体（PS）方法、小基线集（SBAS）方法、最小二乘（LS）方法能够充分有效地利用长时间序列的雷达影像，研究具有稳定散射特性的高相干目标，估计并去除 DEM 误差、大气噪声等误差的影响，得到高精度的地表形变监测结果。

1.3.2.6 海底地质灾害调查技术方法

1）水深地形测量

水深测量使用数字化单频测深仪，测深仪配置有 TSS 姿态测量仪。姿态测量仪同时测量船只的横摇、纵摇、起伏等参数，通过仪器本身的校正功能或导航软件的校正功能，消除因风浪引起的水深测量误差，提高测深精度；同时改正因船只运动造成的 DGPS 定位误差，提高水深点的位置精度。测量导航软件在记录水深数据的同时，将序号、日期、时间、经度、纬度、直角坐标一同记录。

2）海底地貌探测

海底地貌探测使用双频声呐系统，具有斜距校正、目标测定和实时镶嵌等功能，在进行模拟资料记录的同时，利用软件进行数据采集。

3）浅地层剖面探测

海底浅地层探测使用浅地层剖面仪，要求分辨率优于 0.3 m，记录资料好，信噪比高，地层分界面清晰，相位连续可辨。

1.3.3 典型海岛地质灾害主要监测仪器

1.3.3.1 无人机 MD4-1000

空载重量：2 650 g；最大起飞重量：5 550 g；有效载荷：500 g，载荷为普通相机，像素为 1 200 万；搭载 6S2P 电池组时，留空时间约 40 min；搭载 6S3P 电池组时，留空时间约 70 min。

爬升速率：7.5 m/s；巡航速度：15.0 m/s；工作温度：−10~40℃；工作湿度：最大 80%；环境风力：9 m/s；飞行高度小于 300 m；工作海拔小于 4 000 m；飞行半径：基于遥控飞行 1 000 m，采用 Waypoint 自动驾驶可以飞得更远；动力配置：4×250 W 盘式无刷直驱电机，总推力高达 106 N；导航系统：DGPS，双惯性导航系统（INS），双飞行控制器（定位精度 3 m 以内）；控制方式：遥控，GSM 网络遥控，Waypoint 自动驾驶。

高性能四旋翼无人机系统主要由无人飞行器、遥控器、地面控制站及图像采集设备（数码相机、摄像机）4 个部分组成（图 1.1）。飞行器是主要的飞行平台以及飞行指令处理与执行中心；飞行遥控器用于四旋翼无人机的手动起飞、降落与飞行，并能实时接收来自飞行的主要参数，包括电压、GPS 信号等；地面控制站用于实时监控无人机的飞行状态，包括飞行姿态、GPS 定位精度、空中风速等重要参数；机载图像采集设备用于获取地表图像或视频资料。

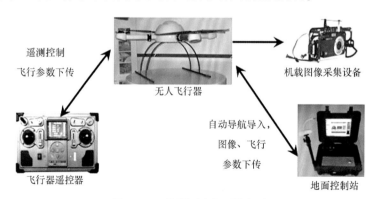

图 1.1 四旋翼无人机系统组成

1.3.3.2 HiperIIG 高精度 GNSS 系统

HiPerIIG 由拓普康定位系统公司针对中国用户的实际需求，按照国际水准进行设计，是拓普康（北京）科技发展有限公司在中国本土生产制造的第一款 GNSS 产品。其 GNSS 技术和设备制造的原材料都是当今最为先进的，是国际原装设计、拓普康先进的 GNSS 技术、国际标准的原材料、中国国内生产制造 4 大要素的有机结合。HiPerIIG 定位精度如表 1.1 所示。

表 1.1　HiPerIIG 定位精度

		定位精度×2
静态	L1+L2	H：3 mm + 0.5×10^{-6} V：5 mm + 0.5×10^{-6}
	L1	H：3 mm + 0.8×10^{-6} V：4 mm + 1×10^{-6}
快速静态	L1+L2	H：3 mm + 0.5×10^{-6} V：5 mm + 0.5×10^{-6}
动态	L1+L2	H：10 mm + 1×10^{-6} V：15 mm + 1×10^{-6}
RTK	L1+L2	H：10 mm + 1×10^{-6} V：15 mm + 1×10^{-6}
	DGPS	<0.5 m

1.3.3.3　影像全站仪

影像型三维扫描全站仪用于全天候无人自动监测，系统具有足够的探测距离，能够完成对颜色比较暗的海岛礁石、土壤等的探测，具有多种用途的环境地质，工程地质的高精度图像型三维扫描系统。

Topcon（拓普康）影像全站仪具有 0~2 000 m 内测量数据精准，精确到毫米级的技术优势。具有自动照准，自动扫描等功能。可进行单点单站测量，也可对指定区域进行扫描，自动保存数据，操作简便快捷。结合 TOPCON Image Master 软件具有等高线、断面图、面积、体积计算功能，软件还可以将所测数据生成立体模型，并结合所拍照片模拟真实测量场景（图 1.2）。

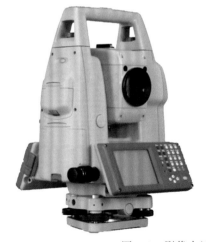

图 1.2　影像全站仪（拓普康）和三维激光扫描仪（徕卡）

1.3.3.4　三维激光扫描仪

三维激光影像扫描仪是一种集成了多种高新技术的新型测绘仪器，采用非接触式高速激光测量方式，为高精度自然表面的快速生成提供了新的高自动化的方法，具有非接触，快速获取 3D 点云数据等优点。

瑞典徕卡 Leica Scan Station C10（图 1.2）技术指标如表 1.2 所示。

表 1.2 Leica Scan Station C10 技术指标统计

单点测量精度	位置：6 mm；距离：4 mm；角度（水平/垂直）：12″/12″
模型表面精度	2 mm
标靶获取精度	2 mm 中误差
双轴倾斜补偿器	可选择开关，设定精度：1.5″/7.275 urad，分辨率 1″，补偿范围±5′
测程	C10：300 m（90%反射率）134 m（18%反射率）最小距离 0.1 m
描速率	C10：最大 50 000 点/s
扫描分辨率	激光点大小：≤7 mm（0~50 m，基于高斯定义） ≤4.5 mm（0~50 m，基于 FWHH 定义） 采样点间隔在水平和垂直方向上都可独立设定
视场	水平 360°，垂直 270°
内置相机	360°×270°全景；单张 17°×17°照片，像素 1 920×1 920（400 万像素）全景 260 张照片
外置相机	佳能 EOS60D：3 456×5 184（1 800 万像素）；全景 6 张照片
供电时间	内置电池≥3.5 h；外置电池>6 h，在连续使用，室温条件下
充电时间	利用 GKL221 充电器标准充电时间<3.5 h（2 块电池） 外置电池：室温下标准充电时间 3.5 h
环境参数	工作温度 0~±40℃；存放温度-25~+65℃；湿度：最大 95%
光线	明亮的阳光至完全漆黑的环境皆可工作

1.3.3.5 瑞典 MALA 探地雷达

探地雷达是一种高效的浅地层地球物理探测仪。本次调查所采用的瑞典探地雷达使用了两种天线，满足不同探测深度和分辨率的需求（表 1.3）（图 1.3）。

表 1.3 瑞典 MALA 探地雷达天线技术指标

天线频率	近似径向分辨率（cm）	最大探测深度（m）	探测能力
25 MHz	100	50	穿透深度很深，一般适用于开阔区域的地质勘察、地质分层等
100 MHz	25	25	具有良好穿透深度和中等分辨率的常用天线。其应用范围非常广泛，用于河流探测、地质填图、岩溶探测、湖底探测、深部管线探测、基岩探测等

1.3.3.6 位移计（VJ400-200）

VJ400-200 型振弦式测缝计是长期埋设在水工建筑物或其他混凝土建筑物内部及表面，用于测量结构物伸缩缝或周边缝的开合度（变形），并可同步测量埋设点的温度。加装配套附件可组成基岩变位计、表面裂缝计、多点变位计等测量线性变形的仪器（图 1.3）。

最大外径外形尺寸（mm）：Φ25×560；测量范围：200 mm；分辨力 K（$\%F \cdot S/F$）≤0.05%；温度测量范围：-25~60℃；温度测量精度：±0.5℃；温度修正系数 b（$\%F \cdot S/℃$）≈0.05；防渗水压力≤1 MPa。

图 1.3　瑞典 MALA 探地雷达和恒张力位移传感器

1.3.3.7　定位：美国 Navcom 公司 SF-2050G 星站差分 GPS

采用 StarFire 差分网络技术、定位灵活；24 个双频 GPS 接收通道、2 个接收卫星基准；增强系统信号通道；输出速率：50 Hz；集成的 GPS 和 L 波段天线；速度精度：0.01 m/s；水平测量精度：优于 0.15 m 的平面定位精度。

1.3.3.8　E60DN 高密度电法仪

海水入侵通道监测采用 E60DN 高密度电法仪。它是 E60 系列高密度电法工作站中，功能全、功率大的最新型设备。系统由主机、PS-2 型开关电缆、电极、开关电缆电源中继站（选配）、EP3000 电源站（选配）、发电机（选配）、数据处理分析软件和用户技术服务体系组成。

表 1.4　E60DN 高密度电法仪技术指标

接收部分	最大电极开关选址数：65535
	A/D 转换位数：24 位
发射部分	最大输出峰值功率：400 Vpp/1 App（内置电源）
	768 Vpp/3 App（外接电源）
	脉冲类型：方波
	脉冲长度：1 s、2 s、3 s 和 4 s 程控可选
显示及记录部分	主处理器
	内存：1 GB
	内置硬盘：250 GB
	显示器：10.1" LED 液晶屏 WSVGA（1 024×600）
	输入电源：12 V DC
	记录格式：Geopen 格式/ABEM 格式/文本
环境要求	操作温度：-30℃～+50℃
	储藏温度：-40℃～+70℃
	操作湿度：≤95%
	防水等级：IP54（防尘、防雨）
体积重量	体积：360 mm×230 mm×100 mm
	重量：6 kg

2 典型海岛基本环境特征

我国海岛数量多，分布范围广。据不完全统计，面积大于 500 m^2 的岛屿有 7 372 个（不包括海南岛本岛、台湾、香港、澳门及其所属岛屿），面积小于 500 m^2 的海岛则数以万计。这些海岛分布在南北跨越 38 个纬度，东西纵横 17 个经度的海域范围中。最北的岛屿是渤海辽东湾北部的小笔架山岛（40°54′N），最南端的是曾母暗沙（3°37′N）。

我国海岛种类多样，形态各异。每个海岛的成因、形态各不相同，气候、水文、生物、地质、地貌等条件各有差异，形成各自独特的自然环境。其中以大陆基岩岛的数量最多，约占全国海岛总数的 93%；其次是泥沙岛，约占 6%，珊瑚岛数量最少，仅占 1.6%。我国海岛广布温带、亚热带和热带海域，生物种类繁多，不同区域海岛的岛体、海岸线、沙滩、植被、淡水和周边海域的各种生物群落和非生物群落共同形成了各具特色、相对独立的海岛生态系统，一些海岛还具有红树林、珊瑚礁等特殊生境。

海洋公益性行业专项"我国典型海岛地质灾害监测及预警示范研究"（201005010）课题选择了北长山岛、崇明岛和东海岛作为示范岛，开展了海岛滑坡、海水入侵与海岸侵蚀灾害的监测与预警系统研究。本章主要介绍了这 3 个不同典型海岛的基本环境特征。

2.1 北长山岛基本环境特征

长岛县位于渤海海峡，黄渤海交汇处，由大小 32 个岛屿组成，历称庙岛群岛，又名长山列岛。北与辽宁老铁山对峙，相距 42.24 km，南与蓬莱高角相望，相距 6.6 km，系渤海咽喉、京津门户。

北长山岛位于庙岛群岛南部，北为长山水道，南与南长山岛相连，地处 37°58′30″N、120°42′30″E。该岛近椭圆形（图 2.1），岛的长轴方向呈北西向展布，长 5.046 km，宽 2.804 km，岛陆面积 7.98 km^2，岸线长 15.41 km，最高峰为中部的嵩山，海拔 195.7 m。该岛隶属烟台市长岛县管辖，现有常驻居民 2 614 人。

北长山岛岸线类型主要有基岩岸线、砾石岸线和人工岸线。其中，人工岸线分布最为广泛，从岛的东南一直延伸到西北侧，主要为码头、人工养殖场、环岛道路及旅游设施等。基岩岸线主要分布在岛西北岬角及北侧部分岸段，多陡崖峭壁，西北岬角无法行人。北侧基岩岸段下部有岩礁，低潮时人员可步行通过。砾石岸线主要分布在岛北侧岸段的半月湾内，多为彩石。该岛岸线动态变化类型主要有侵蚀、稳定和淤积 3 种。各变化类型对应不同的岸线类型；侵蚀主要发生在基岩岸段，主要在岛的西北岬角及东北部分岸段；稳定主要发生在人工岸段，广泛分布于岛东南、南、西南及西北侧；淤积主要发生在砾石岸段，主要分布在岛北侧岸段半月湾内。其综合特征统计见表 2.1。

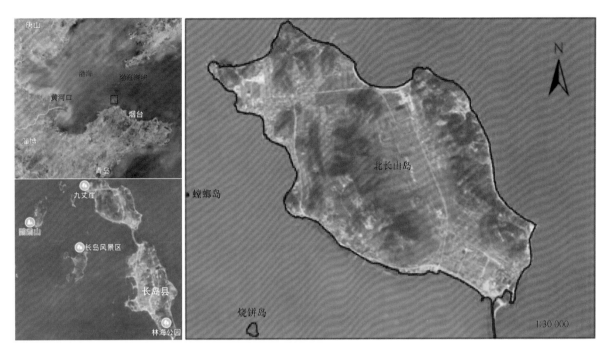

图 2.1 北长山岛位置及影像

表 2.1 北长山岛特征统计

岛名	类型	岸线类型	908 调查		高程	人口	行政
			岛周长（km）	岛面积（km²）	（m）	（人）	隶属
北长山岛	有居民海岛	人工、砂质岸线	15.41	7.98	195.7	2 614	烟台市

2.1.1 区域地质

长岛岛陆大地构造位置，属于新华夏系第二隆起带，次级构造为胶辽隆起区（山东省科学技术委员会，1995）。主要断层为蓬莱—威海断层。该断层是渤海—威海断层带的一部分，断层呈北西走向，切过芝罘岛北缘，向西北直达长山岛与蓬莱之间海底，主体在长岛至大竹岛之间的海域。其运动性质为左旋走滑兼正断层（王志才等，2006）。沿蓬莱—威海断层历史上曾发生过多次 5 级以上地震。

研究区域地层较简单。覆盖层厚 17~37 m。主要为第四纪填筑土、卵石土、软—硬塑黏性土、第三纪坡残积土。场区基岩为震旦纪受轻微变质作用的青灰色板岩及淡黄色、青灰色石英岩，原岩分别为石英砂岩及砂质泥岩，各地层特征自上而下描述如下（姜胜辉，2009）。

①$_1$填筑土：浅灰、灰白等色，松散，潮湿，成分主要为片石、卵石及砂土；卵石、片石直径 2~15 cm，含量占 40% 左右。

①$_2$卵石土：灰黄色，饱和，中密，卵石直径多为 2~6 cm，少量在 6 cm 以上；卵石成分为石英岩。

①$_3$黏土：灰色，软塑，土质较均匀，局部含少量贝壳碎片。

②$_1$黏土：灰黄色，硬塑状，局部含较多直径 2~8 cm 的卵石、碎石，土质均匀。

②₂亚黏土：灰黄色，硬塑状，局部含较多直径 2~8 cm 的卵石、碎石，土质均匀。

③₁黏土：紫红色，硬塑状，局部含较多直径 2~8 cm 的卵石、碎石，土质较均匀。

③₂含砾黏土：紫红色，硬塑状，含 25%~40% 直径 2~8 cm 的卵石、碎石，土质不均匀。

④₁^{W3}强风化板岩：青灰色，岩体风化严重，呈半坚硬黏性土状。

④₁^{W2}弱风化板岩：青灰色，变余泥质结构，层状构造，岩体沿裂隙风化严重，岩芯样呈短柱状及碎块状，岩质软。

④₁^{W1}微风化板岩：青灰色，变余泥质结构，层状构造，高倾角裂隙发育，岩芯样呈 10~20 cm 不规则短柱状，岩质较软。

④₂^{W2}弱风化石英岩：青灰、灰白等色，变余碎屑结构，块状构造，裂隙极发育，受构造及风化作用影响，岩体破碎，岩样为 3~6 cm 碎块状，岩块质地坚硬。

④₂^{W1}微风化石英岩：青灰、灰白等色，变余碎屑结构，块状构造，裂隙极发育，岩体破碎，岩样为 5~15 cm 碎块状，岩块质地坚硬。

北长山岛潮间带地貌类型十分丰富，底质类型涵盖基岩、沙砾、砾石、细砂、砂。北长山岛岬角处多发育岩滩，地貌类型包括海蚀崖、海蚀平台等。在海湾处则发育沙砾滩和沙滩。砾石滩物质组成差异较大，有的砾石滩砾石棱角分明，磨圆度差，粒径为 3~8 cm，有的砾石滩磨圆度较好，为卵石，粒径为 0.5~2 cm。其中，尤以半月湾花斑彩石资源丰富，已开发为著名的旅游区。北长山岛岸线类型主要有基岩岸线、砾石岸线和人工岸线。其中，人工岸线分布最为广泛，从岛的东南一直延伸到西北侧，主要为码头、人工养殖场、环岛道路及旅游设施等。基岩岸线主要分布在岛西北岬角及北侧部分岸段，多陡崖峭壁，西北岬角无法行人。北侧基岩岸段下部有岩礁，低潮时人员可步行通过。砾石岸线主要分布在岛北侧岸段的半月湾内，多为彩石。

2.1.2 气候条件

该岛气候特征与烟台相似，温度较温和，雨水较充沛。年平均气温 11.6~12.9℃（1971—2000 年），平均降水量为 627.6 mm，为北温带季风型大陆性气候，大陆度为 57.4%，因受海洋调节，表现出春冷、夏凉、秋暖、冬温、昼夜温差小、无霜期长、大风多、湿度大等海洋性气候特点。季风进退和四季变化均较明显。全市年平均日照时数为 2 656.2 h，蓬莱市年均日照时数最多为 2 826.6 h。具有冬无严寒，夏无酷暑的气候特点（中国天气网山东站，2009）。

2.1.3 海洋水文

长岛海域的浪形主要为风浪。秋季和冬季为偏北风浪，夏季为偏南风浪。冬季月均浪高 1.1 m，秋季月均浪高 0.47 m，夏季月均浪高 0.5 m，秋季月均浪高 0.8 m。年大浪高平均为 8.6 m，极端最大浪高 10 m。长岛海域的潮汐性质属正规半日潮，其规律是一昼夜两涨两退，俗称"四架潮"，潮高地理分布为北部高，南部低。8 月平均潮砣矶岛为 212 cm，南长山岛为 143 cm。长岛海域的潮流，主要水道多为东西流，港湾多为回湾流，北部水道为西流，南部水道为东流。夏季海流，南部海区一般流速为 0.6~1.03 m/s，大黑山岛海区最小，流速为 0.6 m/s；北部海区一般流速为 1.2 m/s 左右，港湾回湾流的流速较小（郭对田，2015）。

2.2 崇明岛基本环境特征

崇明岛位于长江的入海口，三面临江，东濒东海，形似卧蚕，坐落于 121°09′—121°54′E、31°27′—31°51′N。崇明岛总面积为 1 360.51 km²，东西长度为 81 km，南北宽度为 18 km，海岸线长度为 214.10 km（《中国海岛志》编纂委员会，2013）。

崇明岛是在长江下泄泥沙的作用下不断沉积而露出水面成为冲积岛，也是我国现今河口沙洲中面积最大的典型河口沙岛（图 2.2）。崇明岛前身的沙洲最初露出水面距今 1 000 年左右，当初面积仅 10 km² 左右，在泥沙淤积和潮流的冲刷作用下，沙洲面积不断扩大，岸线游移不定，后经过不断围垦成为我国的第三大岛（韩志男，2013）。

图 2.2 崇明岛位置及影像

2.2.1 区域地质

崇明岛大地构造位置处在扬子准地台，是一个相对稳定的地块。崇明岛基底岩石断裂构造较发育，大致以 NE—ENE 向和 NW 向断裂较常见。NE—ENE 向构造主要为陈家镇断裂、城桥镇—新光断裂、江口断裂、沙溪—吕四断裂；NW 向构造为二星—新光断裂等，其中以陈家镇断裂和沙溪—吕四断裂规模较大。与崇明岛相关联的有无锡—常熟—崇明断裂带、长江北支断裂带两条，构成了崇明—启东轻微不稳定区（廖晓留，2007）。

崇明岛下伏基岩地层大体与沿海陆地相同，主要由下古生界的志留系、中生界的侏罗系和新生界的新近系的第三系、第四系组成。志留系分布于崇明西北部和庙镇—草棚一带，主要为紫红色、灰黑色石英砂岩，次为粉砂质泥岩、泥质砂岩，厚度大于 80 m。侏罗系仅是上侏罗统，为中酸性火山岩及火山碎屑岩、沉积岩系组成。与上海市区对比，崇明岛仅见黄光组和寿昌组。黄光组和寿昌组主要为（岩性、厚度）酸性花岗岩，岩石类别为花岗斑岩、花岗岩，上覆第三纪、第四纪泥沙沉积，厚度有 320~480 m；其露出面积为 170 km²，主要分布在崇明以南、永隆以西及裕安以东。第三系中仅有上第三系上新统崇明组分布，岩性为杂色黏土、含砾黏土、中细砂和含砾中粗砂，厚度大于 480 m。岛上第四系疏松沉积物十分发育，分布广泛，岩性为杂色黏土、沙砾层、砂层，厚度300~470 m，且自上而下，海相性明显趋于减弱，陆相性明显趋于增强。按岩性特征自上而下可划分为早（下）更新世（Q1）、中更新世（Q2），晚（上）更新世（Q3）、全新世（Q4）。全新世地层埋深约 60 m 以上。全新世地层明显地分为上、中、下 3 段，为冰后期沉积，其下部岩性以灰黑色黏土、亚黏土或亚砂土、细粉砂互层，多含泥钙质结核和腐殖物碎岩；中部为褐灰、灰黑色淤泥质黏土、亚黏土夹薄层粉砂；上部则为黄灰、灰色亚黏土、亚黏土夹粉砂，多铁锰质结核斑点，黏土呈可塑状态，偶见贝壳碎屑。属于滨岸浅海—河口滨海相沉积（或三角洲沉积）。

崇明岛属于典型冲积沙岛，浅表层由松散的第四系全新统构成，为现代长江携带的泥沙堆积而成。崇明岛和东风西沙岛陆域地形平缓，地貌类型单一，而海岸带地貌复杂多变。南北支岛群可以划分为两类二级别地貌单元：陆地地貌和海岸带地貌。崇明岛陆地地貌为三角洲平原，主要有新、老河口沙岛和浅洼地 3 种地貌。崇明岛海岸带地貌包括河口地貌和多种类型潮滩。江河口段因崇明岛而分为北支和南支。崇明潮滩地貌细分为类后有淤泥滩、粉砂淤泥滩、芦苇滩、草滩与潮沟，其中粉砂质滩面积最大，分布也最广。

2.2.2 气候条件

崇明岛位于北亚热带南缘、东亚季风盛行的中纬度沿海，具有光热协调、雨热同季、四季分明的海岛气候特征。

受季风气候的影响，冬夏半年气候迥异。每年随着冬季风的来临，天气变得干燥、凉冷、日照时间缩短、太阳辐射较弱。夏半年在副热带海洋性气团的影响下，气候湿润暖热、日照时间较长、太阳辐射丰富，冬夏季风的交替带来了雨热同季、光热协调、季节变化明显的气候特点。冬季：受冷空气的侵袭，气候寒冷干燥，全年内该季光照最少、霜降多见。春季：随暖空气势力的不断加强，气候冷暖变化大，雨水增多，常见低温连阴雨天气。夏季：受副高西伸北跳和东退南撤的影响，梅雨期呈现，天气闷热潮湿；梅雨期止，酷暑盛夏来临，晴热少雨。秋季：随北方冷空气势力的加强，气候凉爽，雨水显著减少，常有秋高气爽的小阳春天气，10 月下旬可出现初霜。

气温：崇明岛常年平均气温为 15.7℃，年较差气温为 24.1℃；极端最高气温为 37.7℃，极端最低气温为 -9.8℃。

降水：岛区雨量充沛，年平均降水量约 1 155 mm。降水量年际变化大，丰水年年降水量可达 1 666.3 mm（1999 年），枯水年仅 606.1 mm（1978 年），近年来岛群降水有逐渐增加的趋势。1979—1989 年期间，岛群年平均降水量为 1 130.6 mm，比 1960—1979 年（984.9 mm）增加了 145.7 mm，1996—2006 年期间，年平均降水量为 1 155.8 mm，又比前 10 年增加了 25.2 mm。同时 7、8 两月降水量增多较为明显，这与近年来夏季受强雷暴和台风影响而引发的强降水增多有一定关系。全年有 3 个时段降水相对较为集中：春雨、梅雨和秋雨。春雨通常从 4 月下旬到 5 月中旬，平均降水量为 118.4 mm，降水日数为 14.2 d；梅雨通常从 6 月 17 日到 7 月 9 日，早梅雨年始于 5 月下旬，如

1971 年，迟梅雨年则推迟到 7 月上旬，如 1982 年，梅雨期长的年份可持续约 2 个月（1954 年），而短的年份不足 5 d，甚至出现空梅，梅雨期最多降水可达 600 mm（1965 年）；秋雨通常从 8 月下旬到 9 月中旬，平均降水量为 148~234 mm，降水多的年份可达 371 mm（1989 年）。

风速：常年平均风速 3.8 m/s，年际内从 11 月到翌年 4 月年平均风速呈现上升过程，极大风速主要出现在台风期和寒潮大风影响期。

雾：常年平均雾日为 34.3 d，统计年内最多雾日为 49 d（1998 年），最少雾日为 21 d（2005 年）。

2.2.3 海洋水文

影响本区域潮汐主要有两种不同性质的潮波系统，即东海前进波（以 M2 分潮为主）和黄海旋转波（K1 和 O1 日分潮），崇明区域的潮港比 HK1+HO1/HM2 的比值小于 0.5，HM4/HM2 的比值大于 0.10，所以该区域的潮汐性质为非正规浅海半日潮。区域内平均潮差为 2.15~3.15 m。南支平均潮差为 2.15~2.45 m，北支平均潮差为 2.69~3.15 m。区域内最大潮差为 4.18~5.95 m。南支最大潮差为 4.18~4.58 m，北支最大潮差为 4.94~5.95 m。区域内平均涨潮历时 3 h 17 min~4 h 27 min。平均落潮历时 7 h 28 min~9 h 07 min。崇明南支平均涨潮历时 4 h 17 min~4 h 37 min。平均落潮历时 7 h 47 min~8 h 08 min。崇明北支平均涨潮历时 3 h 17 min~4 h 55 min。平均落潮历时 7 h 28 min~9 h 07 min。区域内平均海面为 2.06~3.12 m。岛北平均海面为 2.06~2.39 m；岛南平均海面为 2.07~3.12 m。

潮流与径流是长江口往复性水流的两个重要组成部分。这两种水动力的相互消长支配着崇明岛区域的水流特征，也导致了长江河口河床的复杂多变。崇明区域的潮流比 WK1+WO1/WM2 的比值均小于 0.5，WM4/WM2 的比值大于 0.17，所以该区域属非正规的浅海半日潮流。潮流运动形式为往复流，且具有日不等现象。环岛区域具有三级分汊，四口入海的地形特点，各汊道潮流受涨落潮、大小潮、洪枯季变化的影响，崇北涨潮流速大于落潮流速，平均涨潮流速 1.1 m/s，平均落潮流速 0.5 m/s；崇南落潮流速大于涨潮流速，平均落潮流速 1.3 m/s，平均涨潮流速 0.9 m/s。环岛区域内潮流主要呈往复流，涨落潮的主流方向十分明显，其方向与长江主槽方向一致，涨潮流向为西北偏西，落潮流向为东南偏东。环岛区域落潮流历时大于涨流历时，涨潮历时约 4.5 h，落潮流历时约 8 h，涨历/落历之比为 0.56。环岛区域的余流主要有径流、盐淡水交汇引起的密度流和风海流。崇北余流平均流速 15 cm/s，余流方向基本与涨潮流方向一致，指向上游，为上溯余流；崇南以落潮流为主，余流平均流速 7 cm/s，余流方向基本与落潮流方向一致，指向下游，为下泄余流。

2.3 东海岛基本环境特征

东海岛，位于湛江市区南部，北濒湛江港。坐落于 20°54′—21°08′N、110°09′11″—110°33′22″E。面积 492 km²，最长处 32 km，最宽处 11 km，呈带状（图 2.3）。东海岛是湛江市最大的岛屿，全国第五大岛。古称椹川岛，又名东海洲，原属遂溪县地，后划入广州湾范围，新中国成立后属湛江市郊区。岛内有东山、东简、民安 3 个镇。地势东高西低，东为玄武岩台地，西为海积平原。东端距海滩 2 km，有海拔 111 m 高的龙水岭火山锥，面积 500 m×500 m，由火山碎屑岩及少量玄武岩构成，是天然航海陆标（《中国海岛志》编纂委员会，2013）。

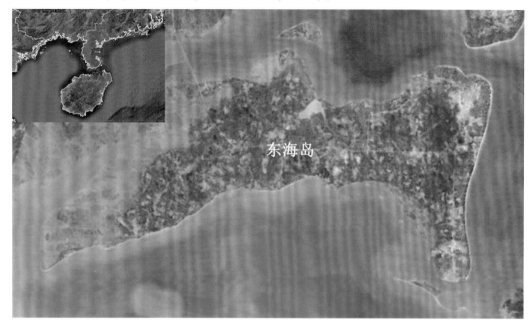

图 2.3　东海岛位置及影像

2.3.1　区域地质

该岛为我国最大的火山岛，主要为湛江组，东侧分布部分湖光岩组，海相沉积物在岛上亦有较广泛的分布。东海岛主体由湛江组合北海组地层构成，地表平坦，高程 15~61 m，西低东高，局部被流水切割呈台状形态。东部龙水岭火山锥高程 111 m，为中更新世晚期喷发的基性火山。它的火山活动导致东海岛东部抬升，也促使台地被流水深切。局部水土流失严重，冲沟密布，如东部的青兰村南部等。本岛东部岸线平直，发育了宽 2 km，距海边 18~31 m 的大型沙堤。风积沙发育，吹扬到龙水岭火山锥坡足，风沙爬高达海拔 80 m。目前已被木麻、黄林基本固定。该岛西岸淤积作用强烈，潮滩广布，局部残留了红树林，部分已围垦为盐田或农田或养殖场。东北岸侵蚀作用强烈，在蔚律湾海岸发育了浪蚀平台和海蚀陡崖（田淳等，2007），使湛江组与北海组地层裸露。南岸淤积也明显，局部已围垦为养殖场或盐田。

2.3.2　气候条件

东海岛地处北回归线以南，典型的季风气候区，具有明显的亚热带气候特征，常年气温较高，雨量充沛，相对湿度高。年平均降雨量为 1 316.4 mm，最大年降雨量为 2 020.7 mm（1985 年），最小年降雨量为 698.3 mm（1987 年），日最大降雨量：199.4 mm（1980 年 6 月 3 日），最长连续降雨日数：18 d（1990 年 2 月 17 日至 3 月 6 日），年平均降水日数 119.8 d，其中雨量主要集中在每年的 4—10 月，雨量约占全年雨量的 86.8%。东海岛冬无严寒，夏无酷暑。年平均温度为 23.6℃，最高年平均气温为 24.4℃（1987 年），最低年平均温度为 22.8℃（1984 年），历史极端最高气温为 37.0℃（1987 年 6 月 24 日），极端最低温度为 4.5℃（1975 年 12 月 14 日）。东海岛及其海域年平均相对湿度为 85%。湛江地区季风明显，每年 4—9 月为 E—SE 风，10 月至翌年 3 月多为 N—NE

风。5—11月为台风季节，其中7—9月台风较多，平均每年出现5~6次，最多达8次。

2.3.3 海洋水文

该海域波浪是以风浪为主，年出现频率约为80%；涌浪出现频率较少，约为20%。风浪是由风直接作用于海面形成的波浪，其波向主要取决于风向，波向的变化主要随风向而定。该海域是受季风气候影响区，冬季盛行偏北风，夏季盛行偏南风，季节变化十分明显，与此相应的波浪向与盛行风向颇为一致。

东海岛附近海域的潮现象以湛江湾最有特点，主要是受太平洋潮波经巴士海峡和巴林塘海峡进入中国南海后影响自湾口传入湾内形成的（陈达森等，2006）。由于地形等方面的影响，发生高潮的时长由湾外向湾内推延，硇洲岛为10.9 h，湛江港为11.1 h。潮汐均属不正规半日潮性质，即在一个太阴日内发生两次高潮和两次低潮，但具有明显的日不等现象。

热带气旋是影响湛江区域的重要天气系统，它产生在热带海洋上，是猛烈旋转的大气涡旋。根据中国气象局气象出版社出版的台风年鉴1949—2007年资料统计表明，凡台风中心位置进入20°—22°N、109°—111°E区域内为影响标准，共有131个热带气旋的中心位置进入这一区域，平均每年2.2个；年最多为5个（1965年、1973年和1974年）；没有热带气旋影响本区域的有7个年份（分别是1956年、1957年、1969年、1988年、1999年、2004年和2005年）。热带气旋8月出现最多，占29%，其次是9月占23%，且特别严重危害湛江的台风多数也发生在7—9月（李拴虎，2013）。

登陆湛江附近海岸的台风，年最早出现在1952年5月11日，5402号强台风；年最晚出现在1981年11月22日，8120号强台风。造成较大破坏的台风主要有9516号（Sally）和0103号（榴莲）台风。登陆时中心附近最大风力分别达到57 m/s和36 m/s。平均而言，每年的5—11月均有热带气旋影响湛江区域，1949—2007年期间，热带气旋达到超强台风的有16个、强台风18个、台风31个。

3 典型海岛地质灾害监测与发育特征

近20多年来，沿海经济快速发展，海岸带和海岛开发活动异常迅猛，导致了本来就脆弱的海岛生态环境受到严重威胁，发生地质灾害的几率在提高，例如沙滩退化、崩塌和滑坡等地质灾害，既破坏了海岛原来的生态环境和地貌景观，也给海岛人民的生命财产造成损失，并影响海岛保护和海岛经济的持续发展。开展典型海岛主要地质灾害特征研究，弄清其演化趋势和影响因素，可以因地制宜地采取可行的具体防治措施，这样既有利于海岛资源和环境的保护，也可以为海岛防灾减灾提供理论支持。

3.1 海岛地质灾害类型与主要地质灾害特征

3.1.1 海岛地质灾害类型

目前还没有针对海岛地质灾害进行的分类，通常把海岛地质灾害纳入海洋地质灾害分类体系中。海洋地质灾害的研究历史不太长，迄今为止还没有形成一个公认的统一分类方案。比较典型的分类方案有以下几种：按灾害发生部位结合危害程度划分，分成海底表面地质灾害因素与海底地下地质灾害因素；按成因划分，如构造成因的、侵蚀成因的、堆积成因的、火山成因的、冰川成因的、人为成因的等；按动力条件划分，如水动力、气动力、重力、构造应力等。

国外学者 Carpenter（Carpenter，1980）对大西洋外陆架各种灾害地质类型进行系统研究之后，根据灾害地质类型危险性因素将海岛地质灾害类型分为两类：一类是对海底石油、天然气工程具有高度潜在危险性的因素，如浅层高压气、浅层活动断层、海底滑塌、海底滑坡以及活动海底沙波等，称其为地质灾害因素；另一类是对海洋工程可造成一定威胁或一定潜在危险的地质地貌因素，如常见的埋藏古河道、海底沙丘、沙波和侵蚀沟槽等，称之为限制性地质因素。

国内学者冯志强将海洋地质灾害划分为 2 大类 13 种类型（冯志强，1996）：第一类为具有活动能力的破坏性地质灾害，相当于 Carpenter 分类中的"地质灾害因素"，是指在内外营利如风暴、大潮、强流、地震及人为因素诱发下对海洋工程造成严重破坏的地质活动；另一类为不具活动能力的限制性地质条件，相当于 Carpenter 分类中的"限制性地质因素"，它是一种具有潜在危险性的不良工程地质条件，工程设计或施工措施不当也会导致工程事故发生，例如在不均质不同承载力的沉积层上平台插桩造成事故及损失，在早期的海洋石油勘探中曾多次发生。扬子庚对冯志强的分类进行适当补充后，将海洋地质灾害分为 3 大类 18 种类型（扬子庚，2004）（表 3.1）。

表 3.1　海洋地质灾害分类

大类	种类
具活动能力的破坏性地质灾害	浅层气、海底塌陷、海底崩塌、滑坡（平移滑动、旋转滑动、瓶颈状滑坡）、海底流动（碎屑流、液化流、颗粒流、浊流）、砂土液化层、底劈及泥丘、活动断层、火山、海底沟槽及陡坎、活动水下沙波
不具活动能力的限制性地质灾害	埋藏古河道、不规则基岩面、凹凸地、蚀余地形、洼坑、非移动沙波、沙丘
其他	海平面上升、海水入侵地下含水层、土地盐渍化

　　李培英等（李培英，2007）通过我国大陆架油气资源区灾害地质环境调查与评价工作的实践，对灾害地质类型的划分进行了系统的对比与分析，提出了海洋灾害地质分类的三原则：即赋存部位及危害对象原则；对海洋工程的直接或间接影响程度原则以及成因和发展趋势原则。依其赋存部位及其危害对象的不同，可将海洋灾害地质类型划分为两大类，即海底表面灾害地质类型和海底地下灾害地质类型；根据对工程的危害程度和防避措施的选择，以及对工程引起灾害的直接程度，划分为直接的和潜在的灾害地质类型两个亚类；根据成因和发展趋势原则将海洋灾害地质类型按其成因划分为 7 个亚类，即构造、重力、侵蚀、堆积、气动力、气候—海面变化和人为作用共 7 个成因类型（表3.2）。

表 3.2　海底灾害地质类型划分方案

类型划分		构造成因	重力成因	侵蚀成因	堆积成因	气动力成因	气候-海面变化成因	人为作用成因
海底表面灾害地质类型	直接灾害地质类型	地震	滑坡 塌陷、滑塌 蠕动 泥流（浊流、碎屑流）	侵蚀陡坎 侵蚀海岸 冲刷槽、谷	潮流沙脊 活动沙丘 活动沙波 泥流（浊流、碎屑流）	麻坑 塌陷	侵蚀海岸 沙漠化海岸 盐渍化土地	地面沉降 沙漠化海岸 盐渍化土地 沉船
	潜在灾害地质类型	断崖 陡坎		侵蚀陡坡 海底峡谷 海底沟壑 凹凸地 侵蚀洼地 岩礁 不规则基岩面	风暴沉积 古三角洲 古海岸线 海底非活动 沙丘 浅滩 珊瑚礁		易损失湿地 古海岸线 古沙滩	
海底地下灾害地质类型	直接灾害地质类型	地震 活动断层 底辟			易液化砂层	浅层气	海水倒灌 （海水入侵）	砂土液化
	潜在灾害地质类型	深部断层	埋藏滑坡 古浊流层	古侵蚀面 （不整合面） 埋藏谷 埋藏古洼地 埋藏基岩面	埋藏古河道 古湖泊 古沙丘 古珊瑚礁 埋藏三角洲 软弱地层 埋藏沙波		埋藏古沙堤、沙坝 埋藏泥炭层	

海岛因其四面环海，既有岛陆又有岛岸和近岸海域。相应的海岛地质灾害既包含了陆地上的地质灾害也包含了海岸带和海底地质灾害。本书参考已有海洋地质灾害分类，结合海岛自身特点，按照地质灾害分布位置，把海岛地质灾害分为岛陆地质灾害、岛岸地质灾害和近岸海底地质灾害。整体看，岛岸地质灾害类型最多，主要有滑坡、海岸侵蚀、海水入侵、湿地退化、冲蚀、风沙灾害、港湾淤积、沙滩泥化，岛岸也是受灾害影响最严重区域。岛陆地质灾害主要是滑坡、地面沉降、地面塌陷、断层和水土流失。近岸海底地质灾害主要为海底滑坡、浅层气、砂土液化、软土地基（软层）、海底陡坡陡坎、潮流沙脊、活动沙波、珊瑚礁退化和地震（表3.3）。

表 3.3　海岛地质灾害分类

大类	种类
岛陆地质灾害	滑坡、地面沉降、地面塌陷、断层、地裂缝、水土流失
岛岸地质灾害	滑坡、海岸侵蚀、海水入侵、湿地退化、冲蚀、风沙灾害、港湾淤积、沙滩泥化
近岸海底地质灾害	海底滑坡、浅层气、砂土液化、软土地基（软层）、海底陡坡陡坎、冲刷槽、潮流沙脊、活动沙波、珊瑚礁退化、地震

3.1.2　海岛主要地质灾害特征

按照海岛的物质成分构成，本次调查的82个海岛，73个为基岩岛（其中5个为火山岛），8个为泥沙岛（均为堆积岛），1个为珊瑚岛。滑坡在基岩岛的岛岸、岛陆和近岸海底均可发生；海岸侵蚀、海水入侵、湿地退化、港湾淤积在基岩岛和泥沙岛都有出现，主要发生于岛岸；滩面冲蚀、滩面泥化、风沙灾害主要发生于基岩岛岛岸；地面沉降主要发生于岛陆，在基岩岛和泥沙岛均可出现；断层主要出现于基岩岛岛陆。另外，水土流失几乎在所有海岛都有发生，或与滑坡、海岸侵蚀相伴，或因人为工程造成表土裸露。

调查发现，滑坡、海岸侵蚀、海水入侵、湿地退化4种灾害出现的频率较高，占海岛灾害点数的95.1%，其他灾害类型零星出现。滑坡是基岩岛常见的灾害类型，不仅分布的岛屿多，出现于80.5%的调查岛屿，灾害点也是最多的，达381个，占全部地质灾害的66.3%；其次是海岸侵蚀，出现于42.7%的调查岛屿，占全部地质灾害的24.0%。再次为海水入侵（含咸潮入侵），出现于19.5%的调查岛屿，占全部地质灾害的2.8%。湿地退化出现于9.8%的调查岛屿，占全部地质灾害的2.1%，其他灾害类型分布的海岛数量和灾害点数较少（图3.1、图3.2）。

3.1.2.1　滑坡

此次调查发现的海岛地质灾害中，滑坡灾害是最多的，在66个岛上共发现了365处滑坡，全部分布在基岩岛上，并且有时与海岸侵蚀相伴生，海岛滑坡规模都相对较小，属于体积小于 $10 \times 10^4 \, \text{m}^3$ 的小型滑坡（DZ/T 0221—2006，2006）。据文献资料分析，部分调查海岛的近岸海底也存在滑坡。依据滑坡体的物质组成及在海岛的分布位置，滑坡主要有以下6种形式。

（1）第四纪碎屑岩滑塌：主要发生在由第四纪软质砂岩或页岩组成的山体陡坡上，受海浪与潮水侵袭，特别是风暴潮的巨大冲击，导致其上岩体和覆盖物下移、塌落，形成滑塌（图3.3）。这种灾害还常与人类活动有关，特别是开山采石，采挖面易形成直立陡崖，当遇雨水浸润而形成滑塌。在21个调查海岛发现有第四纪碎屑岩滑塌，岛岸、岛陆和南北方海岛均有发生。

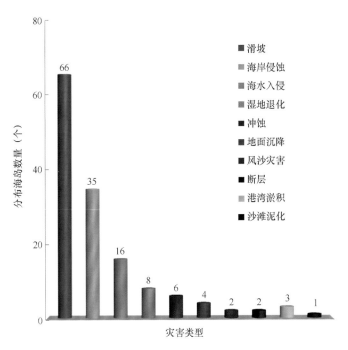

图 3.1 地质灾害分布海岛数量

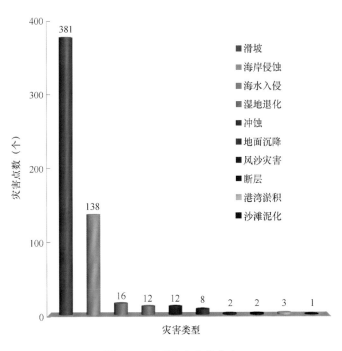

图 3.2 地质灾害点数分布

（2）基岩海岸崩塌：海岸基岩受海浪的长期侵蚀与海水溶蚀作用，易沿地质结构薄弱处发生崩塌，多见于基岩岬角或海岛迎风浪一侧（图 3.4）。基岩海岸崩塌在 44 个调查海岛都有出现，是岛岸滑坡分布最多的灾害类型，南北方海岛均有发现。

图 3.3　第四纪碎屑岩滑塌（海坛岛）

图 3.4　基岩海岸崩塌（大黑山岛）

（3）红土陡崖滑塌：南方有些海岛存在红土台地海岸，因红土节理裂隙发育，受海浪侵蚀和雨水淋滤，节理裂隙间的黏聚力减弱，造成土块在台风巨浪冲击及重力作用下发生崩塌（图3.5）。红土陡崖滑塌主要分布在三都岛、海坛岛、海山岛、上川岛、龙门岛、湄洲岛、南日岛、大练岛等南方海岛，岛岸和岛陆均有发生。

（4）黄土陡崖坍塌：黄土自身的湿陷性和柱状节理等特征，使其在受到海浪与潮水侵袭，特别是风暴潮的巨大冲击，以及大雨或冰雪融化时，易引发滑崩。菊花岛、砣矶岛、大黑山岛、大钦岛等北方海岛有黄土陡崖坍塌。2010年7月大钦岛发生强降雨，黄土陡崖崩塌直接冲进崖下的居民屋中，造成经济损失近10万元[①]。

（5）人工边坡坍塌与滑坡：岛陆人工边坡多为岩质边坡，坡度为50°~90°。因人类工程活动，开挖坡脚，改变了坡体原有的应力平衡状态，在雨水渗透和风化作用下，在软弱处块体失稳（图3.6）。调查海岛中因人工采石、建房或者修建环岛公路而形成的边坡坍塌与滑坡现象最为普遍，在45个调查海岛发现有人工边坡坍塌与滑坡，南北方海岛均有分布。

图 3.5　红土陡崖滑塌（湄洲岛）

图 3.6　采石场陡坡（北长山岛）

---

①　2011年在大钦岛调访时，据当地居民描述。

（6）海底滑坡：近岸海底滑坡与岛陆、岛岸滑坡相比，在坡度很小的海底即可产生滑坡，并且规模相当大，危害性也较大。以浙江近海岛屿港湾区的海底滑坡研究较为深入（来向华等，2000），在舟山群岛及其邻近岛屿共有 38 处明显土体失稳现象，其中 16 处分布于本次调查岛屿近岸海底。

3.1.2.2 海岸侵蚀

海岸侵蚀是海岛地质灾害中仅次于滑坡的灾害类型，在基岩岛和泥沙岛都有发生。由于海岸组成物质及状态不同，侵蚀形成的特点也各有不同，主要有以下 5 种形式。

（1）泥沙岛泥质海岸侵蚀：崇明岛、打网岗、棘家堡子、海甸岛等泥沙岛都存在泥质海岸侵蚀。以崇明岛最为典型，海岸侵蚀以团结沙南岸和新建东三坝工程护岸处为代表。团结沙南岸遭受波浪和潮流冲刷，高滩线以崩坍方式形成高达 1.7 m 的直立陡坎，绵延数千米且向岸不断推进（图 3.7）。新建东三坝新桥水道上口微弯的凹岸，受强流冲击，高潮滩侵蚀剖面呈现 1.5 m 高陡坎式。

（2）基岩岛砂质海岸侵蚀：在 15 个基岩岛发现有砂质海岸侵蚀，南北方海岛均有分布，以东海岛最为典型。东海岛东侧 28 km 长的砂质岸线，素有 "中国第一长滩" 的美誉，其长滩中部海岸侵蚀严重；东北侧岸滩后退形成的侵蚀陡崖宽 124～225.5 m、高 10～16 m，平均坡度大于 40°，最大坡度 80°（图 3.8）。

图 3.7　冲积岛泥质海岸侵蚀（崇明岛）　　　　图 3.8　基岩岛砂质海岸侵蚀（东海岛）

（3）基岩岛黄土海岸侵蚀：在大黑山岛和大钦岛等北方海岛发现有基岩岛黄土海岸侵蚀。大黑山岛黄土海蚀崖距海 5 m，高 6 m。大钦岛西口湾黄土海蚀崖高 2 m，约 85°。

（4）基岩岛红土海岸侵蚀：在湄洲岛、硇洲岛和南日岛 3 个南方海岛发现有基岩岛红土海岸侵蚀。福建南日岛后埕头侵蚀红土崖高 5 m，长度 100 m；破山边红土崖高近 10 m，长度 400 m，崖面陡直，稳定性很差（图 3.9）。

（5）基岩岛基岩海岸侵蚀：基岩海岸在风和海浪等的作用下，发生侵蚀现象比较普遍，若没有人为活动影响，侵蚀速率缓慢，形成海蚀景观或滚石。在 24 个调查海岛发现有基岩岛基岩海岸侵蚀，南北方海岛均有分布，是分布最多的海岸侵蚀类型（图 3.10）。

3.1.2.3 海水入侵（含咸潮入侵）

在调查海岛中，有 15 个海岛发现有海水入侵现象，是排在第三位的海岛地质灾害，海水入侵在泥沙岛和基岩岛岛岸均有发生。

（1）泥沙岛海水入侵：棘家堡子、崇明岛和紫泥岛都是堆积成因的泥沙岛，均有海水入侵发生，其中崇明岛和紫泥岛还存在咸潮入侵。

图 3.9　基岩岛红土海岸侵蚀（南日岛）

图 3.10　基岩岛基岩海岸侵蚀（南麂岛）

（2）基岩岛海水入侵：在范家坨子、大王家岛、北长山岛、南长山岛、大钦岛等北方基岩海岛都有海水入侵发生。南方海岛主要为咸潮入侵或因高位养殖海水浸染地下水，在海陵岛、东海岛、硇洲岛、大洲岛、西瑁洲岛、东山岛、紫泥岛、涠洲岛等南方基岩岛发现有海水入侵。

3.1.2.4　滨海湿地退化

有 8 个调查海岛存在滨海湿地退化，基岩岛和泥沙岛均有出现，主要发生于岛岸。海岛湿地退化的形式有红树林湿地退化、互花米草入侵湿地退化、围垦工程造成的湿地退化和贝壳堤湿地退化。

（1）红树林湿地退化：福建紫泥岛锦田村沿岸有 0.2 km 的岸线出现红树林退化；世甲村沿岸有 0.3 km 的红树林岸线遭到破坏。广西渔沥岛东侧鱼洲坪岸段，潮滩中发现一片因病虫害导致的死亡红树林带（图 3.11）。在广东海陵岛也存在红树林湿地退化。

（2）互花米草入侵湿地退化：福建三都岛西北侧存在一条宽数十米，长数千米的互花米草带，靠岸侧互花米草严重阻碍沿岸交通，并破坏湿地生态系统。福建紫泥岛互花米草入侵比例高达85%，所有河道都有互花米草的存在，河道宽度大大缩减（图 3.12）。

图 3.11　虫害造成的红树林湿地退化（渔沥岛）

图 3.12　互花米草入侵湿地退化（紫泥岛）

（3）围垦工程造成的湿地退化：广东东海岛北部在钢铁和石化项目建设过程中，包括红树林在内的沿岸所有湿地类型均受威胁。福建东山岛因大面积的围垦工程，使大片粉砂淤泥质滩涂、砂质海岸等天然湿地退化为养殖池塘、水稻田、盐田等人工湿地。广西龙门岛因人工填海造成湿地退化。

（4）贝壳堤湿地退化：山东棘家堡子岛有丰富的贝壳沙资源，大量挖掘贝壳沙导致该岛高程降低，风暴潮灾害加剧，贝壳堤岛湿地退化严重。

3.1.2.5 滩面冲蚀

滩面冲蚀主要是指废水、污水或雨水等排放到沙滩上，造成滩面冲沟发育、滩面下蚀和景观破碎的现象，主要出现在海水养殖业或工业发达的海岛，以湄洲岛、东山岛和东海岛最为典型（图3.13）。

3.1.2.6 风沙灾害

风沙灾害是指风沙过程及其所形成的地质体可能致灾的地质现象和地质过程，出现于广东省东海岛和福建省南日岛，沙丘和沙地不但面积大，爬高也大，可达60~70 m（图3.14）。

图3.13 东海岛养殖排水造成滩面冲蚀　　　　图3.14 南日岛岸边风成沙脊

3.1.2.7 港湾淤积

港湾淤积灾害主要出现于福建省三都岛、海南省东屿岛和江苏省东西连岛，主要是由于自然条件或人类活动导致周围水动力条件改变而产生的。

3.1.2.8 滩面泥化

滩面泥化仅见于浙江省朱家尖岛，该岛沙滩由于人工修建堤坝，沙滩物质来源被阻断，沙滩表现为泥化现象。

3.1.2.9 地面沉降

地面沉降指在自然和人为因素影响下形成的地表垂直下降现象（吴晓芳，2008）。海岛地面沉降灾害相对较轻，冲积岛为多发区，以崇明岛和横琴岛为代表。此外，在砣矶岛（基岩岛）发现有地面塌陷（图3.15）。鼓浪屿（基岩岛）北边环岛路上，塌陷路面长约100 m，宽约3 m，已有2 cm左右的开裂。

3.1.2.10 断层

山东省灵山岛断层两侧岩性、走向一致，铅直断距 2 m 左右。山东省刘公岛断裂发育在听涛崖附近，出露长度约 50 m，高 4~5 m，宽度约 4 m，属于张裂性断裂（图 3.16）。

3.1.2.11 水土流失

水土流失往往与崩塌、陡崖和采石场等相伴发生，以冲沟型和坡面型为主。冲沟型水土流失主要由丘陵山区冲沟侵蚀、两侧土体崩塌所致；坡面型水土流失主要是由降雨对地表土壤的冲刷侵蚀，使表层土壤有机质被水流冲走（刘乐军等，2015）。由于海岛建设项目的增多和部分旅游海岛游客数量的不断增加，各岛或多或少地都存在水土流失灾害，在基岩岛和泥沙岛均可出现，或与滑坡、海岸侵蚀相伴；或因人为工程造成表土裸露，在水力、重力、风力等外营力作用下，造成水土资源损失。

图 3.15　砣矶岛地面塌陷

图 3.16　刘公岛张裂性断裂

3.1.2.12 浅层气

海底浅层气具有高压性质，会造成井喷，引起火灾甚至导致平台烧毁，具有潜在危害性。在山东半岛东北部的刘公岛海底、浙江近岸的花岙岛、状元岙岛海底、珠江口的龙穴岛、淇澳岛、横琴岛、大万山岛海底，北部湾的涠洲岛、斜阳岛附近海域均有浅层气分布（李萍等，2010）。

3.1.2.13 砂土液化

易液化砂层在地震、波浪等作用下发生振动液化，使砂土层丧失承载力，导致海底构筑物倒塌。黄河、长江、舟山群岛、珠江等大中型河流三角洲平原的海岛周边都有易液化砂土层分布区。广东南澳岛和海陵岛都有砂土液化喷砂灾害发生（李培英等，2007）。

3.1.2.14 软土地基（软层）

软土地基在辽河三角洲和天津滨海平原、山东半岛沿岸、长江口、浙闽近岸、广东珠江口以南近海、北部湾顶均有分布。这些软土厚度大、范围广，具高压缩性，低承载力和触变性，在外部荷载和地震作用下，易引起不均匀沉降和震陷变形（容穗红，2014）。

3.1.2.15 地震

地震发生会造成建筑物、道路、管线破坏，引发崩塌、滑坡、泥石流，还往往诱发地裂缝、砂土液化及海底滑坡、浊流等地质灾害。收集海岛县志发现，崇明岛、岱山岛、嵊泗岛、玉环岛、南澳岛等及其邻近海域都有地震记载（上海市崇明县志编纂委员会编译，1983；岱山县志编纂委员会，1994；嵊泗县志编纂委员会，1989；浙江省玉环县编史修志委员会，1994；南澳县地方志编纂委员会，2000）。

3.2 北长山岛滑坡监测与灾害特征

近年来，随着北长山岛经济的迅猛发展，海岛资源的无序开发状态日益严重，已引发一系列的地质灾害问题。如九丈崖附近海岸侵蚀和崖壁崩塌严重，原可以通行汽车的道路受侵蚀严重，落石遍布，已严重影响游客和村民的生命财产安全；月亮湾东侧和山后村由于无序采石，造成崩塌现象严重，山后村育苗基地附近山体已显露出整体滑动迹象。2013 年前后，北长山乡已在数处地质灾害隐患点设置"地质灾害危险区"等警示标志。滑坡地质灾害已成为严重制约北长山岛旅游资源开发和经济可持续发展的主要因素。

北长山岛滑坡地质灾害主要集中于该岛的东、北海岸采石场处，往往伴生崩塌或者滑崩等地质灾害。北长山岛为基岩岛，岛体主要由石英岩构成，夹杂板岩和千枚岩，岩体节理与层理垂直，且垂直节理发育，造成岛体北东部悬崖直立，崩塌落石频发。同时由于经济发展和建筑用石等原因，当地采石场林立，无序的采石和原始落后的采石技术，使得滑坡和崩塌等地质灾害愈加严重。根据前期地质灾害普查和监测资料，北长山岛主要存在 3 处较为严重的山体滑坡区：山后村滑坡区、月牙湾滑坡区和九丈崖滑坡区。

山后村山体滑坡位于北长山岛东南侧，为岩质滑坡，是北长山岛最为典型同时也是危害最大的滑坡体（图 3.17）。滑坡整体宽度约 320 m，平均高度 80 m，总体积约为 50×10^4 m³（垂直投影体积）。滑坡区中部采石较少，处于基本稳定的状态，而南北两侧由于持续采石，崖体下部形成采空面导致滑坡体处于极不稳定的状态。山后村滑坡区主要位于山后村采石厂内，为一个以生产建筑碎石为主的大型采石场，2009 年曾发生过大规模滑坡。

图 3.17 山后村主滑坡体和顶部滑动面

山后村滑坡区的主滑坡位于滑坡区最北端，宽约 70 m，高 90 m，坡度约为 65°。2012 年之前历史垂向滑动3.5 m，水平滑动约4.0 m。顶部岩体开裂，发育3组呈拉开状的平行于滑动面的主裂缝，最大拉开宽度达2.5 m。南侧滑坡体宽约80 m，高约70 m，坡度约为60°，由多个岩层组成，顶部岩层呈三角状凸出于下伏岩层，下部持续采石形成的采空面造成上部岩层不断滑落。

3.2.1 三维激光扫描监测

北长山岛山体滑坡主要采用LeicaScanStationC10三维激光扫描仪进行三维形态扫描，通过滤波与内插技术可以获得地形及复杂物体三维表面的阵列式几何图形数据。通过多期的三维数据对比，可以定量获得滑坡体的形态变化数据。滑坡变形监测工作流程如图3.18所示。

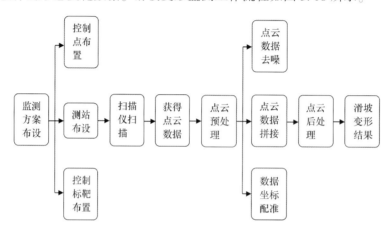

图3.18 滑坡变形监测工作流程

在布置好监测方案之后，在选定的测站上架设扫描仪，调整好仪器姿态，并设置好扫描参数（扫描范围，数据存储及命名等），便可对待扫描区进行扫描，扫描仪会按照设置进行自动扫描。在数据采集过程中需要对采集到的数据进行现场分析，检查数据是否符合要求，进行初步的质量分析和控制等。在对待测目标进行三维激光扫描的同时，为了后续数据处理（点云数据拼接、坐标配准），需对待测目标关键部位（目标体的结构部位、控制标靶和控制点）进行精细扫描，最终获取完整的目标体三维点云数据。

内业数据处理是整个作业过程中最重要也是工作量最大的一环。数据处理软件采用三维激光扫描仪的配套软件Cyclone。Cyclone可支持几十亿点以上的数据管理，并能依据标靶或点云实现点云拼接、数据分块处理和管理功能，可根据点云自动生成平面、曲面、圆柱、弯管等几何体，并自动构网（包括TIN和MESH）和生成等高线，依据点云厚度生成点云切片。Cyclone可以输出多种数据格式，如dxf、ptx、pts、txt等，新的正射影像功能可以通过外部数码相机拍摄的照片和材质来渲染，可通过Geomagic Foundation优化扫描数据（降噪、去除重叠等）进行模型分析，图3.19为三维建模的一般步骤。

图3.19 三维建模的一般步骤

2012 年 6 月至 2016 年 8 月，在宏观地质灾害监测基础上，采用三维激光扫描仪对北长山岛山后村滑坡体形态进行了 9 次周期性的监测，并选取北侧主滑坡体进行了数据分析和模型计算，获得了该滑坡体不同时期的变化特征和演变规律。滑坡体扫描点位布设图，如图 3.20 所示。

图 3.20　北长山岛滑坡体扫描点位布设

3.2.1.1　采石期与禁采期主滑坡变化

随着沿海经济的快速发展，海岛资源的开发利用已成为沿海城市发展的重要条件之一（张振克，2010），北长山岛有着丰富的石英岩、砾石等矿产资源，近年来，露天采矿的不断进行，滑坡等地质灾害频繁发生，由于海岛环境相对孤立，一旦发生危险很难及时救援，因此矿产资源开发所造成的地质灾害现象越来越受到人们的重视。

2012 年 6 月至 2013 年 8 月为采石期，在此期间，研究区域人工采石活动较为密集，以 2012 年 6 月至 2012 年 11 月连续采石现象最为严重，2012 年 11 月至 2013 年 8 月鉴于该区域地质灾害较为严重，当地政府关闭了山后村采石场，但盗采现象时有发生。

2012 年 6 月至 2012 年 11 月主滑坡总体变化情况如图 3.21 所示，在连续采石过程中主滑坡体整体呈现减小趋势，主要变化幅度为 -3.37 ~ -0.06 m，占总变化面积的 68.4%，其中减小幅度大于 5 m 的变化面积约占 6.3%，主要位于滑坡体凹陷区域和底部坡脚地区，依照图 3.22 所示，分别在凹陷处和坡脚处滑坡体减小现象严重区域选取横剖面 A-A′ 和纵剖面 B-B′（图 3.23、图 3.24），通过剖面对比图可以看出滑坡区对应点在空间坐标系下的具体变化，其中横剖面所选取各点主要沿 Y 轴方向变化，横剖面各点主要沿 Z 轴方向变化，下部碎石堆积最大挖取深度为 10 m，岩壁凹洼处碎石滑落深度可达 5 m 以上。这表明，主滑坡体下部是人工采石活动的主要区域，随着露天采石场的开采，碎石堆积体数量不断减少，打破其原有相对稳定的地形地质条件和地应力平衡环境，改变了边坡体上水平地应力和垂直地应力分布情况，边坡表面岩体的受力由三向应力状态变为二向应力状态，岩体强度减小，当岩体受力大于其强度时，就会导致岩体破坏，引起上部不稳定的碎石持续滑落，造成凹陷区域体积减小现象。

选取三维模型中拟合程度较好的部分，计算其滑坡体积变化值，结果显示，以 10 m 为参考面

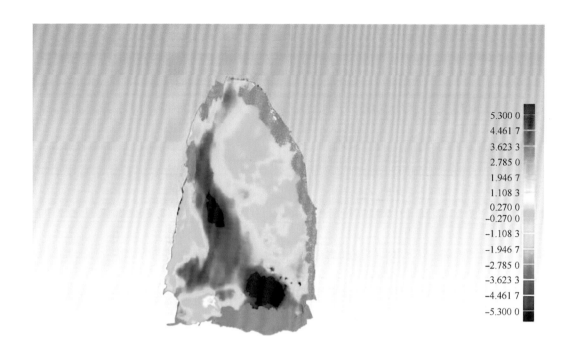

图 3.21　2012 年 6 月至 11 月主滑坡体形态变化特征

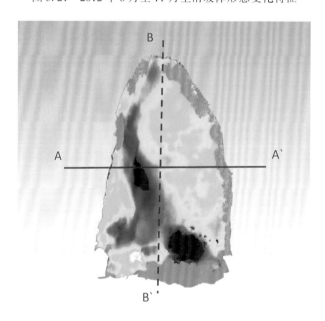

图 3.22　横纵剖面位置

高度可以得出 2012 年 6 月和 11 月的选取范围总体积分别为 141 516 m³ 和 132 680 m³（图 3.25）；以 40 m 为参考面高度可以得出上部选取范围总体积分别为 37 878 m³ 和 35 390 m³（图 3.26）。即总变化量为 -8 836 m³，其中上部为 -2 488 m³，下部为 -6 348 m³。

2013 年 8 月至 2016 年 8 月，研究区域处于禁采期，人工采石活动基本停止。对比 2013 年 8 月至 2016 年 8 月主滑坡体 3 年内的变化情况（图 3.27），可以发现，滑坡体变化较为明显，同时存在体积

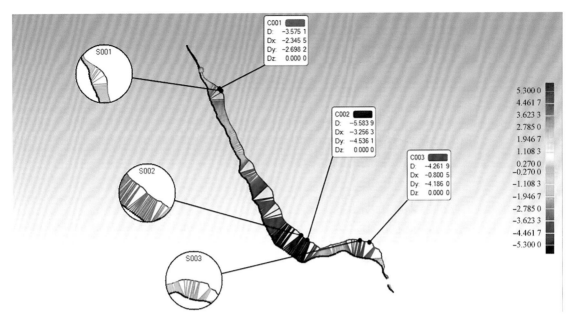

图 3.23　主滑坡体 A-A'横剖面对比（2012 年 6 月至 11 月）

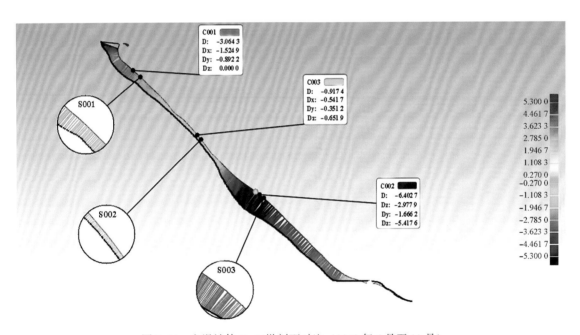

图 3.24　主滑坡体 B-B'纵剖面对比（2012 年 6 月至 11 月）

增大与减小的区域，大多数区域呈现体积增大趋势，为 0~5 m，约占总变化面积的 60%，主要位于滑坡体上部和凹陷区域中部；减小区域多位于滑坡体下部坡脚处，变化幅度为 -2.67~-0.25 m，约占总变化面积的 34.6%，在滑坡区域变化明显区域分别沿水平方向和垂直方向选取剖面 A-A'、B-B'（图 3.28、图 3.29），图中数据显示，滑坡体对应点在空间坐标系下变化稳定，沿 X 轴、Y 轴、Z 轴方向变化幅度差别不大。这说明，当人类活动减少，对滑坡体变化的影响也随之减少，滑坡体处于自然变化状态，变化较为稳定，体积的增加主要是由于山体扩张造成的。

　　分别以 10 m、40 m 为参考面计算 2013 年 8 月和 2016 年 8 月滑坡体体积，得到选取区域 2013 年 8 月与 2016 年 8 月总体积分别为 200 889 m³ 和 224 402 m³，其中上部体积分别为 67 916 m³ 和

当前三角形: 1 094 066
所选三角形: 1 094 066

图 3.25　主滑坡体整体体积计算（参考平面高度 10 m，下同）

当前三角形: 1 404 209
所选三角形: 1 404 209

图 3.26　主滑坡体局部体积计算（参考平面高度 40 m，下同）

76 162 m³，即总变化量为 23 512 m³，上部变化量为 8 246 m³，下部变化量为 15 266 m³。

对比采石期与禁采期研究区域主滑坡体变化情况发现，在不同时间段滑坡体变化存在很大差异，采石期内，人工采石造成滑坡下部碎石堆积体数量不断减少，同时引起上部不稳定的碎石持续滑落，使采石期滑坡整体呈现严重减小的趋势，且变化速度较快，幅度较大，挖深速度最大可达到 20 m/a；在禁采期内，主滑坡体变化幅度减小，剧烈程度降低，体积增加区域占主要部分，最大增加速度约为 1.3 m/a。分析其原因如下：①北长山岛山后村采石场山体基岩裸露，岩体中裂隙、节理等发育较好，对岩体本身完整性造成严重影响，同时，石英砂岩、板岩、千枚岩等山体主要组成部分，为滑坡的产生提供了极佳的滑动面，使整个区域处于不稳定状态，受外界因素影响，采石场

图 3.27 2013 年 8 月至 2016 年 8 月主滑坡体形态变化特征

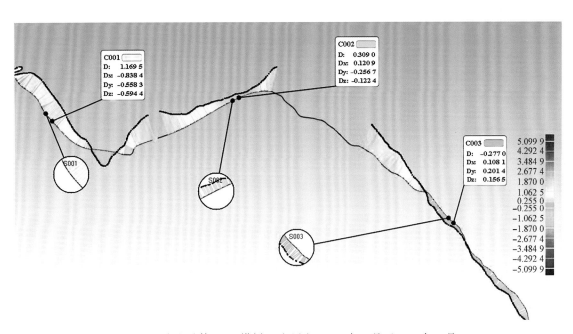

图 3.28 主滑坡体 A–A′横剖面对比图（2013 年 8 月至 2016 年 8 月）

极易发生山体滑坡现象；②在露天开采过程中，为减少材料消耗，降低成本，通常采取爆破方式（王思文，2013），爆破会产生巨大冲击波，对原本处于稳定状态的岩石造成一定影响，破坏了其结构面，加速了其裂隙的发育，进而影响了滑坡体的稳定性；③当地采石技术落后，滥采滥挖现象频繁发生，采石场盲目追求速度和采石量，利用基岩体结构构造，选取不同基岩面坡脚，由外向内对岩体进行采挖，使上部岩体失去支撑，给山体的稳定性带来巨大隐患。

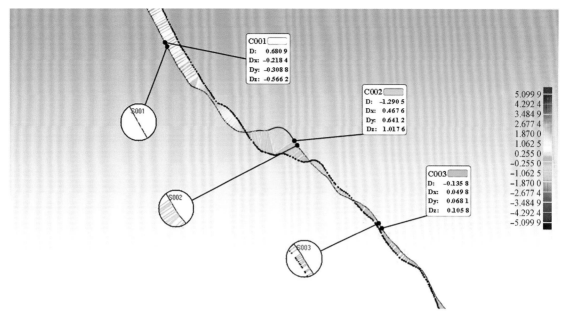

图 3.29　主滑坡体 B-B′纵剖面对比图（2013 年 8 月至 2016 年 8 月）

3.2.1.2　极端天气条件下主滑坡体变化

在导致滑坡产生的众多因素中，大气降雨是影响滑坡稳定性最主要、最普遍的一种自然诱发因素（侯宁，2008）。在我国已经发生的滑坡灾害中，90%都是由大气降雨直接诱发或与降雨有关（罗渝，2014），其中，大雨、暴雨和长时间地连续降雨是引起滑坡的主要触发因素。就降雨对滑坡的影响进行研究，既有利于理解在降雨过程中滑坡发育的规律，提前做好防治措施，又能充分利用其规律来指导研究区域资源、能源开发的规划和交通建设等，最终达到防灾与减灾的目的（郭俊英，2008）。

北长山岛为北温带季风型大陆性气候，历年年平均降水量为 627.6 mm，年最大降水量为 881.4 mm（1973 年），年最小降水量为 204.7 mm（1986 年），月最大降水量为 328.3 mm，日最大降水量为 197.4 mm。降水量季节性分布明显，多集中于夏秋季节，其中 7—8 月降水日数较集中，且常见暴雨和持续降雨现象。

选取研究区域主滑坡体在 2013 年 3 月至 2013 年 8 月和 2013 年 11 月至 2014 年 9 月变化情况，在两段时间内北长山岛地区遭受长时间降雨袭击，在 2013 年 7 月暴雨天数达到 9 d，2014 年 6 月、7 月都存在长达一周的连续降雨现象，极端天气造成滑坡体形态发生较大变化。

比较 2013 年 3 月至 2013 年 8 月形态结果（图 3.30），可以发现，主滑坡体上部和下部主要呈现向外扩张现象，山体坡脚处碎石堆积增多，局部堆积厚度可达 2.0 m 以上。滑坡体整体形态变化幅度主要为 0~1.7 m，约占总变化面积的 64%。坡体体积减小区域范围较小，约占总变化面积的 23%，主要位于中部，基岩崩塌厚度为 1.0~2.0 m；选取滑坡体横纵剖面图像，如图 3.31、图 3.32 所示，横剖面 A-A′中对应点主要沿 X 轴方向变化，纵剖面 B-B′中各点主要沿 Z 轴方向变化。

根据三维模型计算结果，2013 年 3 月和 2013 年 8 月的选取范围总体积分别为 133 545 m³ 和 134 938 m³（参考面高度为 10 m）；其上部选取范围总体积分别为 36 684 m³ 和 36 824 m³（参考面

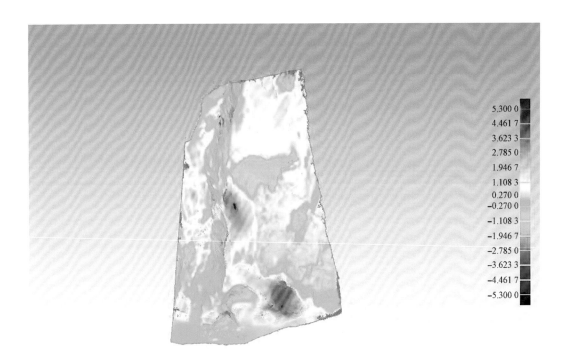

图 3.30　2013 年 3 月至 8 月主滑坡体形态变化特征

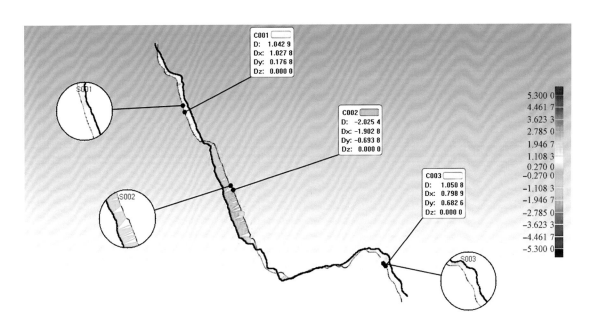

图 3.31　主滑坡体 A–A′横剖面对比（2013 年 3 月至 8 月）

高度为 40 m）。即总变化量为 1 393 m³，其中上部为 140 m³，下部为 1 253 m³。

2013 年 11 月至 2014 年 9 月主滑坡体变化情况与 2013 年 3 月至 8 月变化情况类似（图 3.33），受连续降雨影响，滑坡体变化明显，滑坡体同时存在体积增大区域与体积减小区域，且区域面积差别不大，体积增大区域主要分布于滑坡体上部、下部以及凹陷区下部，约占总变化面积的 43%，最大扩张距离可达 4 m。滑坡体中下部和凹陷区上部主要呈现减小趋势，整体变化幅度为 -3.6 ~ -0.2 m，

39

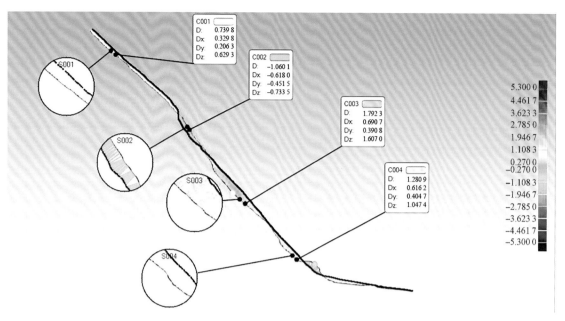

图 3.32　主滑坡体 B-B'纵剖面对比（2013 年 3 月至 8 月）

约占总变化面积的 44%。由滑坡体横纵剖面图像（图 3.34、图 3.35）可以看出，不同时期滑坡体对应点在空间坐标系下变化稳定，沿 X 轴、Y 轴、Z 轴方向变化相近。

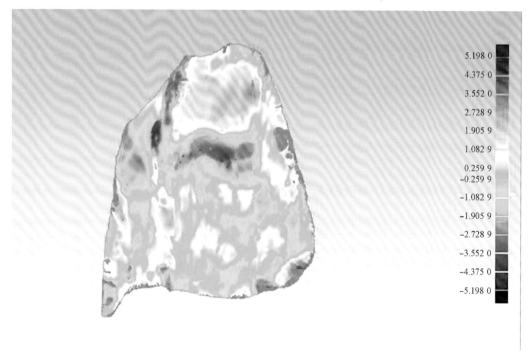

图 3.33　2013 年 11 月至 2014 年 9 月主滑坡体形态变化特征

　　计算三维模型体积可以得到，2013 年 11 月和 2014 年 9 月研究区域总体积分别为 175 360 m³ 和 172 855 m³（参考面高度为 10 m）；当参考面高度为 40 m 时，其上部体积分别为 48 777 m³ 和 48 743 m³。可以发现，在监测时间段内，主滑坡体体积总变化为 -2 505 m³，上部变化量为 -34 m³，下部变化为 -2 471 m³。

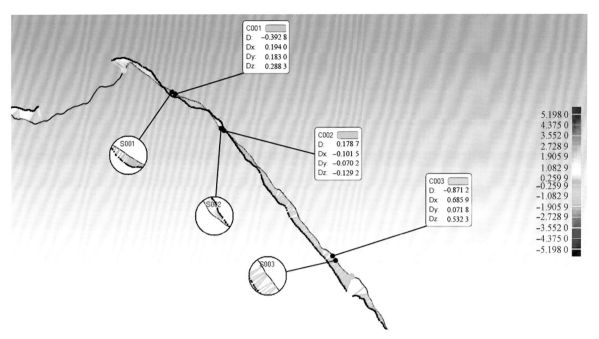

图 3.34 主滑坡体 A–A′横剖面对比（2013 年 11 月至 2014 年 9 月）

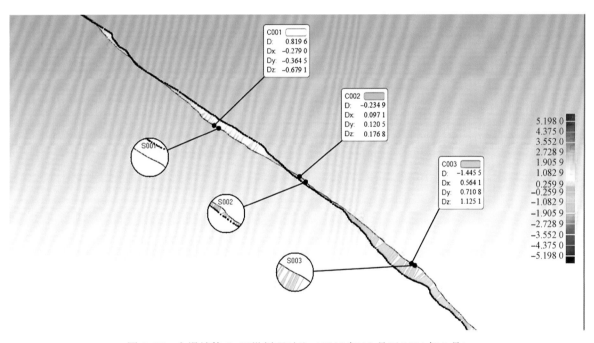

图 3.35 主滑坡体 B–B′纵剖面对比（2013 年 11 月至 2014 年 9 月）

通过上述时间段内研究区域主滑坡体变化可以发现，在采石等人类活动减小的情况下，暴雨等极端天气成为滑坡体变化的主要影响因素，长时间、高强度的降雨造成局部山体扩张现象，且多集中于滑坡体上部，滑坡体中部体积减小，有岩体崩塌现象存在，崩塌的岩体多堆积于坡脚处，导致部分坡脚区域体积增加。原因如下：①大强度的降雨既产生表面径流，也会下渗到坡体之中，使坡体膨胀，同时增大上部岩体的体积与重量，当下部坡体无法支撑时，中部岩体率先崩塌，堆积于坡脚；②降雨的入渗会引起岩体内部凝聚力减小，进而造成抗剪强度降低，使岩体发生变形破坏，产生一系列的裂缝及软弱结构面，为滑坡体产生带来隐患；③降雨不仅产生许多新的裂隙和软弱面，也加速了原有不稳定结构的发展，同时，入渗的雨水在软弱结构面上形成一定厚度的水层，减小了其上部所受岩体重量产生的法向应力，从而导致抗滑力降低，引起滑坡体变化。

3.2.1.3 极端天气条件下滑坡区域坡度变化

地形地貌是滑坡产生的主要因素之一，其中坡度是描述地形地貌的一个重要参数，坡度变化对滑坡发育具有较高的敏感性，研究地形坡度变化与滑坡体之间关系，对于北长山岛研究区域滑坡危险性评估及防治预警等具有重要的现实意义。2013年3月和2013年8月滑坡研究区域坡体坡度如图所示（图3.36、图3.37），对比发现，受持续暴雨影响，研究区域滑坡体坡度变化明显，呈现中部整体变缓下部小幅增加的趋势，其中坡度大于50°区域减小最为严重，最大变化幅度可达50°以上，主要集中于滑坡凹陷处和西北部坡脚处。与此同时，在滑坡体下部0°~17°部分区域坡度有小幅增加现象，增加幅度为10°~20°。

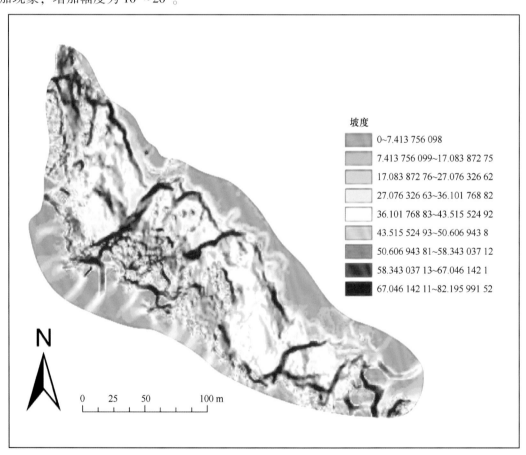

坡度
0~7.413 756 098
7.413 756 099~17.083 872 75
17.083 872 76~27.076 326 62
27.076 326 63~36.101 768 82
36.101 768 83~43.515 524 92
43.515 524 93~50.606 943 8
50.606 943 81~58.343 037 12
58.343 037 13~67.046 142 1
67.046 142 11~82.195 991 52

N

0 25 50 100 m

图 3.36 2013 年 3 月 14 日研究区域坡度图像

2013年11月至2014年9月，北长山岛山后村滑坡研究区域主要受连续降雨现象影响，坡度变化比较明显（图3.38、图3.39），与2013年4月至8月变化趋势大体相同，滑坡凹陷处变化明显，坡度整体呈现降低现象，幅度为20°~40°，对比主滑坡区域坡度变化可以发现，红色区域面积呈减小趋势且长度明显减小，坡脚处红色区域已完全变成黄色。滑坡底部部分绿色区域被黄色取代，坡度呈小幅增加。

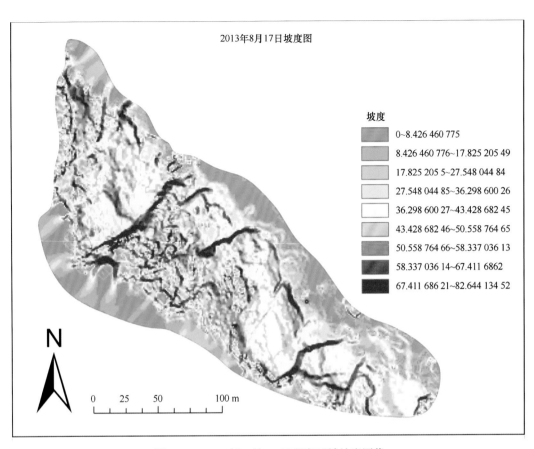

图 3.37　2013 年 8 月 17 日研究区域坡度图像

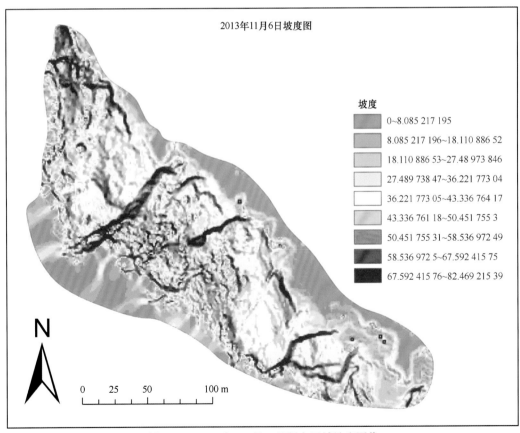

图 3.38　2013 年 11 月 6 日研究区域坡度图像

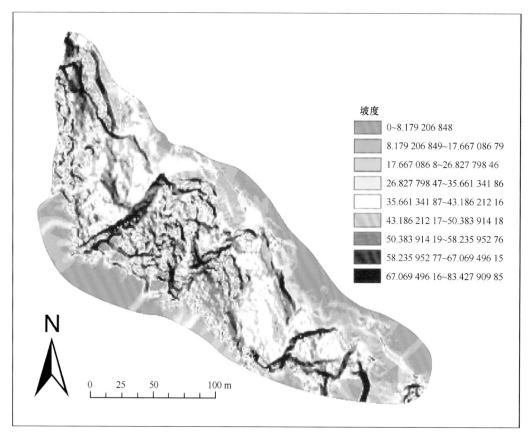

图 3.39 2014 年 9 月 13 日研究区域坡度图像

坡度
- 0~8.179 206 848
- 8.179 206 849~17.667 086 79
- 17.667 086 8~26.827 798 46
- 26.827 798 47~35.661 341 86
- 35.661 341 87~43.186 212 16
- 43.186 212 17~50.383 914 18
- 50.383 914 19~58.235 952 76
- 58.235 952 77~67.069 496 15
- 67.069 496 16~83.427 909 85

综上所述，持续降雨等极端天气对滑坡体坡度造成的影响较为严重。当滑坡体坡度较大时，其本身处于不稳定状态，长时间降雨加剧了滑坡体裂缝、软弱结构面等不稳定体的变形、位移和破坏，造成大坡度区域发生滑坡、崩塌等地质灾害现象，进而坡度减缓趋于稳定状态，崩塌的岩体滑落，堆积于坡脚处或坡度较平缓区域，造成了相应区域坡度的增加。

3.2.2 无人机遥感监测

利用无人机开展了北长山岛滑坡遥感监测工作，具体的实施和主要工作流程包括监测准备、实施监测及数据处理 3 个部分（图 3.40）。

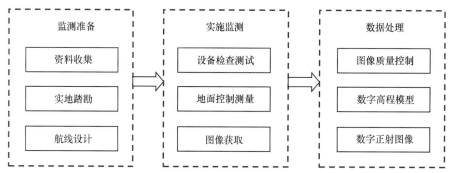

图 3.40 海岛低空无人机遥感监测工作主要流程

在前期现场踏勘和确定无人机监测范围的基础上，利用专用的无人机航线规划软件进行无人机飞行航线规划，对无人机的飞行路径、控制方式、飞行高度、飞行速度、航旁向重叠度等主要技术参数进行设定。通过两个时段的无人机监测获取北长山岛监测岸段内典型海岸滑坡崩塌地质灾害的无人机单张图像近 1 200 张（表 3.4）。从图 3.41 中可以看出，利用低空无人机遥感技术可清晰获取海岛滑坡地质灾害监测区域的地面高分辨率图像资料。当飞行高度为 200 m 时，分辨率可达 5 cm 左右。

表 3.4　北长山岛监测岸段无人机遥感监测及图像获取情况

序号	监测海岛	作业时间	影像获取	数据处理
1	烟台北长山岛	2012 年 6 月	起降 4 个架次，共获取近 700 张无人机图像	图像正射处理 三维高程信息
2	烟台北长山岛	2013 年 8 月	起降 3 个架次，共获取近 500 张无人机图像	图像正射处理 三维高程信息

图 3.41　北长山岛山后村滑坡体的无人机航线规划

在无人机飞行作业前，按照地面控制点布设原则，利用 50 cm×50 cm 的地面标志板在北长山岛的 3 个监测岸段内分别布设了若干个地面控制点。在无人机飞行作业结束后，利用高精度 CORSGPS 对这些地面控制点进行平高测量，作为无人机图像后续正射处理与三维高程信息反演的平面高程校准数据。

在获取高重叠度无人机图像基础上，通过图像质量目视检查，挑选图像质量好、具有一定重叠度（50%以上）的无人机图像开展无人机遥感图像处理。图像处理技术主要包括图像同名特征点检测与匹配技术、数码相机畸变校正、区域网光束法平差、三维点云数据生成与滤波处理、图像定向以及图像拼接等技术方法。

高程变化可以直观反映出滑坡体在监测时间段内地形变化，进而分析正负地形情况，对滑坡发生过程中不同部位物质运动及堆积特征进行研究，从而对滑坡体崩塌区、滑坡区、堆积区的分区情况及其规模做出初步判断（鲁学军，2014）。通过无人机遥感监测分别得到 2012 年 6 月和 2013 年 8 月北长山岛滑坡研究区域的高程数据，基于 ArcGIS 软件的空间减法分析功能（Minus 命令），对两期高程数据进行空间网格差异分析，获得高程变化图像，并对变化图像进行分级显示，同时对各个分级的区域面积进行统计。由于植被区的高程数据精度无法保证，在进行高程变化分析时仅提取无植被区进行分析。

图 3.42 为北长山岛山后村岸段无植被区的 2012 年 6 月到 2013 年 8 月期间的三维高程变化分级分布图，正值为高程增加，负值为高程减少。

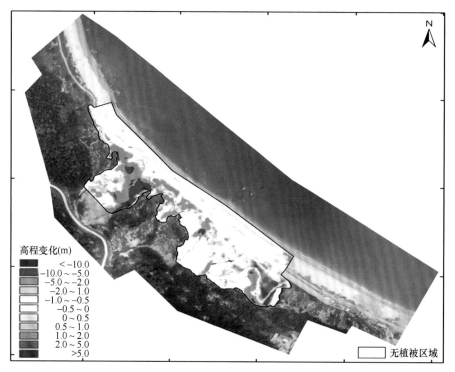

图 3.42　北长山岛山后村岸段 2012 年 6 月到 2013 年 8 月期间的三维高程变化分级分布

表 3.5 为山后村高程变化各分级的面积统计。结合高程变化图 3.42 与统计表 3.5 可知，从 2012 年 6 月到 2013 年 8 月期间，滑坡区域高程变化的主要特征如下。

表 3.5　山后村岸段高程变化各分级的面积统计

高程变化范围（m）	像元素（个）	面积（m²）	百分比（%）
<-10.0	339	84.8	0.2
-10.0~-5.0	5 304	1 326.0	3.9
-5.0~-2.0	20 243	5 060.8	14.8
-2.0~-1.0	17 257	4 314.3	12.7
-1.0~-0.5	46 943	11 735.8	34.4
-0.5~0	34 073	8 518.3	25.0
0~0.5	5 611	1 402.8	4.1
0.5~1.0	1 949	487.3	1.4
1.0~2.0	2 642	660.5	1.9
2.0~5.0	1 997	499.3	1.5
>5.0	44	11.0	0.0
总计	136 402	34 100.5	100.0

（1）研究区域高程整体呈现减小趋势，高程降低幅度处于 $0\sim5$ m 的面积接近 30 000 m²，约占统计区域的 86.9%。

（2）高程降低幅度在 5.0 m 以上的面积有 1 326 m²，约占统计区域的 4.1%，主要分布在研究区域北侧的主滑坡区（Ⅰ区）和南部滑坡区（Ⅱ区）内，该区域采石活动较多，高程的明显减小主要是原有完整山体被采挖后引起的。

（3）在Ⅱ区有明显的高程增加区域，增加幅度为 $2.0\sim5.0$ m，该区域变化主要是由于其周边山体被采挖后（Ⅱ区中蓝色部分），碎石在该区域堆积引起的。

（4）整体而言，山后村采石等人类活动导致的山体滑坡、崩塌等灾害现象较为严重，主滑坡区（Ⅰ区）靠近山顶公路的部分边坡出现明显滑移迹象，形成了楔形槽地形。图 3.43 为 2013 年 8 月的该区域的无人机三维实景图，从图中可明显看出楔形槽地形，并且与下部的采挖区域基本形成一体（图 3.44）。楔形槽顶部的宽度可达 4.0 m 左右，深度可达 30 m 以上（图 3.45）。

图 3.43　楔形槽地形的无人机三维实景显示

图 3.44　楔形槽地形随机断面分布

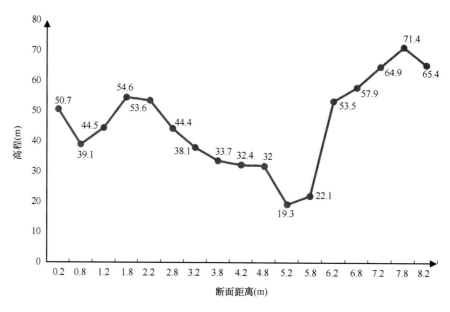

图 3.45　楔形槽地形随机断面高程分布

3.2.3　实时监测系统监测

　　斜坡上的岩土体在重力作用下，具有下滑趋势，由于自然或人为因素导致抗滑力减小，下滑力大于抗滑力时，斜坡就会失稳，在滑动体与不动体之间形成地面裂缝（金德山，2009）。实时监测系统主要用于监测山体顶部裂缝两端滑坡体位移变化。滑坡体的演化往往会引起滑坡裂缝的发生，可以说地表裂缝是滑坡发生的前兆（刘华磊，2011），滑坡裂缝常常成为判定滑坡规模，分析滑坡形成机制，预测滑坡发展趋势，指导滑坡监测、治理的重要依据。

　　2013 年 5 月，山后村山体滑坡实时监测系统安装调试完成，并成功运行，获取了 2013 年 5 月至 2014 年 9 月的滑坡体顶部裂缝位移监测数据。

3.2.3.1　滑坡裂缝区域性变化特征

　　选取 2013 年 7 月至 8 月间的 7 个时间节点，以 A1 传感器所处位置为 0 点，2.5 m 为间隔，绘制出 10 支传感器监测位移与传感器位置的时间–距离关系图像（图 3.46），从图中可以看出，各传感器监测位移变化同步发展，位移值整体呈现变大趋势，其中 17.5 m 位置处 A8 传感器位移变化幅度较小，10~15 m 所对应的 A8、A9、A10 传感器位移变化形态比较相近，位移量增加幅度大体相同。根据传感器接收位移数据变化特征，及其空间位置，将滑坡裂缝监测区域进行分区，A1~A4 为 1 区，A5~A7 为 2 区，A8~A10 为 3 区。

　　1 区位于监测区域西北端，该区域位于山体末端，最外侧已发生明显的滑塌现象（图 3.47），由于滑塌现象的发生导致外部坡体与滑坡体主体分离，孤立存在，裂隙宽度达到 5 m 以上，外部坡体长期处于风化环境，表面碎石遍布，处于极其不稳定状态。

　　2 区位于 1 区与 3 区之间，是整个监测区域位移值最大的地区，在选取的监测时间段内，该区域滑坡体平均位移值可达 230 mm，远大于其他两区域滑坡体位移值，与此同时，在 2 区与 3 区之间

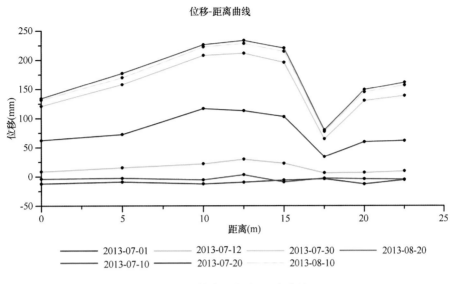

图 3.46　传感器位移–距离曲线

图 3.47　1 区滑坡裂缝

发育有一条北东—南西走向的裂缝（图 3.48），最大宽度约为 1 m，裂缝处存在大量滑落的碎石，这表明，2 区与 1 区整体位于两条裂缝之间，滑坡体处于较活跃状态，随着 2 区裂缝的不断发育，该区域滑坡体位移值也随之增加。

　　3 区位于监测区域东南部，山体顶部滑坡裂缝末端，与山主体相连，该区域滑坡体位移变化幅度明显小于其他两区域，平均位移值约为 100 mm，由位移–距离曲线图（图 3.46）可以看出，A7、A8 两相邻传感器位移值差别明显，说明 3 区域处于相对稳定状态，位于 2 区与 3 区之间的裂缝是造成这一现象的主要原因。

图 3.48　2 区与 3 区之间的裂缝

3.2.3.2　滑坡裂缝时间性变化特征

北长山岛研究区域山体滑坡顶部裂缝走向呈西北—东南方向，依照区域性特征依次选取 A1、A5、A6 和 A10 传感器作为典型，对 2013 年 7 月至 8 月极端天气和采石场盗采现象频繁发生时间段进行观测，并对滑坡位移–时间数据进行分析，其位移–时间关系和速率–时间关系如图 3.49、图 3.50 所示。可以发现 4 支传感器监测数据变化趋势基本一致，从各点传感器监测的累计位移变化曲线图和各点位移速率变化曲线图可以得出该滑坡裂缝区域变形可分为 3 个阶段。

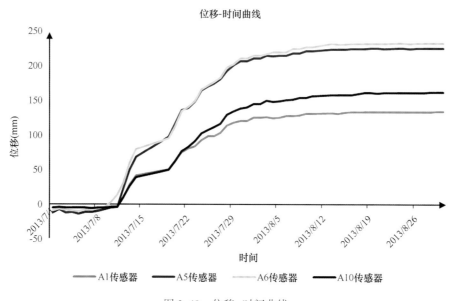

图 3.49　位移–时间曲线

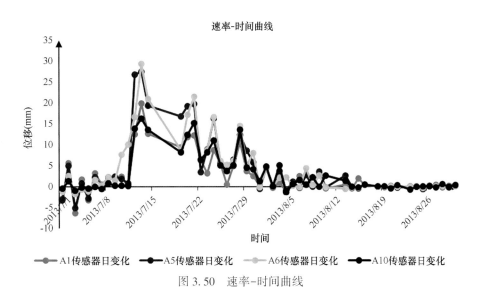

图 3.50 速率–时间曲线

1）缓慢变形期（2013 年 7 月 1 日至 2013 年 7 月 12 日）

在该段时间内，滑坡体整体位移幅度不明显，位移量约为 8 mm，变化速率较小，其变化主要原因是小规模采石所致。其中 2013 年 7 月 9 日至 13 日长岛地区遭遇连续暴雨，但滑坡体位移并没有显著变化，这说明强降雨有时并不能立即导致滑坡的位移变化，而会造成滑坡体内节理、裂隙的发育，为滑坡的发生造成隐患。

2）快速变形期（2013 年 7 月 13 日至 2013 年 7 月 31 日）

此阶段降雨现象频繁发生，仅大雨和暴雨天数就达到 7 d，受此影响，滑坡位移急剧增大，位移速率变化显著，呈波动趋势，以 A5、A6 传感器所处区域变化最为严重，位移值可达 210 mm 以上，最大位移速率为 29 mm/a，分析其原因如下：①小规模采石等人为活动主要位于山体下部，不合理的开挖破坏了山体原有的平衡结构，滑坡体下部支撑力变大，大强度的降雨导致滑坡体裂缝中含水量快速增加，短期内难以从坡体排出，自重增大，下部岩体无法支撑引起了滑坡体位移变化；②研究区域山体内节理裂隙发育，岩体较为破碎，随着雨水不断充填裂缝及软弱结构面，产生顺坡向的动态扩张力，同时滑移面充水减小抗滑力使滑坡体发生位移。

3）稳定变形期（2013 年 8 月 1 日至 2013 年 8 月 31 日）

在此时间段内，降雨次数减少，降雨强度降低，滑坡体位移速率在 8 月 1 日至 8 月 15 日以波动形式逐渐减小，最后趋于稳定，累积位移量有小幅度增加，最大值为 18 mm，在 8 月 16 日至 8 月 31 日滑坡体基本处于稳定状态，位移值不发生变化。暴雨等极端天气对研究区域山体滑坡影响较大，在降水减小的条件下该滑坡体位移变化幅度减小，位移速率由快速变化逐渐变为缓慢变化，最后趋于稳定，这表明，滑坡体在发生剧烈变化之后，坡体会通过自身调整恢复进而达到新的平衡状态。

3.2.4 山体滑坡稳定性分析

3.2.4.1 模型的建立

根据现场条件，采用平面应变模型，模型水平尺寸为 260 m，坡高按照现场条件取 $H = 100$ m，边坡倾角 60°。强风化岩层厚度为 4 m，分布在边坡顶面覆盖层与地面，其余均为中风化岩层。由于前期沿结构面已发生过滑坡，坡面即为裸露的结构面。根据现场勘查，模型设有 3 条大的软弱结构面：①号结构面倾角 56°，距离边坡坡顶 4.5 m；②号结构面倾角 59°，距离坡脚 8.5 m；③号结构面倾角 60°，距离边坡坡脚 16 m。②号与③号结构面深入坡脚地面 6 m。结构面厚度为 20 cm；岩体和结构面采用平面三角形单元模拟，岩体的破坏准则采用莫尔-库伦准则，具体模型尺寸如图 3.51 所示。边界条件为左右两侧水平约束，下部固定，上部为自由边界，模型有 18 452 个节点，36 614 个单元，有限元计算模型如图 3.52 所示。

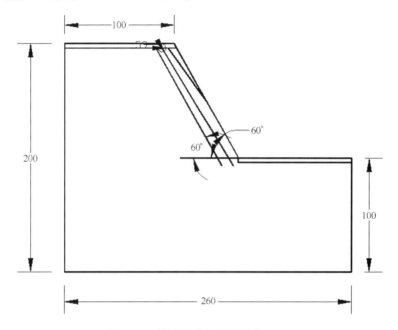

图 3.51　模型尺寸（长度单位：m）

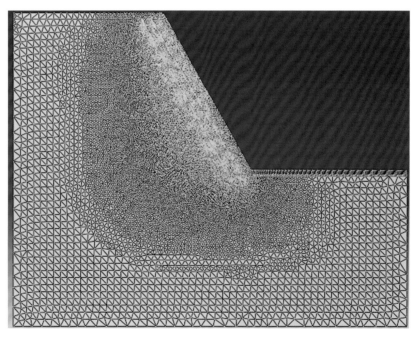

图 3.52　有限元模型

3.2.4.2 计算参数的选取

根据北长山岛工程地质情况，查阅相关资料，并参照修订的国标《建筑边坡支护规范》，确定了岩体及结构面物理力学参数的取值，如表 3.6 所示。

表 3.6　计算采用的岩体物理力学参数

材料名称	抗剪强度		弹模 E（MPa）	泊松比	重度 γ（KN/m³）
	c（kPa）	φ（°）			
强风化岩层	120	24	100	0.25	19
中风化岩层	1 000	38	1 000	0.2	26
软弱结构面	60	24	10	0.3	25

3.2.4.3 计算结果分析

采用有限元强度折减法分析边坡的稳定性问题时需根据有限元计算结果分析，判断边坡整体是否处于极限平衡的破坏状态，即边坡失稳判据的选择。目前判断边坡土体整体失稳主要有以下 3 种判据。

（1）以塑性区从坡脚到坡顶贯通形成连续的滑动面作为失稳标准，同样，等效塑性应变区贯通也可以作为其失稳标准。

（2）以岩体滑移面上应变产生突变或者位移产生突变作为标准，具体在相邻的分析时步中表现为位移的突增。

（3）以有限元软件的静力分析不收敛（即计算中断）作为边坡整体失稳的标准。

以上 3 种判据描述了边坡随着强度的降低，逐渐从出现临界滑动面状态到塑性流动状态的发展变化过程。通过应用有限元强度折减法，边坡岩土体强度逐渐降低，当岩土体强度达到临界破坏状态时，斜坡滑面上的塑性区贯通（判据 1），此为边坡失稳的必要不充分条件；接着，滑面上的应变或位移出现突变（判据 2）；同时，有限元计算不收敛（判据 3）。可以认为，判据 2 和判据 3 是基本一致的。大量的分析结果表明，有限元计算不收敛作为失稳判据得到的稳定安全系数比塑性区贯通得到的安全系数偏大，但误差在 5%以内。本分析采用有限元计算不收敛（判据 3）为失稳判据，利用 ABAQUS 场变量的定义，实现强度参数的自动折减，当计算不收敛时，程序自动停止计算。同时结合判据 1 与判据 2 进行分析。

按上面建立的模型与参数进行有限元计算，程序自动地不断增加强度折减系数 F_s，反复进行了有限元分析，当计算停止时说明有限元计算已不收敛。此时，强度折减系数 F_s 为 1.85。按照有限元强度折减法的原理可知，此时的折减系数 F_s 即为边坡的强度储备安全系数，即边坡的稳定安全系数 $F_s=1.85>1$，边坡稳定。

1）塑性应变分析

图 3.53 为边坡不同折减系数（$F_s=1.44$，$F_s=1.65$，$F_s=1.70$，$F_s=1.85$）对应的塑性应变分布图。从图中可以看出，当折减系数 $F_s=1.44$ 时，沿①号结构面出现塑性区；②号结构面底部与坡脚也出现塑性区［图 3.53（a）］。当折减系数继续增加时，塑性区进一步扩展。当 $F_s=1.65$ 时，

沿 3 个结构面都出现明显的塑性区，①号与②号结构面底部塑性应变较大［图 3.53（b）］。当 $F_S = 1.70$ 时，沿 3 个结构面的塑性区进一步扩展，沿①号结构面的塑性应变发展最快，并达到临界滑动状态［图 3.53（c）］。此外，沿②号结构面的塑性区和坡脚的塑性区已基本贯通。如采用上述的塑性区贯通作为边坡失稳判据，则安全系数可较保守地取为 $F_S = 1.70$。当 $F_S = 1.85$ 时，边坡已沿①号与②号结构面滑动，此时有限元计算已不收敛，计算自动停止［图 3.53（d）］。

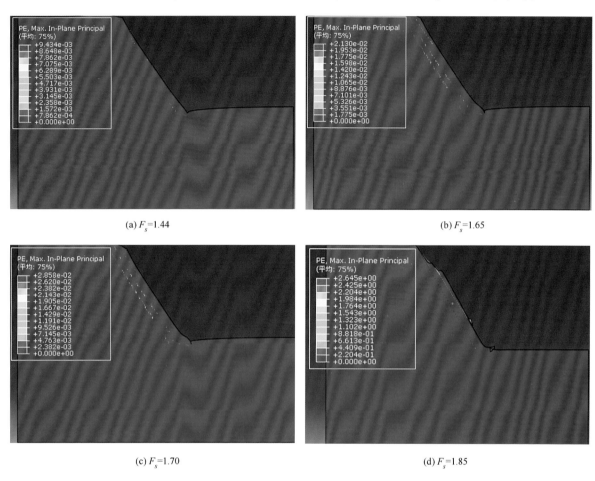

(a) F_s=1.44

(b) F_s=1.65

(c) F_s=1.70

(d) F_s=1.85

图 3.53　不同折减系数 F_S 对应的塑性应变分布

图 3.54 为 $F_S = 1.85$ 时不同分析时步对应的塑性应变的发展过程。从图中可以看出，塑性应变最早出现在①号结构面底部，坡脚处也同时出现塑性区［图 3.54（a）］。然后②号结构面底部与③号结构面中部出现塑性区，坡脚塑性区进一步扩展［图 3.54（b）］。随分析时步的增加，塑性区范围继续扩大，沿 3 个结构面都出现了明显的塑性区，且①号与②号结构面底部塑性应变较大；②号结构面与坡脚塑性区接近贯通［图 3.54（c）］。随后边坡沿①号结构面首先滑动，整个②号结构面的塑性应变很大，坡脚已出现隆起，达到临界滑动状态［图 3.54（d）］。这与①号结构面的是开口的，处于易于滑坡的外倾结构一致。当分析结束时，边坡已沿①号与②号结构面大面积滑动，有限元计算已不收敛，计算自动停止［图 3.54（e）］。

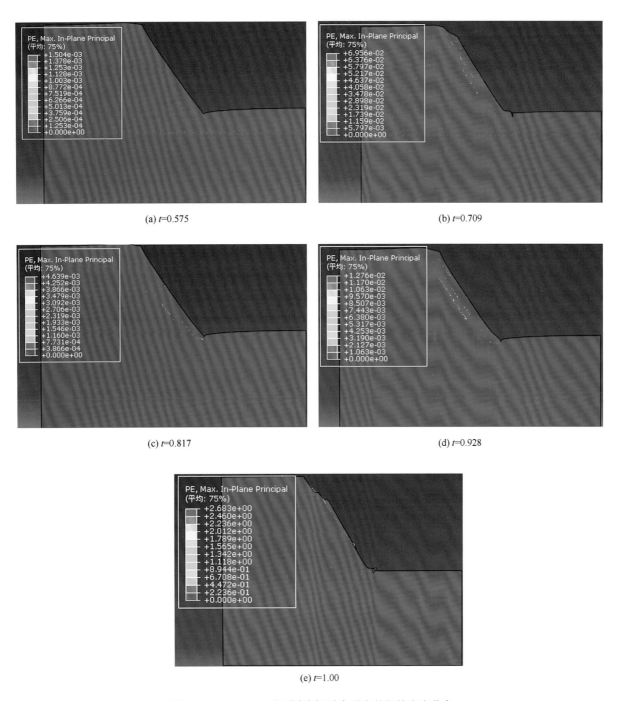

(a) $t=0.575$ (b) $t=0.709$

(c) $t=0.817$ (d) $t=0.928$

(e) $t=1.00$

图 3.54 $F_S = 1.85$ 时不同分析时步对应的塑性应变分布

2) 位移分析

图 3.55 为不同折减系数（$F_s = 1.44$、$F_s = 1.65$、$F_s = 1.70$、$F_s = 1.85$）对应的总位移图。图 3.56 为折减系数 F_s 与坡脚总位移关系曲线图。从图 3.56 可看出，当折减系数较小时，边坡处于稳定状态，位移主要是自重引起的沉降［图 3.55（a）］。随折减系数的增加，①号结构面以上岩体位移增加较快，介于①号与②号结构面之间的上部岩体位移也较大，即坡顶最先出现较大的位移［图 3.55（b）］。随后，位移值进一步增加，直至边坡沿①号与②号结构面大面积滑动，坡顶最大

位移达 1.24 m，坡脚最大位移达 0.25 m ［图 3.55（c）、图 3.55（d）］。从图 3.56 可明显看出，当折减系数 $F_s = 1.70$ 时，坡脚位移开始明显增加；当 $F_s = 1.80$ 时，坡脚位移产生突变；当 $F_s = 1.85$ 时，有限元计算已不收敛，计算自动停止。综合上述分析，按前述的边坡失稳的 3 个判据，即判据 1（塑性区贯通）、判据 2（位移出现突变）；判据 3（有限元计算不收敛），边坡的安全稳定系数可分别取 1.70、1.80 与 1.85。

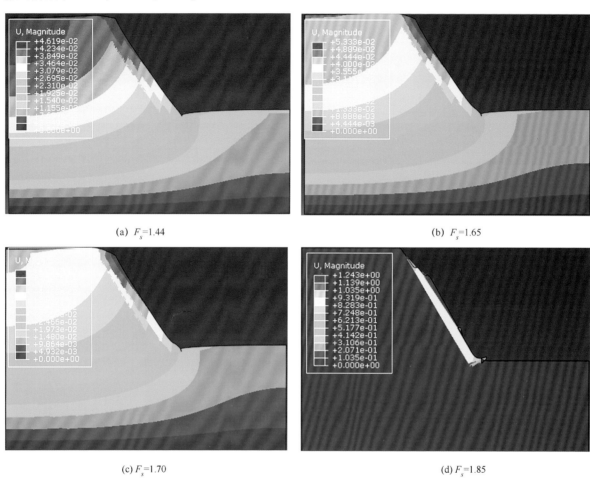

(a) $F_s = 1.44$

(b) $F_s = 1.65$

(c) $F_s = 1.70$

(d) $F_s = 1.85$

图 3.55　不同折减系数 F_s 对应的总位移分布

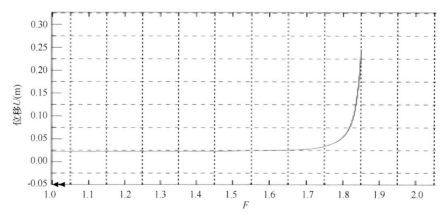

图 3.56　折减系数 F_s 与坡脚总位移关系曲线

图3.57为不同折减系数（F_s=1.44、F_s=1.65、F_s=1.70、F_s=1.85）对应的水平位移分布图。图3.58为折减系数F_s与坡脚水平位移关系曲线图。从图3.57中可以看出，水平位移主要从坡脚处开始出现，并逐渐增加与向上扩展。当F_s=1.85时，坡脚已隆起，最大水平位移达0.22 m；①号结构面以上岩体最大水平位移达0.63 m；①号与②号结构面之间岩体水平位移也达0.38 m左右。从图3.58可看出，当折减系数F_s=1.44时，坡脚水平位移开始缓慢增加，这与前面图3.53（a）所示的塑性区开始出现相一致；当折减系数F_s=1.70时，坡脚水平位移开始明显增加；当F_s=1.80时，坡脚水平位移产生突变；当F_s=1.85时，有限元计算已不收敛，计算自动停止。水平位移的分析结果与前面总位移的分析结果是一致的，并且可以看出，坡脚位移以水平位移为主，坡顶垂直位移大于水平位移，岩体主要沿着①号与②号结构面滑动。

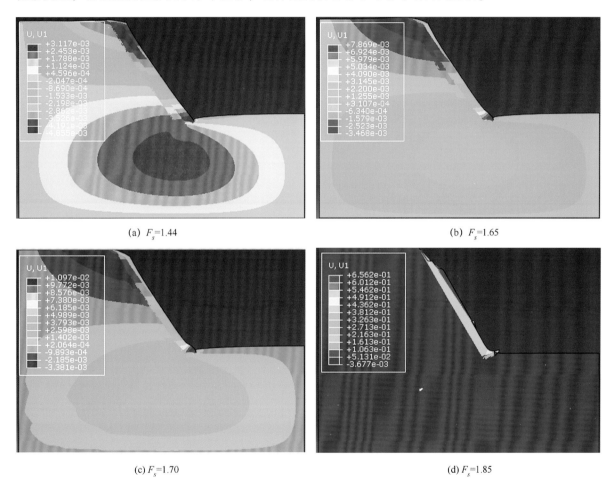

(a) F_s=1.44　　　　　　　　　　(b) F_s=1.65

(c) F_s=1.70　　　　　　　　　　(d) F_s=1.85

图3.57　不同折减系数F_s对应的水平位移分布

3）应力分析

图3.59为F_s=1.85时不同分析时步对应的最大主应力分布图。从图中可以看出，坡脚最早出现应力集中，数值也最大，直至岩体开始滑动［图3.59（d）］后应力释放。②号结构面及以上岩体逐步出现应力集中，沿③号结构面也出现应力集中，边坡开始滑动后应力释放。这与前面塑性区的出现与扩展规律相对应。

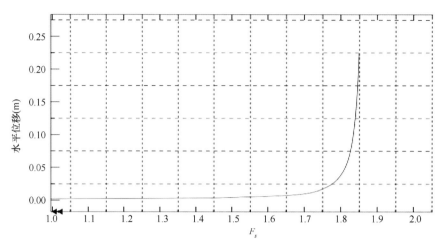

图 3.58　折减系数 F_s 与坡脚水平位移关系曲线

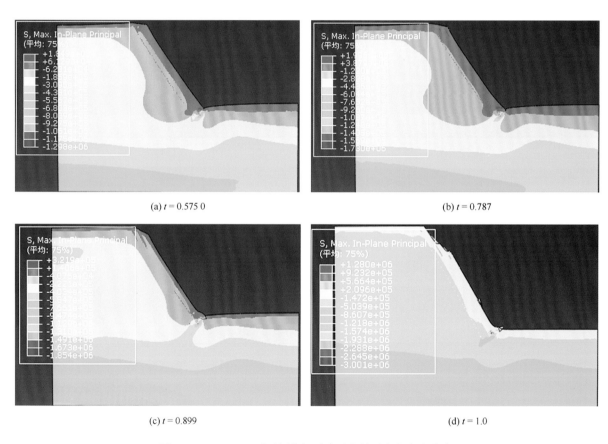

(a) $t = 0.575\,0$　　　　　　　　　　　(b) $t = 0.787$

(c) $t = 0.899$　　　　　　　　　　　(d) $t = 1.0$

图 3.59　$F_s = 1.85$ 时不同分析时步对应的最大主应力分布

3.2.5　山体滑坡影响因素

　　北长山岛山体滑坡为岩质滑坡，其变形破坏受内部节理和裂隙及千枚岩层的影响，而人为采石和暴雨等极端条件是导致滑坡发生的最重要因素。

3.2.5.1 自然因素

根据对滑坡区地层内部构造和外部形态的监测数据，造成北长山岛滑坡地质灾害较为严重的自然因素主要包括：内部岩体结构不稳定和极端天气条件。

1）内部岩体结构不稳定

北长山岛以剥蚀山丘和海岸地貌为主要特征，丘陵和山脉多与地层走向一致。岛陆起伏较大，基岩裸露，最高岛海拔 202.8 m，最低岛海拔仅 17.0 m。石英岩抗风化组成山脊，板岩风化为谷，近海微地貌极为发育。北长山岛主要由石英岩砂、板岩和千枚岩组成（图 3.60）。其中：

图 3.60　北长山岛板岩岩层和破碎的石英岩

板岩：呈青灰色，变淤泥质结构，层状构造，岩体沿裂隙风化严重，芯样呈短柱状及碎块状，岩质软。

弱风化石英岩：呈青灰、灰白等色，变余碎屑结构，块状构造，裂隙极发育，受构造及风化作用影响，岩体破碎，岩样为 3~6 cm 碎块状，岩块质地坚硬。

微风化石英岩：青灰、灰白等色，变余碎屑结构，块状构造，裂隙极发育，岩体破碎，岩样为 5~15 cm 碎块状，岩块质地坚硬。

为探明滑坡体内部地层结构，我们采用瑞典 MALA 探地雷达对其地层结构进行了监测。结果表明，该滑坡体的变形破坏受岩体结构控制，山体内节理和裂隙发育，岩体破碎较为严重（图 3.61）；而板岩和层状千枚岩为滑坡提供了极佳的滑动面，两者的共同作用成为导致滑坡发生的主要内在因素。

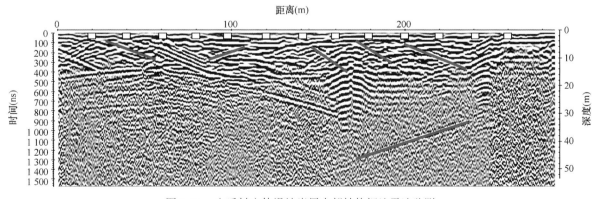

图 3.61　山后村山体滑坡岩层内部结构探地雷达监测

2）极端天气条件

为监测山后村典型滑坡地质灾害发展趋势，我们建立了北长山岛山体滑坡远程监测系统，设置了10个恒张力位移传感器（A1~A10）和6个地表位移计（B1~B6）。自2013年5月开始至今，实时监测山后村主滑坡体变化情况。

北长山岛为北温带季风型大陆性气候，历年年平均降水量为627.6 mm，年最大降水量为881.4 mm（1973年），年最小降水量为204.7 mm（1986年），月最大降水量为328.3 mm，日最大降水量为197.4 mm。降水量季节分布明显，其中，春季占14%，夏季占59%，秋季占22%，冬季占5%，且降水日数集中于7—8月。

监测期间，2012年7月长岛县的降雨量仅为150 mm。2013年7月，长岛县有23 d在下雨，平均降雨量461.6 mm，为历年单月全市平均降雨量最大值。据此，我们针对不同年份的相同月份的降雨量来对比分析，不同降雨量对山体滑坡的影响。

分析可知，2012年7月该滑坡体变化特征主要为下部碎石堆积体的挖取造成上部碎石的持续滑落，而崖体则基本处于稳定状态。2013年7月的持续降雨导致滑坡体扩张速率加大，其中，7月8日至13日降雨量190 mm，导致滑坡滑动5~8 cm；22日至28日，降雨量超过150 mm，滑坡滑动5~7 cm（图3.62）。滑坡滑动距离与当地的降雨量有着很强的正相关性，即正常条件下，山后村滑坡处于滑动的临界状态，在暴雨等极端条件下处于滑动状态，属于小雨小滑、大雨大滑，直至结束的状态。因此，夏季暴雨期是滑坡体地质灾害的高发时期，应引起特别注意。

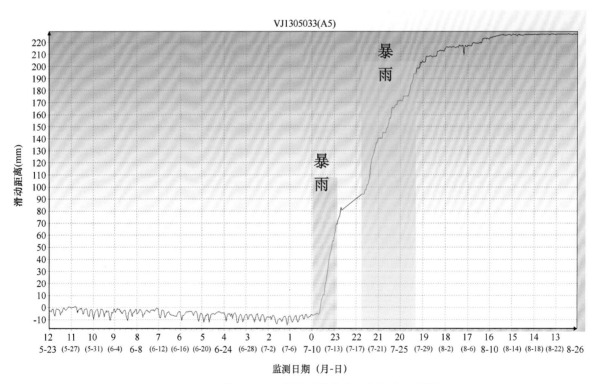

图3.62　2013年7月山后村滑坡体滑动距离实时监测数据

为了评价降雨量对海岛岩质边坡稳定性的影响，需建立日降雨量与边坡稳定安全系数的对应关系。通过对2013年7月11日至2013年8月10日期间日降雨量与监测位移的统计分析，可初步建立日降雨量与日位移增量的对应关系。同时，对剖面建立了有限元计算模型，采用有限元强度折减法，可得到折减系数与坡顶总位移的关系曲线，如图 3.63 所示。

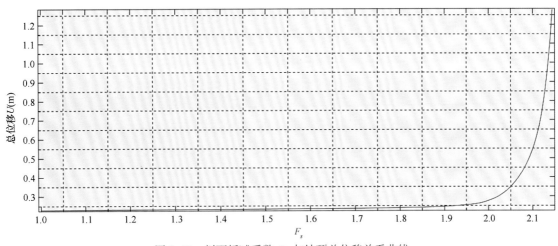

图 3.63　剖面折减系数 F_s 与坡顶总位移关系曲线

基于得到的两个对应关系，即以监测位移统计为依据的"日降雨量与日位移增量关系"和以有限元计算结果为依据的"折减系数与位移关系"，以位移为中间变量，把日降雨量引起的边坡位移增量等同于因边坡强度参数降低引起的位移增量，找到对应的折减系数，从而建立了日降雨量与边坡强度等效折减系数的对应关系（表 3.7）。

表 3.7　基于位移等效的日降雨量与等效折减系数对应关系

日降雨量（mm）	0	4	7	11	15	22	32	45	57	80
等效折减系数 $\overline{F}_s$	1	1.15	1.28	1.43	1.46	1.73	1.79	1.86	1.89	1.94

表 3.7 中的日降雨量与边坡强度折减系数的对应关系是一种基于位移等效的对应关系，即日降雨量对边坡位移的综合影响用边坡强度参数的折减来代替。不同的折减系数等效对应不同的日降雨量。其他参数与有限元计算模型不变（表 3.8），提交 ABAQUS 进行有限元强度折减计算。程序自动地不断增加强度折减系数 F_s，并反复提交有限元分析，当计算停止时说明有限元计算已不收敛。按照有限元强度折减法的原理可知，此时的折减系数 F_s 即为剖面边坡在对应的日降雨量的强度储备安全系数。

表 3.8　等效日降雨量的岩体物理力学参数

材料名称	抗剪强度		弹模 E（MPa）	泊松比	重度 γ（KN/m³）
	c（kPa）	φ（°）			
强风化岩层	67.04	13.98	100	0.25	19
中风化岩层	558.66	23.58	1 000	0.2	26
软弱结构面	33.52	13.98	10	0.3	25

下面以日降雨量为 32 mm（属大雨级别）和等效折减系数 $\overline{F}_s = 1.79$ 为例，进一步详细说明上述计算过程。提交 ABAQUS 进行有限元强度折减计算，进行边坡稳定性分析。

当有限元计算已不收敛时，折减系数 F_s 为 1.19，即按计算不收敛判据得到的边坡安全系数 $F_s = 1.19$。说明当日降雨量达 32 mm（属大雨级别）时，边坡稳定安全系数已降为 $F_s = 1.19$，仍大于 1，仍有一定的安全储备，边坡是稳定的。图 3.64 至图 3.68 为剖面在日降雨量达 32 mm 时的计算结果。图 3.64 为塑性区贯通时的塑性应变分布图，此时折减系数 $F_s = 1.15$。图 3.65 至图 3.67 分别为计算不收敛（此时折减系数 $F_s = 1.19$）时的塑性应变分布图、总位移分布图、最大主应力分布图。图 3.68 为折减系数 F_s 与坡顶总位移的关系曲线图。

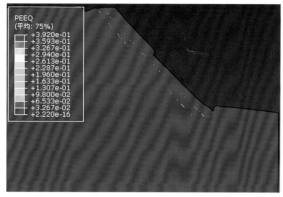

图 3.64　日降雨量为 32 mm 时剖面在塑性区贯通（$F_s = 1.15$）时的塑性应变分布

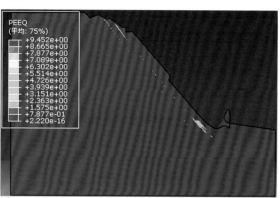

图 3.65　日降雨量为 32 mm 时剖面在计算不收敛（$F_s = 1.19$）时的塑性应变分布

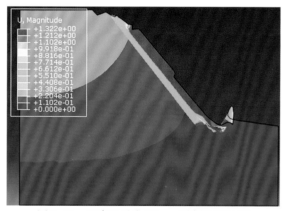

图 3.66　日降雨量为 32 mm 时剖面在计算不收敛（$F_s = 1.19$）时的总位移分布

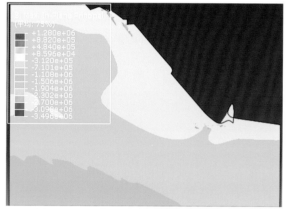

图 3.67　日降雨量为 32 mm 时剖面在计算不收敛（$F_s = 1.19$）时的最大主应力分布

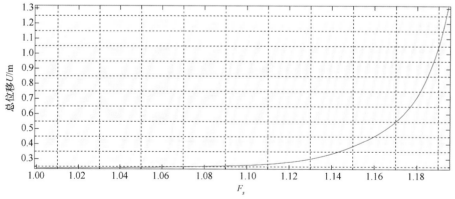

图 3.68　日降雨量为 32 mm 时剖面的折减系数 F_s 与坡顶总位移的关系曲线

　　对每一个等效折减系数都进行上述的计算过程，得到不同的日降雨量与边坡稳定安全系数的关系，如表 3.9 所示。从中可以看出，随着日降雨量的增加，边坡的安全系数在减小。日降雨量在 0~22 mm 范围内，安全系数对降雨比较敏感，安全系数降低较快，特别是日降雨量为中雨级别（10~25 mm）；当日降雨量大于 22 mm，安全系数对降雨比较迟钝，安全系数降低缓慢。当日降雨量达到 22 mm 时，安全系数已降为 1.25；当日降雨量达到 80 mm 时，安全系数已降为 1.05，此时边坡已接近失稳。

表 3.9 日降雨量与边坡稳定安全系数的对应关系

日降雨量（mm）	0	4	7	11	15	22	32	45	57	80
边坡安全系数 F_S	2.15	2.03	1.94	1.69	1.48	1.25	1.19	1.16	1.08	1.05

3.2.5.2 人为因素

山后村、月牙湾和九丈崖滑坡监测区都位于采石场内，均因采石活动形成临空面造成上部岩体失去支撑而产生滑坡或崩塌（图 3.69）。当地的采石活动基本处于粗放式的无序开采状态，采用的亦是简单粗暴的采石方式。采石场"充分和合理"地掌握并利用了北长山岛基岩的岩体结构和岩体组成，在陡崖坡脚处向岩体内部开挖，节理和滑动面发育并较为破碎的上部岩体因失去支撑而崩塌滑落成碎石堆积后被采石场开挖，之后再在新的基岩面坡脚继续开挖，周而复始。采石活动"简单高效"，却对山体稳定性造成了极大的破坏。特别是山后村采石场，岩层几乎垂直于地面，下部坡脚开挖后，岩层沿滑动面迅速滑塌，引起顶部和后部岩体破碎开裂，直接威胁山顶的风电机组及配套公路的安全。因此，采石活动成为北长山岛滑坡地质灾害的主要诱发因素。

图 3.69 北长山岛采石活动

左上：山后村采石活动；右上：采石导致山后村山体顶部开裂

左下：月牙湾采石活动；右下：九丈崖采石活动

3.3 崇明岛海水入侵监测与灾害特征

全球范围的海水入侵已经引起了国际社会的广泛关注。沿海地区作为陆地淡水与海洋咸水的交互地区，是全球陆地—海洋水循环中不可或缺的重要组成部分。同时，沿海地带的淡水资源短缺与水环境污染不仅限制了本地区的发展，更对内陆地区水环境的安全带来了严重的威胁。尤其对于孤立于大陆之外的海岛而言，更容易受到海水入侵的影响。

崇明岛是中国第三大岛，是世界上最大的河口冲积岛，世界上最大的沙岛；地处长江口，素来享有"长江门户、东海瀛洲"的美称。崇明岛又位于长江三角洲最发达的地区，也是上海最具潜在战略意义的发展空间之一。崇明岛的自然资源数量，特别是滩涂土地面积、风能、太阳能和大量生物能等绿色能源以及绵长稳定的海岸线在本区域都具有一定优势。因此，崇明岛的发展早已引起了有关方面的高度关注。近年来，崇明生态岛的建设一直得到各方面的高度关注。2002年，上海市第八次党代会提出"积极做好崇明岛开发准备"，并随后编制了《崇明岛域总体规划纲要》。2004年，国家主席胡锦涛对上海市提出把崇明岛建设成现代化综合性生态岛的规划给予了肯定，希望按照科学发展观的要求，切实规划好、建设好崇明岛。到2020年，崇明岛将基本建设成为国内领先、国际一流的人类生态环境与活动示范岛区。

崇明岛既有其资源优势，又存在着咸水入侵等种种问题和困难。崇明岛境内河网密布，雨水充沛，水资源条件得天独厚。崇明岛地表水总量虽然丰富，但其中约90%为理论上可利用长江引潮水量，本地径流量仅占10%左右；特别是每年枯水期，受潮汐和长江径流减少等水文因素的影响，可形成咸潮入侵南北支，造成咸水包围崇明岛。而随着三峡工程的建成，进入本区的年内径流分配有所改变，特别是南水北调工程开始引水后，进入本区的年径流量将减少，咸水影响崇明岛的现象可能进一步加剧。因此，从水量和水质，从丰水期到枯水期，崇明岛水资源安全都面临着严峻挑战。本节内容是在对崇明岛进行海水入侵综合调查的基础上，研究分析其海水入侵成灾条件和危害程度，认识和分析海水入侵的类型、特征以及掌握海水入侵的过程和变化规律。

3.3.1 崇明岛地下水位监测

据1981—1983年调查资料记录，全县地下水位较高，地下水位波动值为81.6~88.0 cm，平均为85.7 cm，主要受降雨量影响（吴彤，2007）。地下水在初夏梅雨季节和秋季阴雨季节为高位期。地下水位上升到离地面31~46 cm，与耕层渍水和地表水互相沟通，造成三水相连，往往会出现短暂性的农田涝渍现象。

调查区域的水位监测共有9口井，测井均为农家居用井，井深均不足3.5 m，井水为农家洗衣、拖地、冲厕之用，总体上用水量不大。埋深测量频率为每月一次，各测井均在上午7:30以前测量。监测区域潜水水位较高，平均埋深1.31 m。地下水年变化幅度为39~229 cm（表3.10），平均变幅为100 cm，较20世纪的80年代有所增加。高水位（埋深浅）主要集中在6月，低水位（埋深大）出现在每年的7月（图3.70）。

表 3.10　调查区域静水位埋深特征值　　　　　　　　　　　　单位：cm

测井	最大值	最小值	平均值
崇东 1 号井	135	53	78
崇东 2 号井	205	70	116
崇东 3 号井	156	80	120
崇中 1 号井	302	73	169
崇中 2 号井	200	44	127
崇中 3 号井	163	57	122
崇西 1 号井	172	92	148
崇西 2 号井	250	105	178
崇西 3 号井	220	59	125

3.3.2　氯离子监测

水样采集点为 9 口监测井，各测点水样采集均在固定日期的上午 7:30，监测时间为 2011 年 7 月至 2013 年 12 月。

2011 年 7 月至 2013 年 12 月，各监测井氯离子浓度的变化特征见表 3.11，变化趋势见图 3.71。由图 3.71 可以看出，调查区高氯离子浓度井位集中在崇明岛北沿公路以北的区域（崇东 1 号、崇中 1 号和崇西 1 号井位），以氯离子浓度 250 mg/L 作为判断是否发生海水入侵的标志，崇东断面的入侵最为严重，入侵距离达 7 km；崇中断面次之，入侵距离 4 km；崇西断面入侵距离为 2 km。在时间尺度上，各监测井位氯离子浓度呈波动上升趋势，氯离子含量随时间的变化明显，在地下水位较低的枯水期，氯离子含量较高；在地下水位较高的丰水期，氯离子含量较低。

表 3.11　2011—2013 年监测水样氯离子浓度特征值　　　　　　　　　　单位：mg/L

测井	最大值	最小值	平均值
崇东 1 号井	2 469	424.54	1 187.113
崇东 2 号井	1 456	361.42	879.083 7
崇东 3 号井	247.26	140.21	186.813 3
崇中 1 号井	3 130	122.52	1 282.889
崇中 2 号井	192.58	17.37	123.474 3
崇中 3 号井	186.61	27.6	124.902
崇西 1 号井	837.87	80.2	449.718 7
崇西 2 号井	144.3	65.34	100.037 7
崇西 3 号井	123.3	46.6	101.786 7

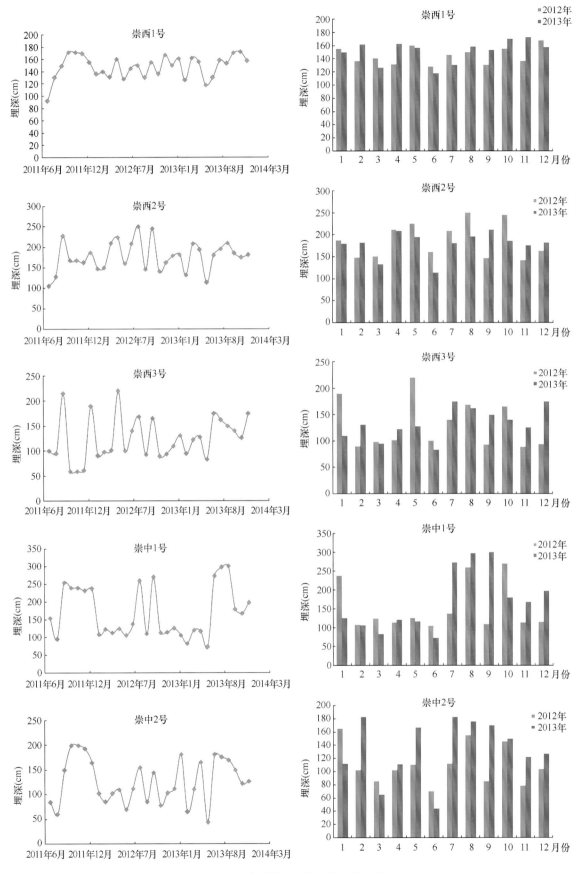

图 3.70　崇明岛地下水埋深变化趋势

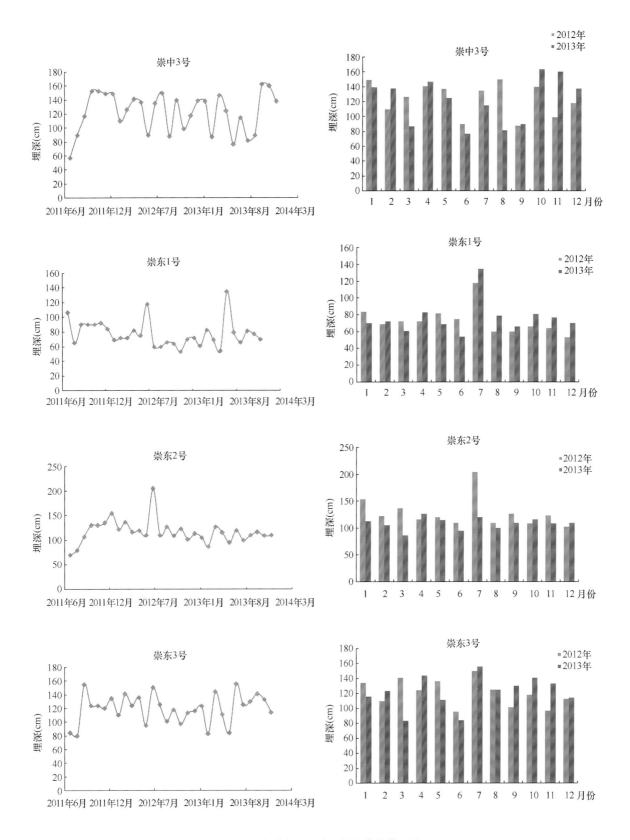

图 3.70　崇明岛地下水埋深变化趋势（续）

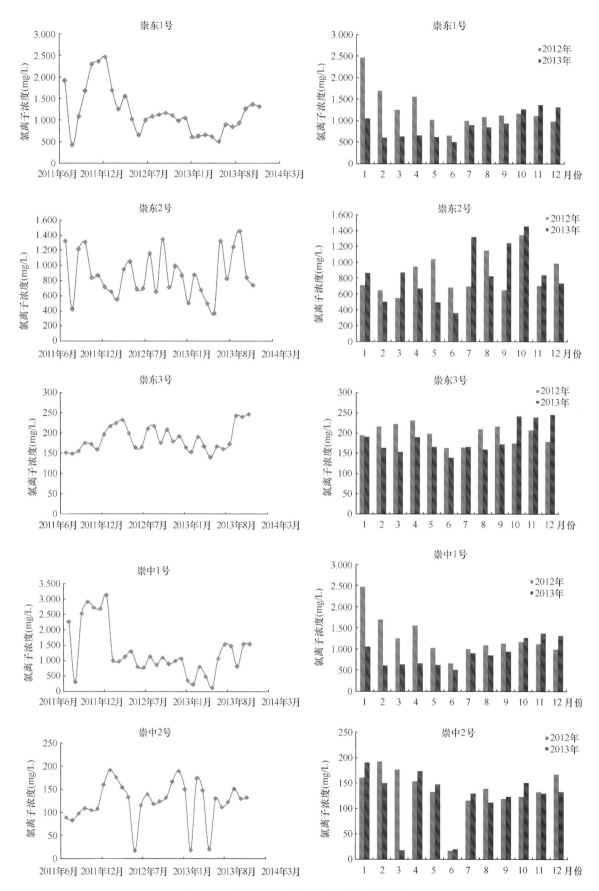

图 3.71　崇明岛地下水氯离子浓度变化趋势

图 3.71 崇明岛地下水氯离子浓度变化趋势（续）

从氯离子浓度特征值上来看，氯离子浓度最高值出现在崇中 1 号井（2012 年 1 月），为 2 469 mg/L；氯离子浓度最小值出现在崇中 2 号井，为 17.37 mg/L。各监测井连续监测期内氯离子浓度平均值最高为 1 282 mg/L，出现在崇明岛中部地区的崇中 1 号井；其次为崇东 1 号井和崇东 2 号井。

将地下水埋深变化与崇明岛地下水氯离子含量变化进行比较，比较结果如图 3.72 所示。图中结果显示：地下水氯离子浓度与地下水埋深具有较高的一致性；丰水期地下水埋深较浅，地下水氯离子含量较低；枯水期地下水埋深较深，地下水氯离子含量变大。此种变化规律在各个监测井中的表现都突出，原因为地下水得到补给，地下水位升高，氯离子含量降低，海水入侵现象减轻；反之，地下水被蒸发或者大规模利用，地下水位降低，氯离子含量升高，海水入侵现象加重。

3.3.3　矿化度监测

水样采集点为第二监测阶段监测井，各测点水样采集均在固定日期的上午 7：30，监测时间为 2011 年 7 月至 2013 年 12 月。

2011 年 7 月至 2013 年 12 月，崇明岛各监测井矿化度变化特征值见表 3.12，变化趋势见图 3.73。与氯离子特征类似各监测井矿化度含量随时间的变化明显，在地下水位较低的枯水期，矿化度含量较高；在地下水位较高的丰水期，矿化度含量较低。从矿化度特征值上来看，矿化度最高值出现在崇中 1 号井（2011 年 10 月），为 9.05 g/L；矿化度最小值出现在崇中 2 号井，为 0.04 g/L。各监测井连续监测近 1 年来的矿化度平均值最高为 3.34 g/L，出现在崇明岛中部地区的崇中 1 号井；其次为崇东 1 号井和崇中 2 号井。

表 3.12　2011—2013 年监测水样矿化度特征值　　　　　　　　　　单位：g/L

测井	最大值	最小值	平均值
崇东 1 号井	5.810	0.938	2.963
崇东 2 号井	4.731	0.944	2.134
崇东 3 号井	1.559	0.383	0.899
崇中 1 号井	9.049	0.704	3.340
崇中 2 号井	1.580	0.044	0.807
崇中 3 号井	1.987	0.364	1.104
崇西 1 号井	3.161	0.662	1.633
崇西 2 号井	1.269	0.283	0.684
崇西 3 号井	1.220	0.340	0.742

3.3.4　海水入侵电法监测

海水入侵具有隐蔽性，且影响海水入侵的因素很多，单一的方法勘查研究海水入侵一般难以奏效，因此必须用综合方法。以先进理论为指导、以地质观察研究为基础，不断提高海水入侵的研究

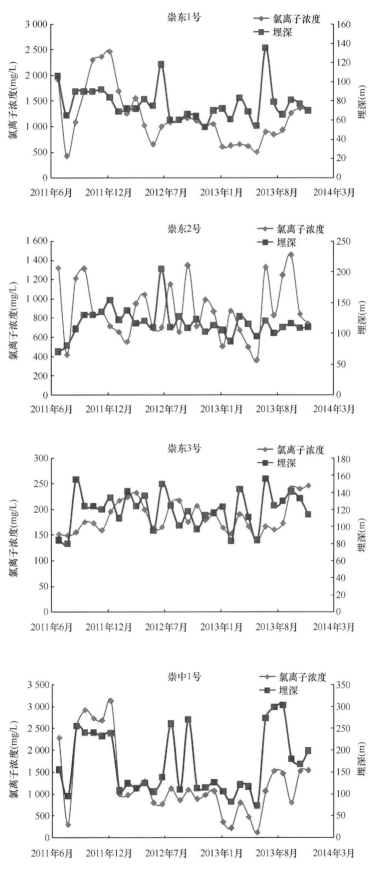

图 3.72 崇明岛地下水氯离子浓度与地下水埋深变化关系

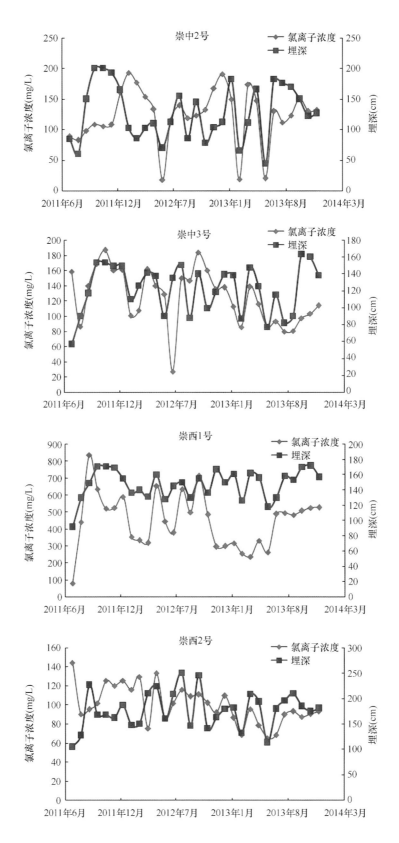

图 3.72 崇明岛地下水氯离子浓度与地下水埋深变化关系（续）

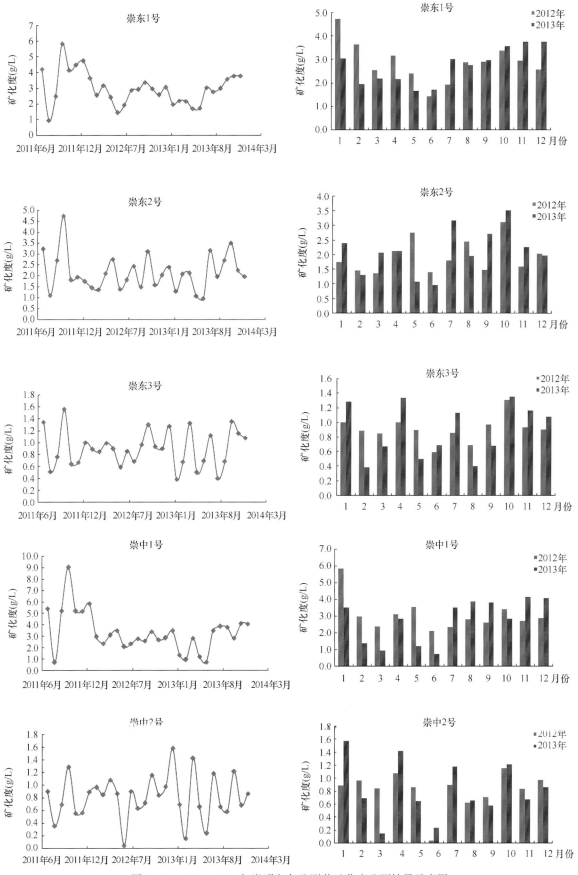

图 3.73　2011—2013 年崇明岛各监测井矿化度监测结果示意图

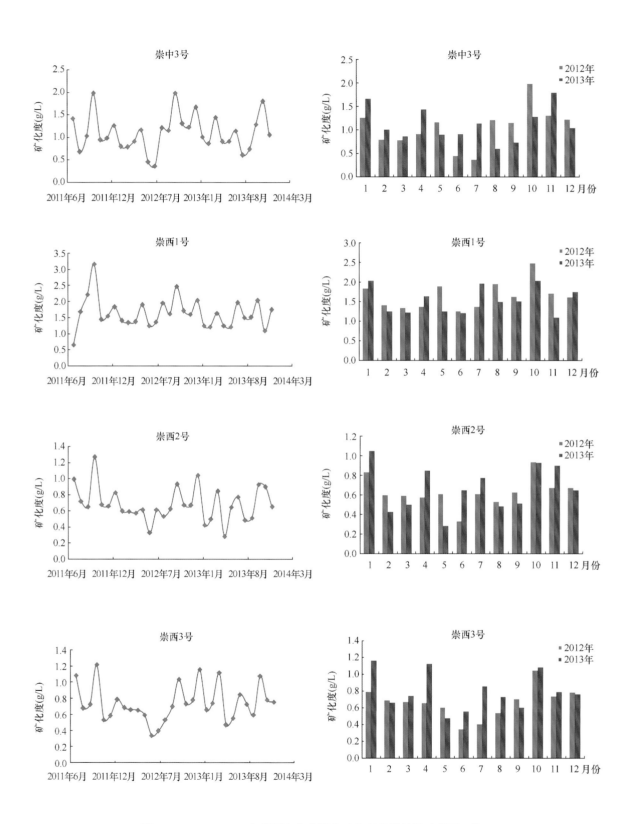

图 3.73 2011—2013 年崇明岛各监测井矿化度监测结果示意图（续）

程度和质量；充分合理地利用区内已有的资料。

物探方法用于监测海水入侵，是依据咸淡水两种不同介质对自然或人工电场不同的电导反映（电阻率、充电率差异）来确定海水入侵形成的咸淡水界面，它常与化学指标法共同使用，相互补充、相互印证。采用的主要指标有：①电阻率指标，主要方法有垂向电测深法和瞬变电磁法；②充电率指标，目前仅限于激发极化法。一般视电阻率值 20 $\Omega \cdot m$ 可作为咸淡水界面的特征值（李福林等，1999）。垂向电测深法是海水入侵监测中最常用的物探方法，缺点是易受高阻包气带和低阻地层的影响导致测量误差。瞬变电磁法能够有效地确定不同深度的导电层（包括高阻包气带和低阻地层），特别适宜于多层含水层海水入侵监测，但其曲线解译复杂，影响了实际使用。激发极化法可以根据人工电场在地下岩层产生极化二次场的衰减特性及多项物理参数异常来确定岩层性质，它可以作为垂向电测深的一种补充手段。另外，电剖面法、电磁剖面法和地震反射法等物探方法也可用于海水入侵监测，而且常常多种方法联合使用，相互补充。

综合分析现有的物探方法，根据崇明岛海水入侵地带的实际情况，选择高密度电法进行海水入侵地球物理综合探测工作。本次物探监测工作分别在 2012 年 10 月和 2013 年 12 月开展，在常规监测井的区域布设 10 个断面，两次监测，共计 11.22 km。

3.3.4.1 海水入侵电性特征分析

为了研究地层电阻率与地层含盐量的关系，1989 年中国科学院地理研究所在山东莱州市朱旺建立了监测剖面，该剖面是研究海水入侵专设的固定剖面，在垂直海岸 2 000 多米的范围内打了 7 组观测井，每组分 3 个不同深度定期取样化验水质。1989 年 4 月 15 日和 1990 年 4 月 16 日在两次取样化验水质的同时，对相应深度地层的电阻率值进行了测定，并绘制了电阻率与氯离子含量相关曲线（尹泽生，1992）（图 3.74）。

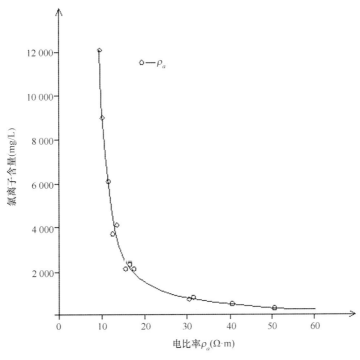

图 3.74 电阻率与氯离子含量相关曲线

从曲线可以看出，电阻率与氯离子含量存在着负相关关系，氯离子含量越高，电阻率越小。经对曲线进行详细分析，氯离子含量对电阻率的影响可分 3 段：①在氯离子含量小于 250 mg/L，电阻率随氯离子含量的增加而减小的速度特别快；②氯离子含量在 250~5 000 mg/L 时，电阻率随氯离子含量增加而减小的速度变缓；③氯离子含量大于 5 000 mg/L 时，电阻率随氯离子含量增加而减小的速度非常缓慢。这说明氯离子含量对电阻率的影响是有一定的范围的，超出这个范围就不明显了（赵书泉等，2004）。

3.3.4.2 海水入侵区电性参数分析

1）第四系沉积层电阻率值

通过不同的第四系沉积层中海水入侵区与非入侵区、同一种地层中采用不同的装置形式测试，测试数据与钻孔资料、水文地质资料对比，获得本区第四纪沉积层与基岩、海水入侵地层与非入侵地层、第四纪各沉积层之间的不同电性特征数值（崔震等，2015）（表3.13）。

表 3.13　不同岩层电阻率特征值（尹泽生，1992）

岩层名称	常见电阻率值（Ω·m）	饱和咸水时电阻率（Ω·m）
砂质黏土、黏质砂土	30~50	
细砂	40~80	5~15
中粗砂	80~150	>5
沙砾石	100~300	2~5
干燥中粗砂	400~1 200	
基岩风化壳	>150	2~5

从表 3.13 可知，同类岩性在海水入侵区与非入侵区其电阻率存在着明显的电性差异，说明通过测量电阻率参数，划分海水入侵区界线是可行的（崔震等，2015）。

2）电法监测指标与水化学指标的对应关系

在水文地质条件相同或类似地区，电法监测指标均与氯离子浓度具有良好的对应关系，这也使得电法监测海水入侵成为可能。但是，不同水文地质条件，其对应值也不尽相同。如美国加州的 Slinas 谷地，8 Ω·m 的电阻率对应氯离子浓度为 500 mg/L（Theodore M et al.，1988），而我国广饶县则是 21 Ω·m，电阻率对应氯离子浓度为 500 mg/L（李福林等，1999）（表3.14）。这是因为前者地层以砂土为主，含水层颗粒粗，导电性强，而后者地层以黏土为主，含水层导电性弱。因此，在进行物探作业前必须进行方法有效性试验，以确定工作区域内电法参数与水化学指标的对应关系。

表 3.14　电法监测指标与氯离子浓度对应关系

（李福林等，1999；Seara et al.，1987；Mills et al.，1988；Stewart，1982）

电法种类	电阻率（Ω·m）	氯离子（mg/L）	研究地点	作者
垂向电阻率法	21	500	莱州市朱旺	李福林
激发极化法	22	1 000	Moncofar Area in Spain	Seara J L Granda A
瞬变电磁法	8	500	Slinas Valley in California of USA	Mills T Hoekstra P
	21		广桡县颜徐	李福林
电磁剖面法	20	300	Belle Meade Area in Florida of USA	Stewart M T

3.3.4.3　电法监测结果分析

1）电法监测剖面位置

电法监测剖面共布置了 4 条，E1 电法监测剖面位于陈家镇崇东监测井剖面附近，长 800 m。M1、M2 电法监测剖面位于崇中监测井剖面附近，其中 M1 长 1 020 m，M2 长 2 016 m。W1 电法监测剖面位于崇西监测井剖面附近，长 1 440 m。具体的剖面布置见图 3.75。

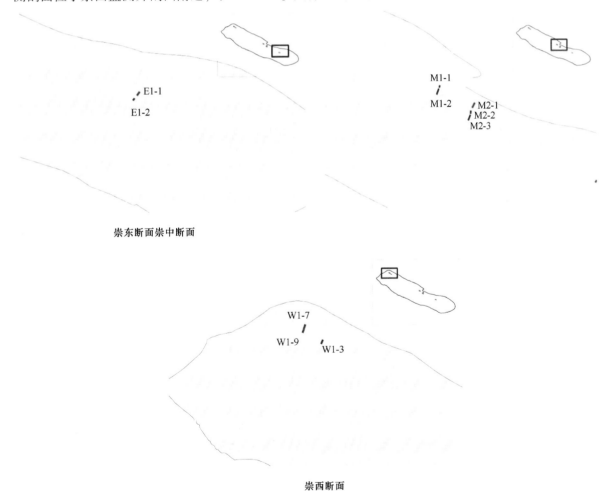

崇东断面崇中断面

崇西断面

图 3.75　崇明岛电法物探剖面位置

2）地层电性特征分析

E1 剖面：位于崇明岛东部，点号由南向北增大，点距 6 m，剖面总长度 800 m。从电阻率等值面图上看，整个监测断面电阻率值为 5～10 Ω·m，推测为海水入侵区。对比两次监测结果可以看出，丰水期的（2012 年 6 月）海水入侵比枯水期（2013 年 6 月）严重，监测结果与崇东断面地下水氯离子浓度监测数据一致（图 3.76）。

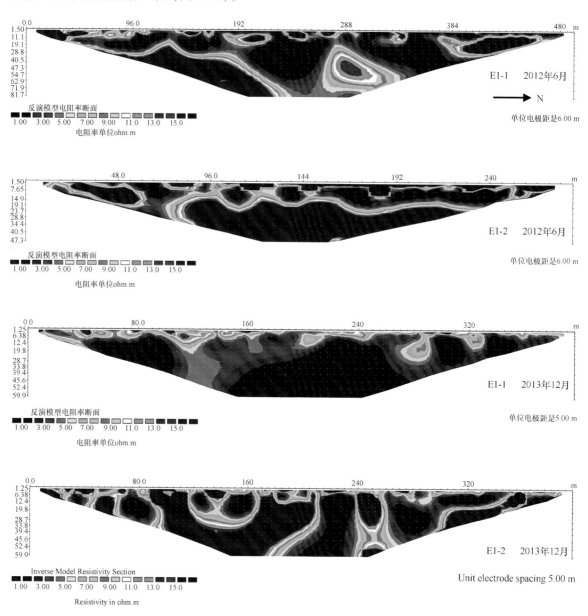

图 3.76 崇明岛 E1 剖面对比

M1 剖面：位于崇明岛中部，点号由北向南增大，点距 6 m，剖面总长度 1 020 m。从电阻率等值面图上看，M1-2（2012 年 6 月）528 号点以北视电阻率值为 5～10 Ω·m，推测为海水入侵区，以南视电阻率值在 15 Ω·m 以上，推测为非入侵区。从 M1 断面（2013 年 12 月）电阻率等值面图上看，整个监测区域均为海水入侵区，监测结果与崇中断面监测站位地下水氯离子浓度监测数据相同（图 3.77）。

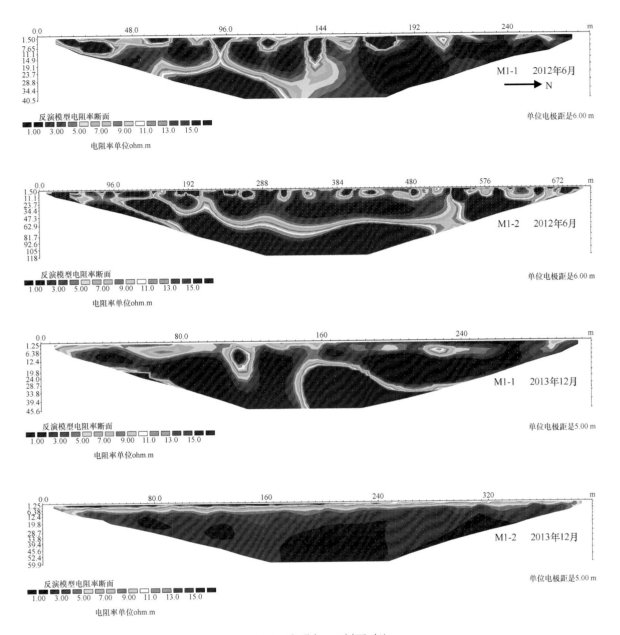

图 3.77　崇明岛 M1 剖面对比

　　M2 剖面：位于崇明岛中部，点号由东向西增大，点距 6 m，剖面总长度 1 656 m。从电阻率等值面图上看，整个断面视电阻率值为 5~10 Ω·m，推测为海水入侵区（图 3.78）。

　　W1 剖面：位于崇明岛西部，点号由南向北增大，点距 6 m，剖面总长度 1 440 m。从电阻率等值面图上看，整个断面视电阻率值为 5~10 Ω·m，推测为海水入侵区，对比两次监测结果可以看出，西部断面的海水入侵现象有减缓趋势（图 3.79）。

　　综合以上监测结果可以看出，崇明岛北部海水入侵较为严重。而在入侵区，东部的海水入侵程度高于西部地区，监测与现状评价结果基本一致。据此可以推断，崇明岛海水入侵主要受地层沉积环境和咸潮入侵的影响，监测井位的监测数据为浅层地下水海水入侵现状，而电法监测可以看出地层中分布有独立的咸水层，主要受沉积环境的影响而形成；而北高南低的海水入侵趋势则说明海水入侵受咸水入侵的影响。

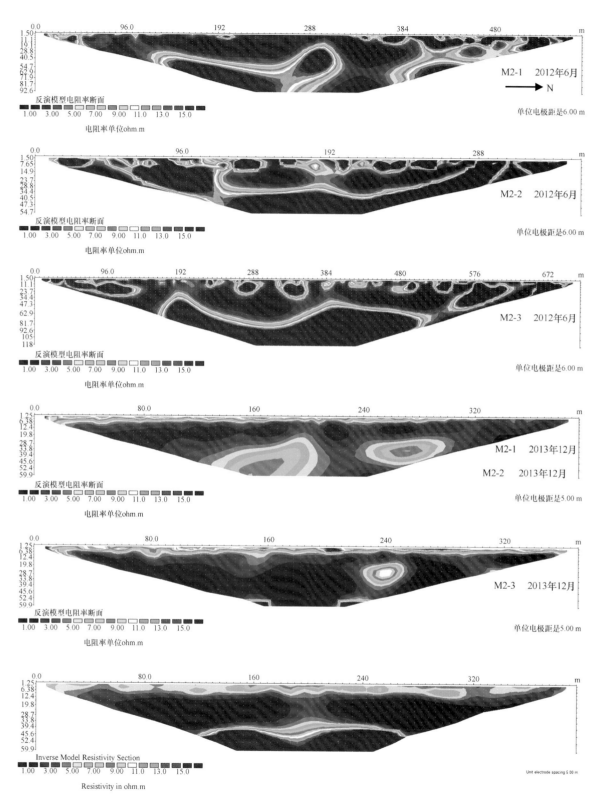

图 3.78 崇明岛 M2 剖面对比

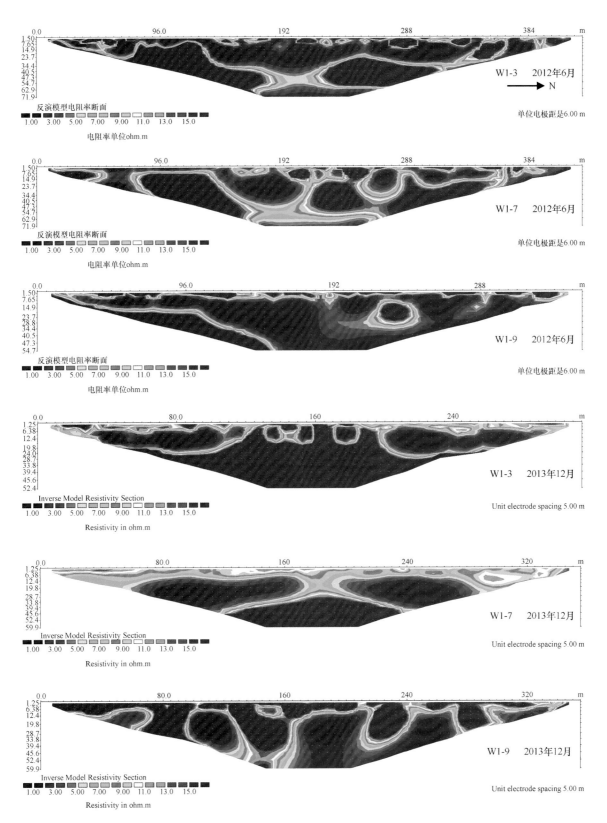

图 3.79 崇明岛 W1 剖面对比

3.3.5 海水入侵现状评价

水化学指标是判断海水入侵的直接依据。氯离子为海水的表征元素，氯离子是相对最为稳定和易迁的离子。且测定方法简单，与其他指标的相关性显著，根据其含量比值较容易计算其他主要化学元素的含量（刘冀闽等，2009）。采用统一的氯离子含量标准作为海水入侵的划分依据，既方便又可信，因此氯离子常作为海水入侵灾害评价的首选指标。目前，世界各国均采用氯离子浓度作为判断海水入侵的指标（表3.15）。我国目前在辽东湾地区、莱州湾地区均使用氯离子浓度250 mg/L作为判断海水入侵的标志；在长江三角洲地区、珠江三角洲地区和广西北海等地区采用氯离子浓度200 mg/L作为判断海水入侵的标志。

表 3.15　世界部分沿海国家海水入侵判别标准（Yang C H et al.，2012）

国家（地区）	氯离子浓度（mg/L）	国家（地区）	氯离子浓度（mg/L）
中国	250	荷兰	250
美国	250	瑞典	300
欧洲	250	墨西哥	250
法国	250	印度尼西亚	250

按照国家海洋局发布的海水入侵监测与评价技术规程要求，以氯离子浓度250 mg/L，作为判断海水入侵的标志（国家海洋局环保司，2014）。海水入侵等级见表3.16。

表 3.16　海水入侵等级划分

分级指标	Ⅰ	Ⅱ	Ⅲ
氯离子浓度（mg/L）	<250	250～1 000	>1 000
入侵程度	无入侵	入侵	严重入侵
水质分类范围	淡水	微咸水	咸水

采用ArcGIS9.3对调查区地下水氯离子浓度普查数据进行普通克立格插值。由于地下水氯离子浓度原始数据不满足正态分布性，插值首先将原始数据转换为对数值，进行插值，然后再转换为原尺度。通过克里格插值后得到的地下水氯离子浓度空间分布，如图3.80所示。

本次调查所获数据完成的氯离子浓度分布图显示：其值小于250 mg/L（无入侵）覆盖区域起始于崇明西端的永隆沙—东风农场—建设—仙桥北—裕北—终止于新桥以南的区域；其值大于1 000 mg/L（严重入侵）位于崇明岛东北角；其值250～1 000 mg/L（轻度入侵）的覆盖范围介于上述两条廊线之间。

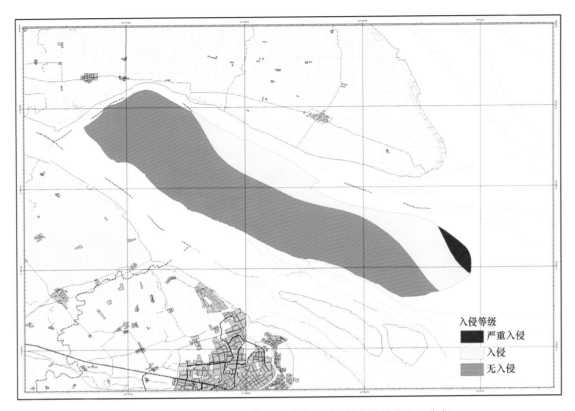

图 3.80　通过克里格插值后得到的地下水氯离子浓度空间分布

3.3.6　海水入侵影响因素

　　海水入侵灾害的形成与发展涉及地质背景、水文地质环境、地形地貌特征、气候与人类互动等多种因素，其中地质背景（研究区内主要为第四纪地层）、水文地质环境、地形地貌特征是海水入侵灾害发生的基础条件，为海水入侵灾害的发生和发展提供物质来源与入侵通道（张铭汉等，1999），决定了海水入侵的方式、类型和强度；人类活动是诱发条件，据姜文明等研究，海水入侵面积和入侵速率与地下水位负值区具有较显著的正相关性，过量开采地下水改变了研究区原有的环境背景，导致海水入侵灾害的发生（姜文明等，1994）。影响河口地区咸水入侵的动力因素主要有：上游径流量、外海潮汐、风和波浪；由于淡水和海水密度不同而产生的异重流；河道特性和科氏力等。通常情况下，上游淡水径流和潮汐作用是主要因素，但是其他因素的作用也不容忽视（王琦，2007）。

3.3.6.1　自然因素的影响

　　1）咸潮入侵影响

　　长江带来的泥沙是缔造崇明三岛的物质基础，也是新长江三角洲发育过程中的产物。崇明岛是我国现今河口沙洲中面积最大的一个典型河口沙岛，四面环水，处于长江入海口。该区域既受长江径流下泄作用的影响，又受东海潮汐涨落潮作用的影响。在补充调查的过程中，监测期为一年的地表水监测点有 5 个，监测点布设起始于崇明北支启东港—崇西青龙港—崇头新建闸—崇明南支宝钢水库，止于崇明南支青草沙，基本为环绕崇明外部水域格局实施（图 3.81）。

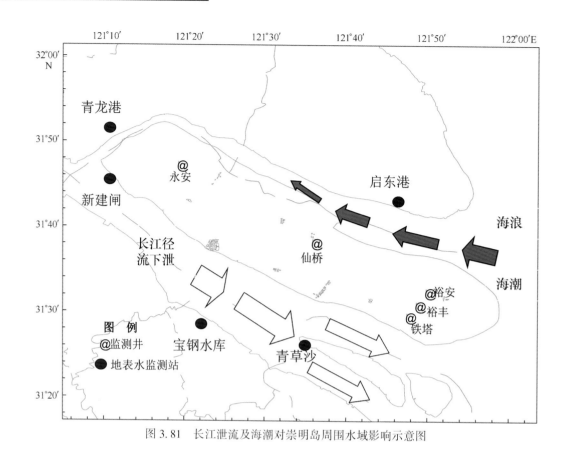

图 3.81　长江泄流及海潮对崇明岛周围水域影响示意图

　　根据补充调查中所获数据的地表水盐度点位图显示：崇明北支启东港平均盐度 14.51，极值盐度 27.97；青龙港平均盐度 5.3，极值盐度 23.74；崇明南支新建闸平均盐度 0.29，极值盐度 2.87；宝钢平均盐度 0.24，极值盐度 1.15；青草沙平均盐度 0.47，极值盐度 6.39。根据盐度公式 $S = 0.030 + 108\,050Cl^-$，计算出各测点的氯离子浓度，再以氯离子浓度量值判别地表水监测点位区域的地表水海水入侵程度，崇明北支的启东港、青龙港测点地表水氯离子浓度平均含量分别为 8 008.8 mg/L、2 906.3 mg/L 属海水严重入侵区；崇明南支从新建闸至青草沙测点地表水氯离子浓度平均含量分别为 130.7 mg/L、102.9 mg/L、230.4 mg/L，属海水无入侵区（南支因受长江径流和东海潮汐的相互作用影响，偶有咸潮倒灌时地表水含氯离子浓度超标），见表 3.17。由于现今长江北支的不断淤塞，进入长江北支的长江径流少而又少，造成现今长江北支基本上受海水控制，形成影响区域的海水入侵形式以侧向入侵为主的格局。

表 3.17　崇明岛周边地表水盐度、氯离子浓度特征值

要素 测点	极大		极小		平均	
	盐度	换算氯离子浓度 （mg/L）	盐度	换算氯离子浓度 （mg/L）	盐度	换算氯离子浓度 （mg/L）
启东港	27.97	15 482.5	1.01	559.1	14.51	8 024
青龙港	23.74	13 141.1	0.99	548.0	5.3	2 930.9
新建闸	2.87	1 588.7	0.0	0.0	0.29	160.37
宝钢	1.15	636.6	0.0	0.0	0.24	132.7
青草沙	6.39	3 869.3	0.15	83.0	0.47	249.9

将启东港 2012 年与 2013 年的盐度数据与崇东 1 号和崇中 1 号监测井对比分析（图 3.82）可以看出，二者的变化趋势具有很高的一致性，可以看出咸潮是崇明岛北岸地下海水入侵的主要驱动因素之一。

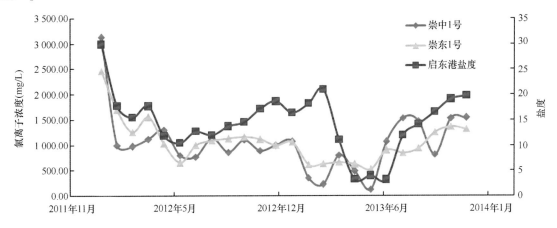

图 3.82　启东港 2012 年与 2013 年的盐度数据与崇东 1 号和崇中 1 号监测井对比

将启东港 2012 年与 2013 年的盐度数据与崇东 2 号和崇中 2 号监测井对比分析（图 3.83）可以看出，崇东 2 号井监测数据与盐度数据具有相同的变化趋势，而崇中 2 号监测井监测数据变化趋势变化不明显。据此可进一步说明，咸潮是崇明岛北岸地区海水入侵的主要影响因素，最大影响距离为 5 km（崇东 2 号井距岸距离）。

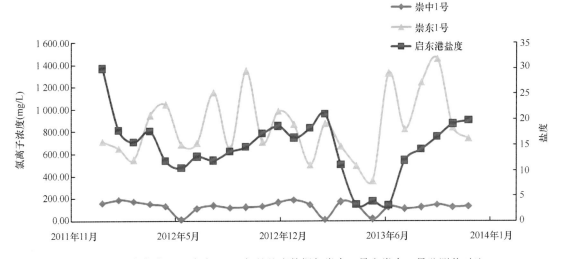

图 3.83　启东港 2012 年与 2013 年的盐度数据与崇东 2 号和崇中 2 号监测井对比

2）地下水补给、径流排泄条件

上海地区为第四纪水文地质，第四纪松散沉积物中储存一个潜水含水层。崇明的水文地质条件同属于该类型。调查区潜水含水层的补给来源主要是接受大气降水入渗和农田灌溉下渗，岛内沿江沿海区域还接受繁密河流的侧向补给。排泄方式主要是天然蒸发，节制水闸南引北排的导引排泄，以及少量的人为开采，形成崇明岛海水入侵范围主要集中于北沿和东部的近海岸处。

3）沉积环境的淀积

由收集的历史地质调查资料显示：在新近沉积和围垦的滩涂区的氯离子、矿化度都表现为高值区，卤族元素的分布形态在长江三岛上体现了江海沉积环境的特点，崇明岛的南部为长江淡水，岛域南面浅层地下水多为氯离子、矿化度的低值区（淡水区）；崇明岛的北部为北支河道，东海海水作用强烈，同时北支不断淤积，淤积成陆部分的浅层地下水仍受原生的海水影响。因此，岛域北部的浅层地下水系为氯离子、矿化度的高值区。这种由南向北的岛域浅层地下水由淡变咸，氯离子和矿化度含量由低到高的演变规律，体现了以长江淡水条件为主的区域在向海洋咸水条件逐渐过渡的一个过程，而低、高值区的存在范围与长江淡水和海水的进退途径及影响范围较为一致。

4）降雨量影响

大气降水对于海水入侵的减弱作用是不言而喻的。首先，大气降水可以使得地下水得到补给，使得已入侵地区的地下水得到稀释；其次，降水可以提高地下水水位，降低岛内地下水与海水的水头差，减弱海水入侵灾害的影响；最后，降水可以增加长江径流量，扩大冲淡水的区域，减小海浪与海潮的影响范围。

根据各监测井与降雨量相关性分析可以看出，降雨量较氯离子变化有一定的滞后效应，未发生海水入侵的站位降雨量与氯离子浓度相关性更高（图3.84）。

3.3.6.2 人为因素的影响

人类在生产、生活中，开采地下淡水作为水源，改造沿海地区地形地貌条件，建立盐田、虾池和防潮堤等，这些人类工程活动加剧或减缓了海水入侵。而对于崇明岛而言，为了生活生产而大量抽取南岸长江泄流淡水，从而形成南引北排的引导排泄方式。北部淡水较少，居民抽取地下水也会导致地下水位降低，加大海水入侵的速率。三峡和南水北调工程对于长江径流量的影响也会间接影响到崇明岛海水入侵灾害的变化过程。三峡工程建成后，虽进入本区的年总水量不变，但年内径流分配有改变；大致是10—11月水量比天然情况有所减少，1—5月水量有所增加，其他各月与天然情况基本相同；南水北调工程实施后，将减少进入本区的水量，可能造成长江咸水上溯加剧（林发永，2003）。根据地下水开发利用现状，目前人类活动对地下水的影响，主要表现为深层地下水开采，因此现有监测井主要受咸潮和降雨量的影响。

综合上述各种因素，崇明岛地区海水入侵的时空变化是大气与海洋两大动力要素在不同时空尺度上相互制约的反映。大气动力因素的强弱以降水量为标志，主要表现在长江径流变化和崇明岛地区降水特征的影响；海洋动力的强弱以潮差为标志，以大、小潮变化最显著。崇明岛地区海水入侵时间变化除了潮周期变化外，主要显现大、小潮变化和洪-枯季变化。按一般规律，高潮前后盐度高，低潮前后盐度低；大潮期盐度高，小潮期盐度低；枯季盐度高，洪季盐度低（贺松林等，2006）。

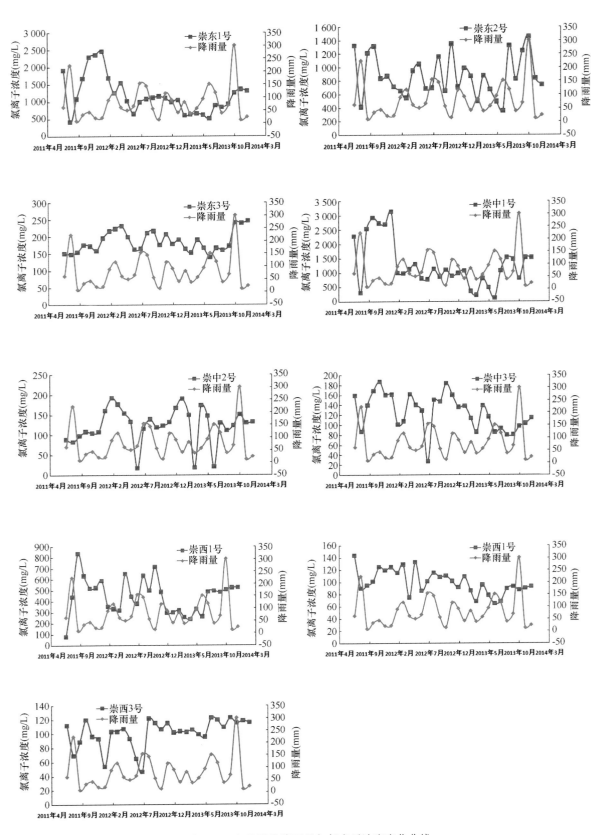

图 3.84　各监测井降雨量与氯离子浓度变化曲线

3.4 东海岛海岸侵蚀监测与灾害特征

30多年前，我国除了个别废弃河口三角洲被侵蚀后退外，绝大多数海岸呈缓慢淤进或稳定状态。自20世纪50年代末期以来，我国海岸线的迁移方向出现了逆向变化，多数沙岸、泥岸或珊瑚礁海岸由淤进或稳定转为侵蚀，导致岸线后退。据野外工作观察估计，约有70%的砂质海滩和大部分处于开阔水域的泥质潮滩受到侵蚀。而且岸滩侵蚀的范围日益扩大，侵蚀速度日渐增强。

海岸侵蚀的日益加剧已给沿岸人民的生产和生活带来严重影响，造成道路中断、沿岸村镇和工厂坍塌、海水浴场环境恶化、海岸防护林被海水吞噬、岸防工程被冲毁、海洋鱼类的产卵场和索饵场遭破坏、盐田和农田被海水淹没等严重后果。海岸是我国十分宝贵的资源，而且海岸地区人口稠密，经济发达。因此，日趋严重的海岸侵蚀已引起我国海洋科学家和政府部门的关注。东海岛海岸特别是东北侧岸段侵蚀日益严重并造成了较为严重的经济损失。本节通过卫星图片遥感解译、无人机遥感监测、现场断面高程测量，对东海岛东北侧侵蚀岸段进行了现状分析，探讨影响其侵蚀变化的因素，以期为海岸防护和管理提供基础资料。

3.4.1 岸线变化卫星遥感监测

3.4.1.1 岸线类型变化

东海岛岸线类型主要有人工岸线、砂质岸线、生物岸线、淤泥质岸线。其中人工岸线分布最为广泛，其次是砂质岸线。生物岸线和淤泥质岸线分布极少，如图3.85所示。

图 3.85 东海岛三期岸线解译结果

表 3.18 为东海岛三期遥感影像解译的不同类型岸线长度统计，从表中可以看出，东海岛岸线总体长度呈递减趋势，2006 年与 2000 年相比，东海岛岸线减少 1.93 km，2013 年与 2006 年相比，岸线长度减少 2.09 km，2013 年与 2000 年相比，岸线长度减少 4.02 km。不同类型岸线的变化趋势不尽相同，淤泥质岸线和砂质岸线呈现减少趋势，2006 年与 2000 年相比，两种岸线分别减少 0.06 km 和 1.98 km；2013 年与 2006 年相比，两种岸线分别减少 0.03 km 和 3.5 km；2013 年与 2006 年相比，淤泥质岸线和砂质岸线减少量达 0.09 km 和 5.48 km。与之相反，解译结果表明，人工岸线不断增长，2006 年与 2000 年相比，增长 1.1 km，2013 年与 2006 年相比增长 3.1 km，2013 年与 2000 年相比，人工岸线增长近 4 km。生物岸线比较稳定，2006 年与 2000 年相比，基本稳定在 3.25 km，2013 年与前两期解译结果相比，有所下降，生物岸线减少 0.46 km。

表 3.18　东海岛三期遥感影像解译的不同类型岸线长度统计　　　　　　单位：km

	2000 年	2006 年	2013 年
淤泥质岸线	1.46	1.4	1.37
人工岸线	76.4	77.5	80.4
砂质岸线	63.08	60.1	55.6
生物岸线	3.25	3.26	2.8
总长度	144.19	142.26	140.17

3.4.1.2　砂质岸线的冲淤变化

基岩海岸、人工岸线由于其组成物质致密，抗侵蚀能力强，海岸侵蚀的速度常以若干 mm/a 乃至若干 cm/a 计，遥感影像上几乎无变化。砂质海岸、淤泥质海岸组成物质疏松，抗侵蚀能力弱，侵蚀速率常以 m/a 计，在强动力作用下，有时可以年达数百米的侵蚀速度（陈吉余，2010）。东海岛岸线类型分布具有明显的区域特征，北、西侧以人工岸线、淤泥岸线、生物岸线为主，砂质岸线仅有零星分布。受湛江湾的掩护作用，湾内风浪作用较弱，岸线的侵淤变化较弱，总体表现为岸线类型的变化，尤其是湛江港临港工程建设，人工岸线大幅增加。东、南两侧以砂质岸线为主，由于其面临开敞海区，风浪、潮流作用较强，岸线侵淤变化较为明显。

基于校正后的融合影像，以近红外、红、绿波段组合后的假彩色影像为基础，从色彩、纹理、地物临接关系等方面建立不同类型海岸的遥感解译标志，解译东海岛 2000 年、2006 年、2013 年 3 期遥感影像，提取其岸线分布。

2000 年与 2006 年岸线的冲淤变化如图 3.86 所示。砂质岸线总体表现为淤积状态，淤积率约为 1.86 m/a。东海岛北侧部分岸段为砂质岸线，岸线冲淤变化较弱，主要表现为砂质岸线的比例大幅缩减。东南两侧以砂质岸线为主，A 段位于东海岛东南侧，岸线全部处于淤积状态，淤积率约为 3.77 m/a。B 段位于西南侧，与总体冲淤变化相反，岸线侵蚀剧烈，侵蚀率约为 8.37 m/a。C 段为剖面布设岸段，该区域淤积最为强烈，淤积率达到 7.84 m/a。

2006 年与 2013 年砂质岸线的冲淤变化如图 3.87 所示。砂质岸线总体仍以淤积为主，淤积速率小幅缩减，约为 1.30 m/a。A 段岸线变现为淤积，淤积速率大幅提高，达到 8.30 m/a，远远超过整体淤积率。B 段由于侵蚀严重，修建了大量临岸工程，岸线总体比较稳定，表现为砂质岸线的大幅

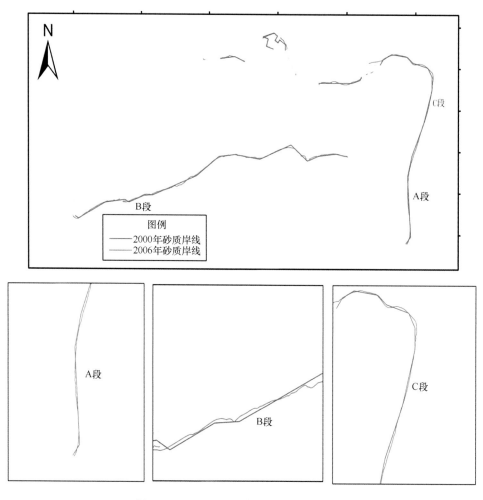

图 3.86 2000—2006 年砂质岸线冲淤变化

缩减。C 段由淤积转为侵蚀，侵蚀率约为 0.78 m/a。

根据卫星遥感数据，2000—2013 年，东北侧岸线整体后退约 35 m，平均后退速率为 2.7 m/a，最大后退距离位于北侧约 80 m，最大后退速率为 6.4 m/a，且呈逐年加剧的状态。东海岛东北侧 C 段砂质海岸岸线后退十分严重，因此选择东海岛东北侧岸段为重点监测区域（图 3.88）。

3.4.2 岸线变化无人机监测

3.4.2.1 岸线变化分析

1）岸线信息提取

无人机正射图像的地面分辨率可达 10 cm 左右，监测岸段的岸线、植被等地物信息在图像上清晰可见，相比于卫星遥感图像，无人机正射图像更易于精确解译岸段的岸线和植被线等信息。图 3.89 列出了东海岛监测岸段几种典型岸线与植被线的解译标志地物。

基于无人机图像的岸线与植被线解译标志地物，利用 ArcGIS 地理信息系统软件，结合东海岛三维高程反演信息，采用人工解译与数字化的方式提取了东海岛监测岸段的岸线信息。图 3.90 为东海岛 2012 年 12 月和 2014 年 4 月基于无人机图像提取的岸线信息。

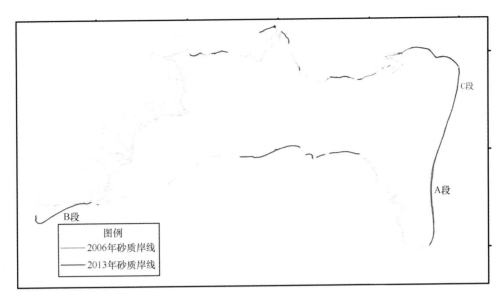

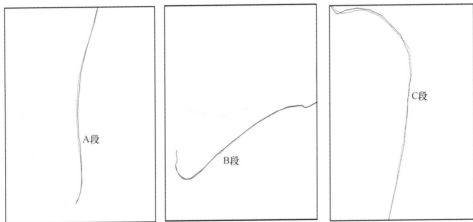

图 3.87   2006—2013 年砂质岸线冲淤变化

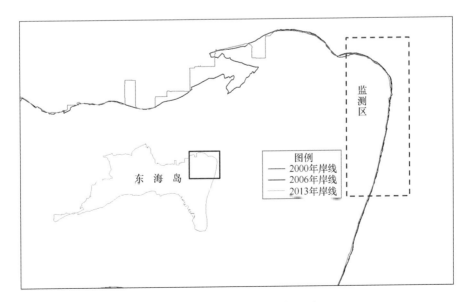

图 3.88   东海岛东北部重点监测区

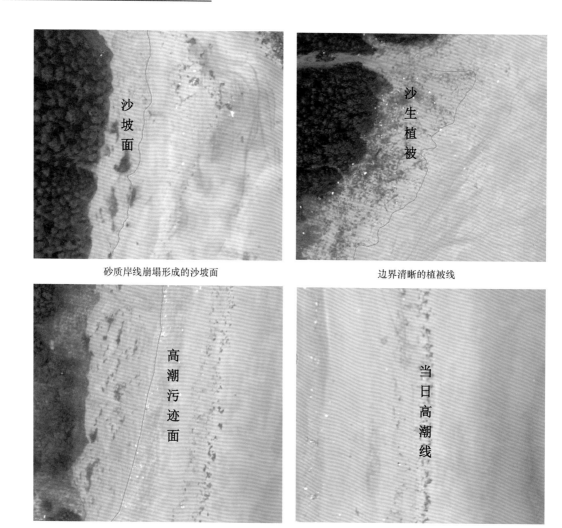

砂质岸线崩塌形成的沙坡面

边界清晰的植被线

高潮所形成的污迹面

当日高潮所形成的潮湿线

图 3.89　海岛监测岸段几种典型岸线与植被线的解译标志

2）变化分析

图 3.91 为东海岛无人机监测岸段 2012 年 12 月到 2014 年 4 月期间岸线变化的总体空间分布。从图中可知，东海岛监测岸段在近一年半的时间内，岸线发生了较大的变化，主要特征如下。

（1）整个监测岸段的岸线后退和前移均有，以岸线后退为主。

（2）岸段北边约有 200 m 的岸线几无变化。

（3）往南在灯塔附近，约有 200 m 的岸线存在侵蚀后退现象。

（4）岸段中部以南区域呈现出岸线轻微后退与岸线堆积前移共存。

其中监测岸段灯塔附近约 150 m 长的岸线存在严重侵蚀现象，主要表现为在海浪的作用下，砂质海岸不断崩塌、侵蚀，从而导致砂质岸线不断后退。图 3.92 为 2012 年 12 月和 2014 年 4 月该岸段的无人机遥感图像及其相应岸线以及两个时相图像的红绿叠加图像。从图可以看出，受到岸线侵蚀的影响，岸线形态逐渐呈现出内凹形，从红绿叠加图也可以明显看出海岸侵蚀的空间形态变化，图中绿色部分表示 2012 年 12 月到 2014 年 4 月砂质海岸后退部分。

为了进一步定量分析该强侵蚀岸段，在该岸段布设了 20 个后退强度分析断面（图 3.93），断面平均间距约 7 m，并对断面距离进行统计（图 3.94）。分析可知，从 2012 年 12 月到 2014 年 4 月该岸段平均后退了约 10 m，呈现两头侵蚀小，中间侵蚀严重，两头后退距离约 3.0 m，中间最大侵蚀距离达到 17 m。

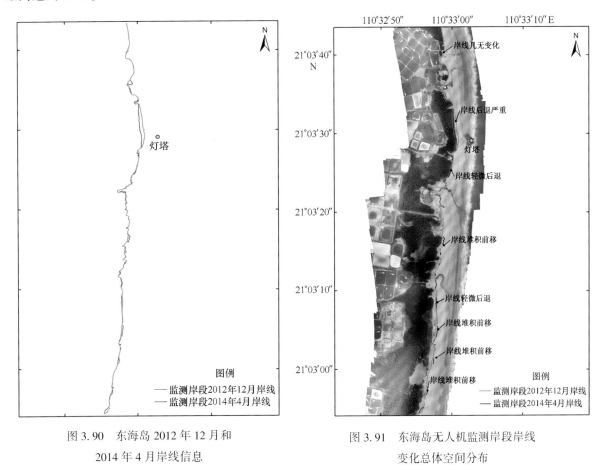

图 3.90　东海岛 2012 年 12 月和
2014 年 4 月岸线信息

图 3.91　东海岛无人机监测岸段岸线
变化总体空间分布

东海岛监测岸段的岸线除表现为后退外，多处岸段表现出由于砂质沉积的淤涨堆积而使岸线前移，并较好地发育有沙生植被。

3.4.2.2　岸段高程变化分析

利用 ArcGIS 的空间减法分析功能（Minus 命令），对 2012 年 12 月和 2014 年 4 月无人机反演获得的三维高程数据进行空间差异网格分析，从而获得两期三维高程数据的差异图像，并对差异图像进行分级显示。图 3.95 为东海岛监测岸段 2012 年 12 月到 2014 年 4 月期间的三维高程变化分级分布，正值为高程增加，负值为高程减少。分析图中岸滩部分（2014 年 4 月岸线以外）的高程变化可知，东海岛监测岸段的岸滩高程总体上呈现为淤涨状态。为了进一步分析岸滩各部分的变化特征，将岸段划分为 8 个区域。各区的主要特征描述如下。

（1）Ⅰ区，该区岸滩整个滩面主要表现为淤涨，高程增加幅度大部分区域为 0.5~1.0 m，在该区的左下部分高程增加幅度为 0.2~0.5 m。

（2）Ⅱ区，该岸段岸滩高程变化总体表现为"高程变化不大—高程增加"交替分布，图 3.96 为该区中间从岸段到水边线的断面高程变化分布。从图中可知，紧邻岸线部分岸滩高程变化不大，但其间由于养殖排水冲蚀沟的位置分布及其变化影响，局部表现出淤涨与下蚀；在岸滩中部区域滩

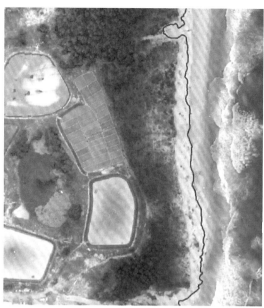

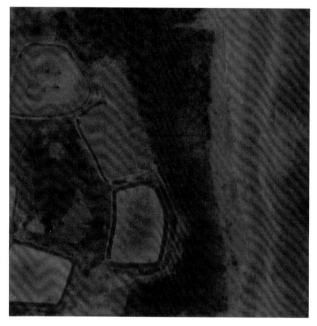

图 3.92　灯塔附近岸段岸线分布以及两个时相图像的红绿叠加图像

（左上：2012 年 12 月；右上：2014 年 4 月；下图：绿色部分为岸线后退部分）

面高程增加、减少幅度为 0.2~0.5 m；在邻近水边线，约有 10 m 宽的岸滩高程增加 0.5~1.0 m。

（3）Ⅲ区岸段位于灯塔附近，滩面高程的变化主要是由于原有的砂质海岸严重侵蚀、岸线后退，高程减少幅度在 2.0 m 以上。

（4）Ⅳ区岸段滩面总体表现为下蚀，呈现为北侧下蚀程度小，高程减少幅度为 0.5~1.0 m，南侧下蚀程度较高，高程减少幅度为 1.0~2.0 m。

（5）Ⅴ区岸段总长约 500 m，滩面总体表现为淤涨，该区北端约 100 m 的岸段滩面从下蚀逐步演变为淤涨，高程变化幅度从 -2.0 m 到 2.0 m；南侧则基本上表现为淤涨，从岸线到水边线高程增加幅度减少。由于滩面淤涨，该岸段多出岸段发育沙生植被，岸线前移。

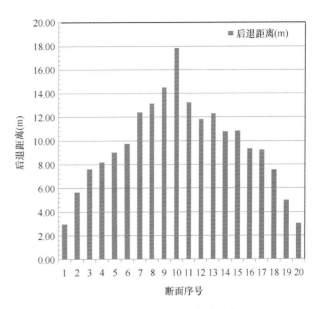

图3.93　灯塔附近岸段后退强度分析断面分布（左）及其后退距离统计分布

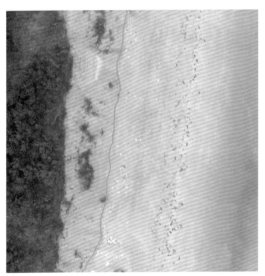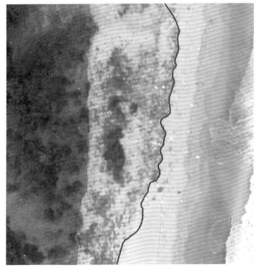

图3.94　东海岛岸段岸线堆积前移图像解译

（左：2012年12月，右：2014年4月）

（6）Ⅵ区岸段表现为靠近岸线滩面高程基本保持不变，仅在2014年新增的排水冲蚀沟区域表现为下蚀，幅度在1.5 m左右；离岸较远的滩面则呈现为淤涨状态，最高淤涨在2.0 m以上。

（7）Ⅶ岸段主要表现为岸线附近淤涨，远离岸线的岸滩高程变化不大。淤涨部分也有明显的植被发育。

（8）Ⅷ区岸段则总体表现为淤涨状态，高程增加幅度主要为0.5~1.0 m。

通过2012年12月与2014年4月的两次无人机航拍影像对比及高程数据反演分析，东海岛东北侧海岸监测区砂质岸线整体处于侵蚀后退的状态，后退速率约为0.8 m/a，其中灯塔附近的局部岸段因为呈"岬角"状突入海中，遭受侵蚀非常严重，后退速率可达10 m/a，最大后退速率达17 m/a。而监测滩面呈现侵蚀与堆积并存的状态。滩面最大侵蚀区域亦位于岸线后退最为严重的灯

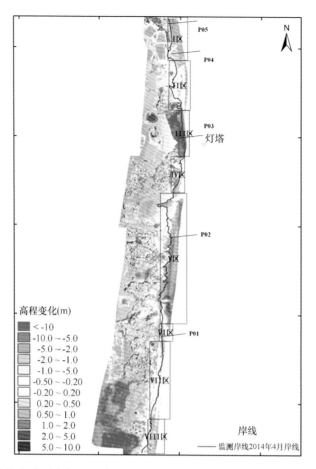

图 3.95 东海岛监测岸段 2012 年 12 月到 2014 年 4 月期间的三维高程变化分级分布

注 1：无人机监测区域内 RTK 监测断面位置（P01~P05）

注 2：无人机主要监测范围岸线 20~60 m 高滩

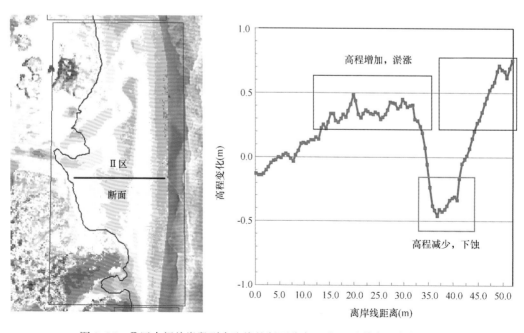

图 3.96 Ⅱ区中间从岸段到水边线的断面分布（左）及其高程变化（右）

塔附近。受无人机监测范围在沙丘陡坎附近 20~60 m 宽度局限，监测范围内滩面堆积面积所占比例较大，堆积厚度为 0.5~1.0 m，呈现于"滩面淤涨"的假象。根据调查资料分析，该岸段处于东海岛盛行 NE—E—SE 向风，波浪以风浪为主，因此，东海岛东北侧岸段是受风浪冲蚀最为严重的区域。由于该区域发育了宽 2 km、距海边 18~31 m 的大型沙堤，风与波浪的共同作用导致沙堤崩塌十分严重，崩塌的沙体堆积于滩面，造成滩面高程增加而呈现出"淤涨"的假象。同时调查数据表明，滩面高程增加的区域为沙堤高度较大或位置相对靠陆一侧的岸段，大量沙体崩塌后，涨潮时波浪来不及带走而留在原地，落潮时东向风亦造成风沙堆积于滩面。因此，后滨沙堤的持续崩塌是维持该区域滩面高程最主要的物质来源。

3.4.3 断面高程监测

3.4.3.1 监测剖面的变化

在基于卫星遥感和无人机航拍数据分析的基础上，针对东海岛东北部典型侵蚀岸段进行 RTK 高精度滩面高程周期性监测，以获得侵蚀岸段准确的滩面侵蚀速率。由于无人机高程反演主要集中于沙丘附近 20~60 m，对低滩监测宽度受限，因此 2013 年 1 月、7 月、12 月及 2014 年 6 月大潮低潮期对 6 条海滩剖面进行了定位监测（图 3.97），获得剖面上点位的大地坐标及高程，采用 Grapher 软件绘制出反映海滩冲淤变化的剖面图。监测区域内海滩剖面大部分不发育滩肩，仅少数发育窄而尖的风暴滩肩，前滨滩面往往较缓。各剖面的冲淤情况也不尽相同。

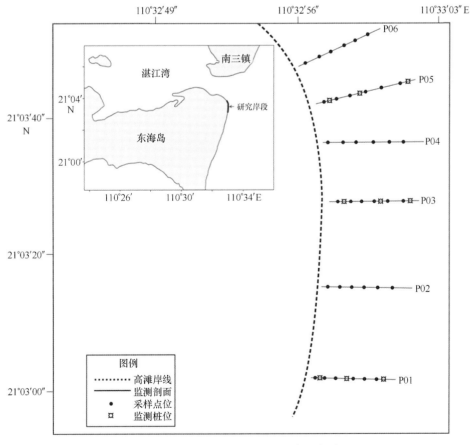

图 3.97 东海岛海岸侵蚀监测断面布设

监测区域内海滩剖面大部分不发育滩肩或仅少数发育窄而尖的风暴滩肩，前滨滩面则往往较缓。各剖面的冲淤情况也不尽相同（图3.98）。P01剖面是区内唯一一条监测期内均全面下蚀的剖面，根据2012年12月与2013年6月两次监测剖面的数据对比，其下蚀速率约为0.69 m/a。根据2013年6月与2014年6月两次监测剖面的数据对比，其下蚀速率约为0.57 m/a，两者变化较小，表明其下蚀速率较为稳定。

P02、P05、P06剖面的冲淤变化较为相似，尤其距岸40 m以下的中滩滩面，夏季处于侵蚀状态，冬季处于淤积状态，且冲淤幅度变化较大。起始点处的高程变化较为明显，2012年12月起始监测时，起始点的高程最低，之后高程增加，表明高滩风成沙丘有崩落现象，堆积于坡脚。P05、P06剖面2014年6月起始点高程较2013年12月低，表明高滩沙丘在坡脚堆积，之后由于风暴潮作用向海运移。监测剖面高中滩的冲淤特征往往相反，高滩淤积，中滩多处于侵蚀；高滩侵蚀，则中滩多处于淤积。

P03位于监测区中部，紧邻灯塔，受灯塔影响，监测断面最短。P04剖面与P03剖面相邻，2012年12月至2013年6月，两条剖面冲淤变化截然相反。P03剖面处于全断面下蚀状态，下蚀速率约为2.85 m/a，全区内下蚀最明显；P04剖面处于全断面淤积状态，淤积速率约为2.13 m/a，全区内淤积最明显。2013年12月至2014年6月，P03剖面高滩沙丘崩塌现象最为明显，高滩部分淤积速率约为1.55 m/a，中滩变化则不大。该段时间内P04剖面主要表现为滩肩陡坎向海运移。

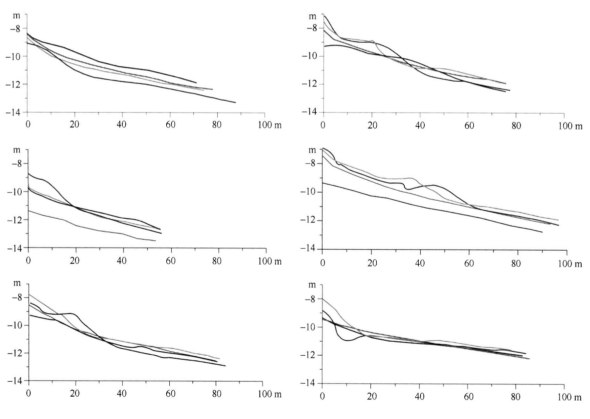

图3.98　东海岛监测剖面变化特征

3.4.3.2 监测桩监测结果

通过测量监测桩的桩高，可以反映海滩的冲淤变化，监测桩分别布设于 P01、P03 和 P05 监测剖面上。

P01 监测剖面位于监测沙滩最南端，布设 3 根监测桩，从海向陆为 1~3 号。监测数据表明（表 3.19），正常条件下，2013 年 1 月至 2014 年 6 月，各监测桩高均有增加，表明该处海滩整体处于下蚀状态。其中，中滩处于严重下蚀的状态，下蚀速率达到 0.66 m/a，低滩与高滩下蚀速率相对较慢，下蚀速率为 0.1~0.2 m/a。后滨风成沙丘处于缓慢后退，后退速率约 0.4 m/a，与无人机及 RTK 滩面高程监测趋势一致。但是，2014 年 7 月，台风"威马逊"直接登陆湛江市，造成该处沙丘严重后退达 11 m，高滩下蚀达 0.7 m，崩塌的沙体堆积于中滩，厚度达到 0.7 m。

表 3.19 P01 剖面监测桩桩高变化 单位：cm

桩号	2013 年 1 月		2013 年 7 月		2013 年 12 月		2014 年 3 月		2014 年 6 月		2014 年 9 月	
	高	距离坡脚	高	距离坡脚	高	距离坡脚	高	距离坡脚	高	距离坡脚	高	距离坡脚
1	150		195（新）		170（新）		198		196		（新）	
2	142		195（新）		228		245		261		193	
3	134	256	140	250	91（新）	303	92	337	100	326	170	1 420

P03 监测桩剖面位于监测区中部灯塔附近，后滨沙丘突入海中呈"岬角"状。2013 年 7 月至 2014 年 6 月，该处滩面下蚀 0.3 m，下蚀速率达到 0.3 m/a，监测桩高变化见表 3.20。后滨沙丘处于后退状态，后退速率达到 4 m/a，其中后退主要发生在夏季台风期间，即每年的 5—9 月，沙丘沙体崩塌堆积于滩面，且受灯塔基础建筑遮蔽形成水动力较弱区域，造成该处中上部沙滩持续堆积，即该处由于沙丘突入海中，沙丘崩塌最为严重，沙体堆积于滩面形成局部堆积区，与无人机及 RTK 滩面高程监测趋势一致。2014 年 7 月台风"威马逊"造成该处沙丘后退 18.9 m，滩面下蚀 0.7 m。

表 3.20 P03 剖面监测桩桩高变化 单位：cm

桩号	2013 年 1 月		2013 年 7 月		2013 年 12 月		2014 年 3 月		2014 年 6 月		2014 年 9 月	
	高	距离坡脚	高	距离坡脚	高	距离坡脚	高	距离坡脚	高	距离坡脚	高	距离坡脚
1	145		160（新）		165（新）				192			
2	桩倒	313	桩倒	725	110（新）	1 080	52	1 094	27	1 147	96	3 040

P05 监测剖面位于监测沙滩最北端，为 3 根监测桩，从海向陆为 1~3 号（图 3.99）。监测结果表明，正常条件下，低滩处于下蚀状态，中、高滩基本稳定。后滨沙丘处于沙体缓慢滑落状态，滑落沙体堆积于坡脚及中部沙滩，造成局部时间段坡脚迁移和中滩堆积，与无人机及 RTK 滩面高程监测趋势一致。2014 年 7 月台风"威马逊"造成该处高滩下蚀 0.6 m，沙丘后退 15.9 m。监测趋势与无人机及 RTK 滩面高程监测一致。

图 3.99　P05 剖面沙丘沙体滑落掩埋监测桩

利用 RTK 和监测桩的滩面高程监测数据分析表明，监测区沙滩整体处于下蚀和岸线后退的状态，趋势与无人机监测数据一致。正常条件下，下蚀速率为 0.1~0.3 m/a，最大可至 0.66 m/a，而后滨沙丘的崩塌可造成中滩局部堆积。极端天气条件下，沙丘岸线后退可达 18.9 m，滩面下蚀 0.7 m（表 3.21）。

表 3.21　P05 剖面监测桩桩高变化　　　　　　　　　　　　　　　　　　　单位：cm

桩号	2013 年 1 月		2013 年 7 月		2013 年 12 月		2014 年 3 月		2014 年 6 月		2014 年 9 月	
	高	距离坡脚	高	距离坡脚	高	距离坡脚	高	距离坡脚	高	距离坡脚	高	距离坡脚
1	187		（新）		98（新）				141			
2	116		134（新）		141		140		105		95	
3	150	233	139	320	87（新）	405	84	334	80	350	140	1 940

3.4.4　滩面沉积物的变化过程

3.4.4.1　滩面区域性变化特征

根据剖面季节性冲淤变化特征，结合其空间位置，将监测区滩面进行分区，由南至北依次为 1 区、2 区、3 区、4 区（图 3.100），其中 2 区和 4 区的冲淤变化特征相似，仅空间相隔。

1 区位于监测区最南端，滩面常年处于侵蚀状态。该区内有最大的虾池排污通道，排污通量大，流速急，滩面冲蚀明显，冲沟最大深度近 1 m。高滩沙丘距最大高潮线近百米，形成大型缺口。

2 区位于 1 区和 3 区之间，以 p2 剖面为特征，高中滩滩面冲淤特征往往相反，但总体较为稳

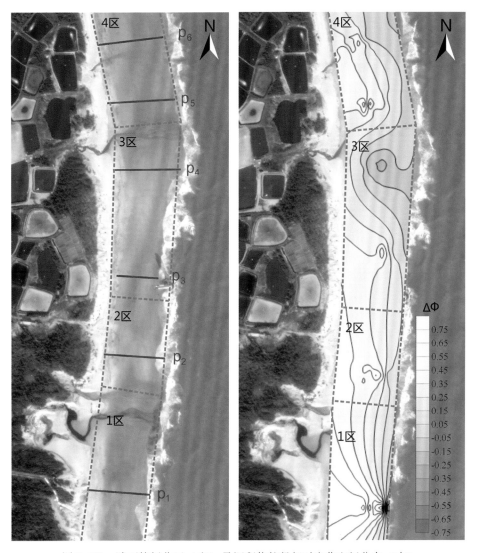

图 3.100　滩面特征分区（左）及沉积物粒径相对变化空间分布（右）

定，并有轻度淤涨。该区位于排污通道以北，高滩沙丘高约 8 m，向海面近于直立，局部有小型缺口。相比于 1 区，该区内滩面发育陡坎，且陡坎位置随时间有变化。

　　3 区仅临研究区内灯塔，以 p3、p4 剖面为特征。灯塔距高滩沙丘 80 m，基底侵蚀严重，其下碎石遍布。因灯塔影响，紧邻灯塔处的滩面仅宽 60 m 左右。3 区南部滩面总体稳定，但 2012 年 12 月至 2013 年 7 月出现大幅下蚀，之后又回淤至之前滩面位置。高滩沙丘高 13 m 左右，沙丘向海面近于直立。3 区北部滩面总体稳定，2012 年 12 月至 2013 年 7 月滩面淤涨明显，之后趋于稳定。高滩沙丘距高潮线 30 m 左右，出现轻微缺口。

　　4 区位于监测区最北端，滩面总体特征与 2 区相似。高滩沙丘高约 10 m，向海面近于直立，局部位置出现缺口，但缺口小且浅。

3.4.4.2　沉积物粒度变化特征

1）粒度总体特征

研究区内表层样品砂含量占 95% 以上，极少砾或泥质成分，平均粒径为 0~1Φ，全部属于粗砂。

平均粒径表示沉积物粒度分布的集中趋势，也能反映沉积环境平均动能的大小。粒度频率曲线分布多为单峰，近于正态分布（图3.101），表明沉积物物源单一或其沉积作用受稳定的水动力条件控制（彭亚非，2007）。

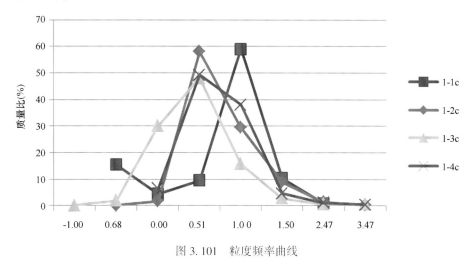

图3.101 粒度频率曲线

分选系数用于表征沉积物颗粒大小的均匀程度。如果粒级少，主要粒级突出，所占的百分含量高，那么其分选性就好。相反，如果粒级分布范围大，其主要粒级不突出，甚至为双峰或多峰，那么其对应的分选程度就差。调查区域表层样品中，分选处于好、较好、极好的总和占95%以上，仅5%表层样的分选中等或较差（图3.102）。由于受到沿岸波浪活动的作用，海滩沉积物的分选普遍较好。研究发现，海滩砂的分选程度通常优于河流、洪流和冰川沉积物，仅次于风成沉积物。

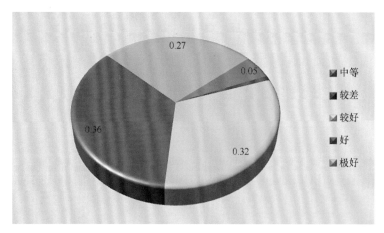

图3.102 分选系数分布

偏态（S_{ki}）是表明沉积物粒径的平均值与中位数的相对位置，体现出沉积过程中能量的变化情况。当偏态为0时，即平均值和中位数重合，粒度曲线呈对称分布。若S_{ki}小于0，则表示沉积物的平均值在中位数的左侧，曲线的峰偏向细粒一侧，粒度集中在细端。若S_{ki}大于0，则表示沉积物的平均值在中位数的右侧，曲线的峰偏向粗粒一侧，粒度集中在粗端。调查海滩中53%的偏态近于对称，正偏态占28%，负偏态占18%（图3.103）。

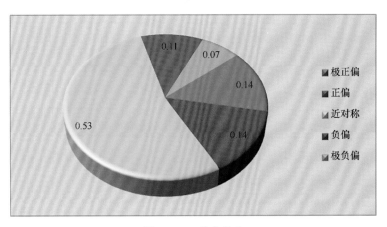

图 3.103　偏态分布

峰态（k_g）可以说明沉积物粒度频率曲线的中部与尾部展开程度的比例，反映出环境对沉积物的影响程度。调查海滩中峰态中等分布占 54%，窄态分布占 44%，极小比例为宽态分布（图 3.104）。

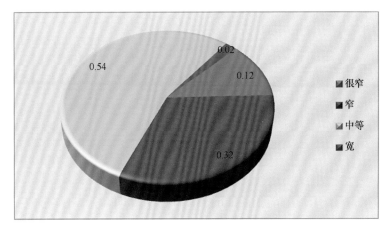

图 3.104　峰态分布

沉积物的搬运，也称负载，共有 3 种方式：悬移、跃移和推移。沉积物的搬运方式与其粒径有密切关系。一般来说，悬移质的颗粒一般很细，约 0.1 mm。跃移质一般靠近水体的底部，根据现有资料初步认为，其粒度为 0.15~1.0 mm。推移质颗粒较粗，沉积物常贴在底面滑动或滚动。由于沉积物的搬运方式不同，故沉积物的概率累计曲线往往不是由一条直线组成，而是由几个线段组成。

综合比较研究区表层样概率累计曲线，发现其概率曲线主要有以下几种类型（图 3.105）。

a、d 类型：概率累计曲线主要由 2 段或 1 段构成，沉积物主要以跃移和悬移搬运为主。该种曲线类型在高滩表层样中更为常见，但总比例较少。主要因为东海岛海滩高滩沙丘发育，该类沙的特点是跃移区间占绝大部分，且缺乏较粗的推移质颗粒。

b、c 类型：概率累计曲线由 3 段或 4 段组成，其中 c 类型中跃移段部分中间有一个折断，可能与波浪的冲刷和回流两种作用有关。概率累计曲线占绝大部分，跃移质组分仍高达 85% 以上，另外含有少量的悬移和推移质成分。

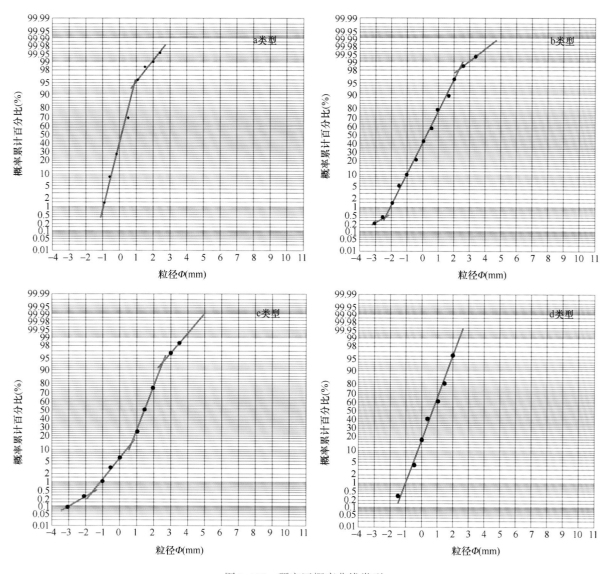

图 3.105 研究区概率曲线类型

2）剖面粒度变化特征

高滩沉积物粒度特征明显，与沙丘砂粒度特征一致，与其他采样点粒度特征差异较大。主要表现为平均粒径波动小，为 0.53 ~ 0.89Φ，平均粒径值约为 0.71Φ，沉积物分选最差，分选值约为 0.34；低滩沉积物平均粒径值约为 0.34Φ；其他位置处沉积物粒度特征均较为相似，平均粒径值介于二者之间。表明高滩沉积物主要由风成沙丘供给，中滩沉积物部分来自风成沙丘，部分来自海底输砂。

3）粒度区域变化特征

不同沉积环境中沉积物的粒度参数存在差异。同样，沉积物粒度参数在空间上的变化也能反映出沉积物搬运过程中的差异性。因此，一定时间段表层沉积物粒度参数分布变化，可以反映出该时间段内，研究区域沉积物的水动力状况及沉积物的搬运趋势（高抒，1998）。

结合 2012 年 12 月与 2013 年 6 月样品粒度数据，绘制沉积物粒度参数变化分布图，见图 3.100 滩面特征分区及沉积物粒径相对变化空间分布。由图可见沉积物粒度参数少数站位与周边略有差异，这可能是由于个别采样点粒度参数偏大或偏小，利用软件作图时导致平面分布图上形成异常"斑块"（Gao，1996）。图中红线 $\Delta\Phi$ 值为 0，表示沉积物平均粒径无变化。粒度参数的相对变化在空间上也表现出一定的差异，且与滩面的冲淤变化一致。1 区、2 区、4 区滩面下蚀相对明显，表层相对较粗的海底来砂向海运移，下部风成沙丘砂裸露，沉积物平均粒径变化值为正，沉积物变细，表现为沙丘砂的粒度特征。3 区南部滩面淤积最大，岸外供砂明显，表层沉积物的平均粒径的变化值为负，沉积物粗化，表现为海底砂的特征。

3.4.5 海岸侵蚀影响因素

岸线的变化关键在于物质和能量的输出与输入量，而输出输入量有长期和短期尺度之分，所以岸线也有长期和短期演变。岸滩研究的时间尺度（陈子燊等，2009）可分为：小尺度过程（0.1 mm ~ 10 m；0.1 s 至几天）；中尺度过程（1 m 至 10 km，1 s 至 1 a）；大尺度过程（1 ~ 100 km，数月至 10 a）（Thornton E，2000）。通过对东海岛不同时间岸线进行监测，对比分析研究区岸线在不同时间尺度上的变化，影响岸线变化的因素有下面几点，各影响因素在时间尺度变化中起的主导作用不同。

3.4.5.1 海平面上升

海平面变化是一个世界性的问题，已经由许多研究者对此进行了研究。海平面的变化给海岸带带来一系列的影响，砂质海岸对此反应尤为灵敏。早在 1962 年，国外学者 Bruun 就对此进行过比较详细的描述（Bruun，1962）（图 3.106）。而国内学者李从先又针对中国海岸特征提出比较适合研究国内岸线随海平面变化的方法（李从先等，2000）。

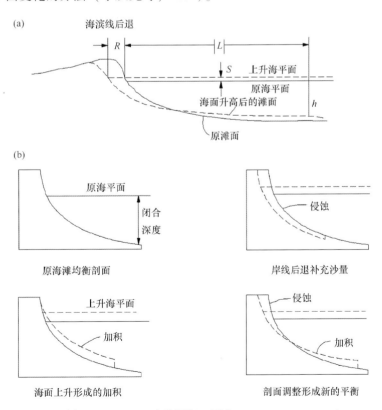

图 3.106　Bruun 定律图解（引自 SCOR WG 89，1991）

自 1880 年至 1980 年的百年间，全球海平面上升了 10~20 cm（成松林，1990）。1980—2011 年，中国沿海海平面总体上升了约 85 mm。其中，渤海西南部、黄海南部和海南东部沿海上升较快，均超过 100 mm（国家海洋局，2014）。在全球气候变化和海平面上升累积效应作用等因素影响下，高海平面加剧了风暴潮对福建、广东、广西和海南等沿海地区的影响，给当地民众的生产生活和经济社会发展造成了一定的危害（国家海洋局，2012）。据统计，未来中国沿海海平面将继续上升，依据海平面变化预测结果和现有的社会经济统计数据，预计 2050 年，中国沿海将有 1 317 个乡镇级居民点受到海平面上升的影响，约占全国的 3.0%，占沿海省市的 10.0%（中国新闻网，2012）。

1970—2010 年广东沿海海平面上升率约为 2.1 mm/a，稍高于全球平均上升率（1.8 mm/a）（游大伟等，2012）。海平面上升可能影响风暴潮和最大波高变化，进而影响岸线变化。虽然其对岸线后退的影响比例较小，但是海平面升高是一个持续而稳定的状态，年复一年，如此累积，其量级也是不可忽略的。

3.4.5.2 围填海工程

随着近几年大批高新企业陆续入驻东海岛，湛江湾内围填海活动加剧（图 3.107），使得湾内水域面积持续缩小，从而引起湛江湾整体纳潮量的变化。有统计结果表明，潮流的携带泥沙含量与纳潮量、水流强弱及风浪大小密切相关，总携沙量的大小与流量大小基本成正比关系，即在纳潮量增减的同时，随着潮流携带的泥沙量也相应地变化。单个填海工程对纳潮量的改变相对整个湾内来说影响较小，对湾内的总体流速流向不会有太大的变化，但大量、大面积的填海工程就会对湾内的流速流向产生较大的影响。另外，相对于湾口来说，过潮量的减少导致潮流速度变小，部分泥沙就地在湾内沉积，整个湛江湾整体向湾外的净输沙量随着纳潮量的变小而减少，湾外浅滩从湾内得到的泥沙补给相应地减少，原始平衡被打破，浅滩便由稳定转向冲刷。

图 3.107　东海岛北部湛江湾的围填海工程

3.4.5.3 滩面冲蚀

东海岛是全国著名的人工养虾基地，研究区域紧邻大量的养虾池，虾池污水直接排放于沙滩上，造成滩面大量冲蚀。本区域人工采砂活动不明显，虾池排污是造成本区域海滩侵蚀的主要因素。滩面冲蚀是指废水、污水或雨水等直接排放到沙滩上造成滩面冲沟发育、滩面下蚀和景观资源破碎的地质灾害现象，往往出现在海水养殖业或工业发达的地区。海岛滩面冲蚀以养殖排水冲蚀为主，灾害程度取决于养殖规模、养殖种类和经济效益等。调查结果显示，绝大部分养殖场排水没有进行有效的监管与规划，采用粗放式生产方式直接排放到沙滩上，对沙滩资源和海水水质造成了严重的影响（图 3.108）。

图 3.108　东海岛养殖对环境的影响

东海岛养殖采取以高位池为主的集约式海水养殖方式，养殖废水浓度高，进出水频次高。以养殖池水面面积 2.5 亩①、水深 2 m、年养殖周期 3 次计算，单个养殖池年排水量就达 10 000 t。大量的废水对海滩造成了严重的冲蚀，仅在东北侧 4 km 的沙滩上就出现了 15 处较大规模的冲沟，深1~1.5 m，最宽可达 20 m。

排水造成的滩面冲蚀为线形伸展的槽形凹地，是暂时性流水形成的侵蚀地貌，切沟已有了明显的沟缘，沟口形成小陡坎，深度可达 1~2 m。切沟再进一步下蚀，形成了冲沟；冲沟的沟头有了明显的陡坎，沟边经常发生崩塌、滑坡、使沟槽不断加宽，宽达十几米，长约几百米。养殖排水冲沟不仅造成沙滩资源被零散分割，对近岸景观资源造成破坏，而且造成了近岸土壤沙化盐碱化、海水水环境恶

---

① 亩为非法定计量单位，1 亩 ≈ 667 m²。

化、水体富营养化、生物栖息地被侵占、近岸生态资源被破坏、近岸底泥被污染等众多灾害现象。

3.4.5.4　人为采砂

调查过程中发现有采砂船在测区西北部进行海砂开采作业（图3.109）。海底声学信号反射杂乱，原始海底地貌形态被严重破坏。海砂开采破坏了自然形成的海底形态，采砂形成的沟痕极易成为海底侵蚀的起源点，从而加速海底侵蚀的进程，海岸侵蚀加剧。

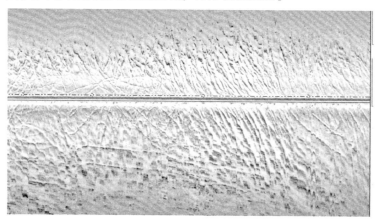

图3.109　测区西北部海砂开采痕迹

3.5　东海岛滨海湿地监测与退化特征

3.5.1　滨海湿地类型及分布

东海岛滨海自然湿地可分为砂质海岸、砂泥质潮滩、红树林湿地、礁石滩、海岸防护林沙地、浅海区域；滨海人工湿地主要为养殖池塘、鱼塭和填海工地迹地等。

3.5.1.1　砂质海岸

砂质海岸是东海岛分布最为广泛的一种滨海湿地类型，特别集中分布于海岛东部的整个海岸（龙海天沙滩），且宽度大、岸滩高、连续分布（图3.110）。

图3.110　砂质海岸（龙海天沙滩）

从东南码头东部的角头至海岛东北角的沙尾呈现大面积的连续分布，连续分布达 20 km 余。有资料称，该沙滩长 28 km，宽 150～300 m，仅次于澳大利亚的黄金海岸，是中国第一长滩，世界第二长滩。

在海岛的南部海岸，从东南码头西侧的极角村向西直至西南角的沙头鼻，除有个别岸段因养殖池塘等建筑物隔断外，沙滩也基本呈现连续分布。但南部的沙滩宽度较小，一般在 10～30 m，呈线状分布于整个南部海岸，绵延约 30 km 余（图 3.111）。

图 3.111　东海岛南部海岸的沙滩

由于宽度有限，在 30 m 分辨率的 TM 遥感影像上难以分辨。

3.5.1.2　砂泥质潮滩

东海岛海岸地势平缓，潮滩平坦宽阔，广泛发育了淤泥质潮滩，它是东海岛分布比较普遍的一种滨海湿地类型，但由于环境特征的差异，在海岛的不同区域，淤泥质潮滩呈现的特征有所不同。在海岛南部，地形变化小，潮滩尤其宽阔，由于风浪较小，低潮时潮滩出露可达 1 km 以上；表层物质以淤泥质为主，浅黄色，有丰富的螺壳类生物残留物，其下主要为细砂组成，青灰色，有臭味（图 3.112）。

图 3.112　海岛南部砂泥质潮滩湿地

在海岛北部由于围海工程的建设，大部分潮滩已经消失，有些区域还有残留，但因为填海和围堤的影响，导致大量细粒物质沉积，在原有砂质基础之上形成一层非常松软的淡黄色淤泥质层，且逐年增厚，其厚可达 50 cm 左右，承重能力极弱，入脚即陷。这种区域很少有生物活动的迹象，但在靠陆地一侧，接近红树林边缘，也有零星红树幼苗在此淤泥中发育生长。预计这些区域随着围堤的合拢，滩地会逐渐消失（图 3.113）。

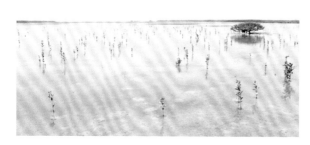

图 3.113　海岛北部的砂泥质潮滩湿地

在海岛的东部，由于沙滩坡度较大，风浪也比较大，潮滩退出有限，一般情况下在低潮时仅有 10~30 m 的出露。表层物质组成主要为细粉砂，向下物质变粗（图 3.114）。

图 3.114　海岛东部的砂泥质潮滩湿地

在海岛西部，由于规模巨大的鱼埋和养殖池塘连片分布，岸外海域已无滩地，仅在塘坝之间有潮沟向内陆延伸的区域形成较为狭长的不规则潮滩湿地，面积相对较小。

3.5.1.3　红树林湿地

红树林湿地是湛江地区广泛分布的重要滨海湿地类型，也是海岸带区域一种重要的生态体系。广东湛江红树林分布区地跨湛江市徐闻、雷州、遂溪、廉江 4 县（市）及麻章、坡头、东海、霞山 4 区，沿雷州半岛 1 500 km 海岸线呈带状间断性分布。1990 年，广东省政府批准成立湛江红树林省级自然保护区，旨在保护红树林相关的鸟类资源。1997 年，国务院批准该保护区升为国家级保护区。同年 11 月 7 日更名为湛江红树林国家级自然保护区。2002 年，湛江红树林国家级自然保护区被国际湿地公约组织列为国际重要湿地。目前，被纳入湛江红树林国家级自然保护区内加以管理的红树林小区 72 块，面积 1.9×10^4 hm^2（许方宏，2011）。湛江红树林国家级自然保护区是处于中国大陆最南端，中国现存最大的红树林自然保护区。

东海岛的红树林湿地分布较为广泛（图3.115），在砂泥质潮滩的上部均有分布，但现存的成片红树林面积都不大，主要分布于海岛南部和北部海岸区域的砂泥质潮滩上部。该区域的红树植物主要有白骨壤、桐花树、红海榄、海桑等。

图3.115 东海岛红树林湿地

在海岛南部红树林湿地分布较多，且连片程度较高。在砂泥质潮滩的上部，紧邻路堤或养殖池塘，断续分布，区块较多，但每小区分布宽度一般仅30~50 m，沿岸延伸数百米至上千米不等。在海岛的北部，由于受到开发活动的影响，现存的红树林主要有两块：一块位于东参码头东侧一处港湾中，生长态势良好；另一块位于红星水库新桥西侧沿岸，受围海影响，有被挤压萎缩的趋势。在海岛的西部，巨大的鱼塭与养殖池塘外向海一方潮滩分布较少，红树林的连片分布并不多见，在塘坝外缘泥坡上偶有零星红树林或单株红树出现，但在塘坝之间留出潮沟通道的地方，沿蜿蜒的潮沟两侧却有比较繁茂的红树林呈不规则条带状分布（图 3.116）。

3.5.1.4 礁石滩

礁石滩在东海岛分布较少。在海岛西北的调埠村龙头附近和什石村南的婆老宫海滩有小面积礁石滩出露。龙头附近的礁石为红色泥质岩，呈板状散布在海滩上，表面遭受侵蚀的凹凸坑洼比较明显（图 3.117）。在礁石滩靠岸上部堆积有部分泥沙，其上已生长草被。滩面后缘有侵蚀陡坎，高约 2 m。该段礁石滩宽 20～30 m，顺岸延伸约 300 m。

图 3.116 潮沟边缘的红树林

图 3.117 调埠村龙头附近的礁石滩

位于婆老宫的礁石滩表面散落着大小不一的砾石块，有一道礁石堤从岸向海中延伸约 50 m，砾石洼地地中沉积有细砂，上覆薄层青色藓类植物（图 3.118）。整个礁石滩宽 20～30 m，沿岸长度约 100 m。

图 3.118 婆老宫附近的礁石滩

3.5.1.5 海岸防护林沙地

由于东海岛砂质海岸分布距离大，在这些海岸地段均有防护林带分布，主要树种为木麻黄。一般状况是树高林密，树下枯枝落叶层较厚，草被生长较为繁盛，宽度约数十米不等（图 3.119）。

防护林一般建在沙堤上，起到防风固沙、稳定海岸的作用。通常沙堤之上为防护林，防护林后

图 3.119　海岸防护林沙地

为人类建筑，有村庄、养殖水域等。但在有些地方养殖池塘直接与海滩相接，破坏了原有的防护林体系。总体而言，东海岛的防护林状况还是比较好的，防护林沙地分布广泛。

3.5.1.6　养殖池塘

养殖业是东海岛重要的产业之一。养殖水域遍及海岛岸线周边，有的甚至深入内陆，出现大量高位虾塘。养殖池塘在岛上呈大规模连片分布。主要经营对虾、鲍鱼养殖和虾苗培育等。目前除海岛北部由于中科炼化与宝钢工程大规模的围海造地，原有大量的养殖池塘被征用外，海岛其他沿海区域或大或小都有养殖池塘分布。因而，养殖池塘是东海岛最重要的人工滨海湿地类型。

3.5.1.7　鱼坞

鱼坞，俗称"鱼池"，是一种大型水产养殖场。一般指利用天然的港湾、港汊或废旧盐田，通过挖沟、造闸门进行围堤建池，储蓄海水，利用纳潮放入天然鱼、虾、蟹等种苗，或投入人工种苗进行养殖的一种方式。鱼坞养殖，在我国北方称港养，即港湾养殖；南方习惯叫鱼坞养殖。由于其规模巨大，水体环境类似于自然环境，虽然也是一种养殖水域，但与一般养殖池塘还是有所区别，因此将其与养殖池塘分列为另一种人工滨海湿地类型。

鱼坞养殖属粗放式养殖，多以短食物链、广温性、广盐性鱼类为主。鱼坞养殖的特点是养殖水面大，密度低，固定投入少，养殖成本小，不投饵或少投饵，其养殖水域与天然生态环境相似，有机物排放和积累都较少，所以对环境污染也小，发病情况也少。虽然单位面积产量低，但由于养殖面积较大，所以仍能产出较多价廉物美的水产品，经济效益也不错。这种养殖方式的缺点是占地面积大，对地形条件有一定的要求。单位面积产量低，养殖品种复杂，难以进行精养。如果投饵，饵料利用率低。收获方法主要有顺水捕捞、逆水捕捞。作业工具有套旋、锥形网、小拉网、手抛网等。大收一般是将港内水排干，排水时捕捞鱼虾，待水排干后，在沟与水潭内用网收获。

在跨海大堤的南侧，东海岛的整个西部，都分布着规模巨大的鱼塭，成为东海岛一道特别的景观。从跨海大桥上看下去，湛江与东海岛之间的海域还不及紧邻的海岛西部的鱼塭宽阔（图 3.120）。

图 3.120　鱼塭

3.5.1.8　填海工地迹地

几乎东海岛的整个北部都被中科炼化与宝钢项目所占据，原有的村落被搬迁，所有原来的建筑都被拆除，沿岸丘陵被夷平，大片海域被填埋。如今的海岛北部区域就是一个大工地。近些年来移山填海形成的新土地并没有马上都被建造成新厂房，有些区域放置一段时间后，裸露的土地上会生长出新的植被。在此，将这种土地定义为"迹地"。可以认为，这类土地上植被的生长和发展是一种自然重建新的生态体系的过程。在东海岛滨海湿地类型的划分中，将"填海工地迹地"作为一种特殊的类型来确定。随着项目工程的不断推进，当所有的迹地都被建筑物所占据后，这种类型将逐渐消失。

由于本区域水体状况比较好，原有的土体中又有植物种子的储存或是由别处迁移而来的种子，裸露土地在相当一段时期内没有人为作用强烈影响的情况下，地面覆盖会越来越丰富，从而形成新的生态体系。在宝钢项目工地踏勘时可以看到，空置一年以上的填海区域的新土地上均有不同程度的植被发育，有些地方的植被生长得还相当的茂盛，如宝钢发电厂附近的一块空地上就长满了近一人高的青葙，非常繁茂。而多数地方也有成片的草被生长，长势比较好。

3.5.1.9　浅海区域

低潮时 -6 m 以上的浅海水域，是滨海湿地的重要组成部分，东海岛浅海水域目前主要为水产增养殖区，利用程度较高。

3.5.2　滨海湿地环境化学与生物多样性监测

通过对东海岛全海岸的实地踏勘，结合湿地类型和人为活动确定了 6 条调查监测剖面（图

3.121）。从 2012 年 11 月至 2014 年 6 月每半年对设置的剖面进行一次现场监测和调查取样，获得了水质、底质样品的实验数据。通过这些数据，可以分析东海岛滨海湿地的水体环境和底质环境的基本变化情况。

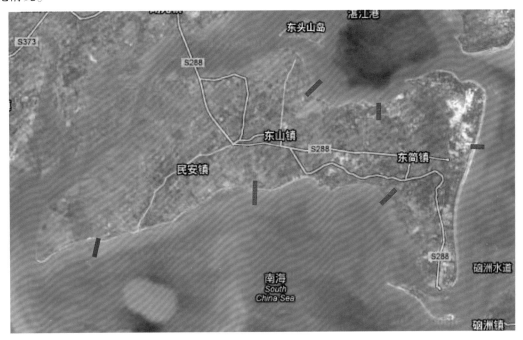

图 3.121　调查监测剖面位置示意图

剖面 1（DHD1）：位于东海岛东部，龙海天旅游度假区内。整个东部海岸沙滩发育，号称"中国第一长滩"。靠陆一侧有防护林，营造于海岸沙丘之上。防护林外为 30～100 m 不等的缓坡沙滩，向低滩延伸，底质由粗砂向细砂变化。

剖面 2（DHD2）：位于东海岛西北部，红星水库北侧。由陆向海分布着养殖池—防护林—红树林—潮滩。是东海岛北部区域相对完整的海岸形态，也是北部红树林较为集中的地点。据称，整个北部海岸均已被列入填海开发项目区。

剖面 3（DHD3）：位于东海岛西南部，西湾村附近，人工海岸。大堤外即为红树林滩地，淤泥滩，陷足，宽约 20 m。红树林外有宽 10～20 m 的沙堤，堤外为低潮滩。

剖面 4（DHD4）：位于东海岛南部偏东，极角村。从陆向海分布为养殖池—红树林—低潮滩。红树林生长良好，砂泥质，砂质成分高。低滩较为平坦宽阔，滩上底栖动物残体多。

剖面 5（DHD5）：位于东海岛北部，龙腾西侧，宝钢项目区内，原有的海岸丘陵区域，已被推平，近堤附近为填海区，堤外无滩。堤内有新生草被，属近几年无施工情况下恢复。可看作完全人为作用的区域，今后变化也会很大。

剖面 6（DHD6）：位于海岛南部，陈屋南婆老宫。该处岸线较为稳定，由陆向海分布着防护林—沙滩—砾石滩—砂泥质滩，向海延伸。整个南部人为活动相对较轻，海岸形态多年较为稳定。此处防护林生长高大，林下草被较密。向海有 20～50 m 不等的倾斜沙滩，沙滩下部出露基岩，有砾石滩分布，宽约 50 m，再向砂泥质低潮滩延伸。

海岛西侧未布置剖面。因为整个西侧由早年围海形成的鱼塭或养殖池组成，规模巨大。围塘外侧几乎无滩，与对岸湛江之间形成狭窄水道。围塘之间形成的小汊湾或潮沟中会有红树林分布。通过踏勘不适合设置剖面。通过 2012 年的现场调查监测，在 2013 年 6 月进行的第二次现场调查监测时，在 DHD1 剖面北侧约 500 m 处一条排水沟处增加一条剖面，即 DHD7，以增加养殖废水对海滩影响的认识。

3.5.2.1 水质

每次外业时，采集水样，测试氮、铵盐、亚硝酸盐、磷、COD、石油类等项目，以了解水体的水质状况及其变化。如图 3.122、图 3.123 所示，COD 为主要的污染物，其次为铵盐；在 7 个断面上，COD 的值都表现得特别突出，明显高于其他指标。由此反映出，东海岛几乎全岛滨海湿地区域均受到污染，主要污染源应为有机污染源。这与海岛人类活动有密切关系，特别是东海岛养殖水域面积大、分布广，排水量大，造成的污染不容小视。

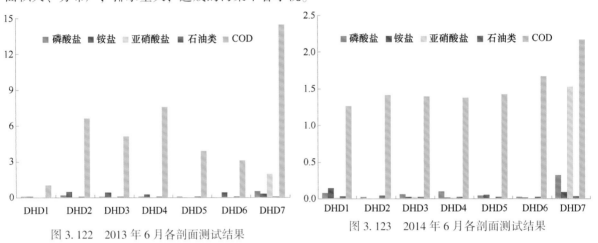

图 3.122　2013 年 6 月各剖面测试结果　　　　图 3.123　2014 年 6 月各剖面测试结果

在监测的 7 个剖面中，DHD7 的污染状况最为突出。该剖面中，各项监测指标均明显高出海水环境质量标准，有些还远高于四类海水水质的标准。在监测的 5 项指标中，除石油类含量相对较低外，其他 4 项均很突出，说明该剖面有机营养物质污染严重。这也说明，东海岛海水养殖产业的确对滨海湿地及周边海域的水质产生了非常严重的影响，对生态环境亦有潜在的威胁。

从不同的监测时段来看，不同的剖面上不同的监测项目有不同的变化（图 3.124）。DHD1 剖面上所测项目数值都比较低，在不同监测时段，除 COD 外其他项目变化不大，COD 有略降的趋势，个别时段变化最大达 3 倍之多。

DHD2 剖面上除 COD 有明显表现外，其他项目检测值都比较小，铵盐、亚硝酸盐、石油类在 2014 年 6 月的检测中均未检出，COD 的值在逐年下降，且降低很快，特别是在后两次的监测中。分析认为，这与该区域填海造成的生物损失有很大的关系。由于填海，该剖面上已经被浮泥淤积，淤泥覆盖厚度达 30 cm 以上。调查中发现，在这种情形下已无生物分布，检测污染物的分布也出现明显变化。DHD3 剖面上的变化类似于 DHD2 剖面。磷酸盐、铵盐在个别时段检出值比较高。

DHD4、DHD5、DHD6 三个剖面上的 COD 变化有相似之处：2012 年 12 月的监测值相对较高，但 2013 年 6 月的值普遍高出前次监测值的 0.5 倍以上，2013 年 12 月又大幅回落，2014 年 6 月继续降低，但幅度不大。其他监测项目在不同监测时段各有不同变化，但变化不大，且无规律性表现。

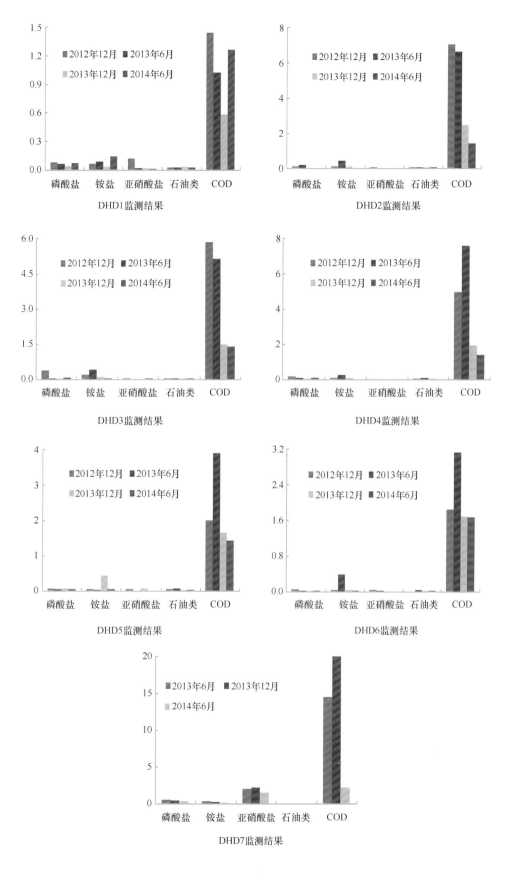

图 3.124 不同剖面监测结果

DHD7 剖面的水质状况要比其他剖面复杂得多，且污染物的浓度除石油类外均远远高于其他剖面的监测值，这与其水体主要为养殖排水有直接的关系。监测结果显示，该剖面的磷酸盐指数在 0.4 mg/L 左右，监测期间变化不大；亚硝酸盐指数在 2.0 mg/L 左右，监测期间变化不大；铵盐指数在 0.2 mg/L 左右，监测期间逐渐下降；COD 指数变化剧烈，最高达 20 mg/L，超过四类海水水质标准 3 倍之多，最低为 2014 年 6 月的监测结果，为 2.17 mg/L。

3.5.2.2 底质

在 2012 年至 2014 年每隔半年开展一次的外业调查中，在每个剖面采集沉积物样品 3~5 个，实验室检测有机质、氮、磷、钾、石油类、重金属（包括汞、铜、镉、铅、锌、铬、砷）等元素。

总体而言，不同调查时段里，有机营养物质的指标相对较高，这符合该海域潮滩区域产出较多，生物量较高的特点；重金属虽各有变化，但均在海水沉积物三类标准之内，说明该海域内的沉积物质量良好，重金属污染并不突出。

从不同时间段来看，2012 年 12 月各剖面上的营养指标中钾的含量远高于其他指标，但其绝对值并不高；重金属中铅、锌比较突出，但其值并未超标（图 3.125，图 3.126）。

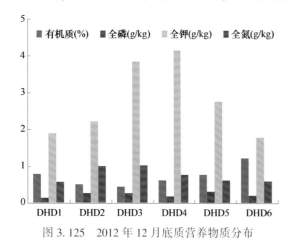

图 3.125　2012 年 12 月底质营养物质分布

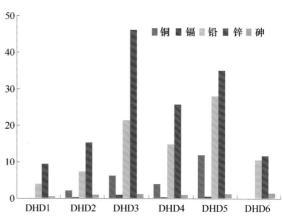

图 3.126　2012 年 12 月底质重金属分布

从 2013 年 6 月的监测结果可见，营养物质的分布中钾的含量依然很突出，但测值要明显高于 2012 年 12 月的监测结果。调查的结果都有不同程度的变化，但差异并不大。在重金属指标中，铅含量没有 2012 年 12 月的测值高，而锌、铜、铬的测值有明显的升高（图 3.127，图 3.128）。

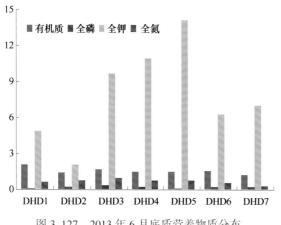

图 3.127　2013 年 6 月底质营养物质分布

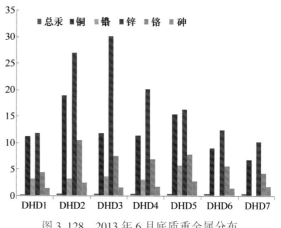

图 3.128　2013 年 6 月底质重金属分布

2013年12月的测试结果中，营养物质的分布与2012年12月的测试结果非常类似，钾的含量明显突出，是这一时段的主要营养物质，其值远高于其他指标。在重金属各指标中，铅、锌、铬含量相比其他几种比较突出，但并未超标，镉在所有样品中均未检出，沉积物质量良好。该次调查中，各剖面上各类重金属的测值虽有一些差异，但其组合形态却是比较一致（图3.129，图3.130）。

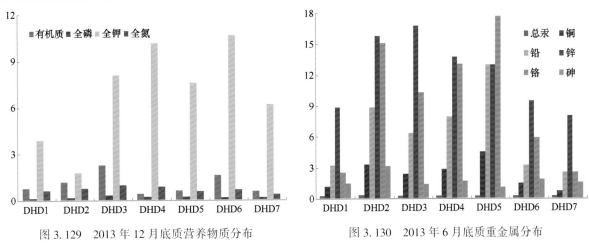

图3.129　2013年12月底质营养物质分布　　　　图3.130　2013年6月底质重金属分布

2014年6月的调查中，在测试项目里，营养元素钾的测值较高，不同剖面上的变化较大，其他营养元素变化不大。重金属指标中，镉、铬在所有样品中均未检出，其他项目各有差异，变化较大，但均未超标。在7个剖面的重金属监测中，汞、砷在所有样品中都有检出，但含量比较少。总体也说明东海岛周边海域及其潮滩湿地区域沉积物质量较好，尚未出现大规模的污染事故（图3.131，图3.132）。

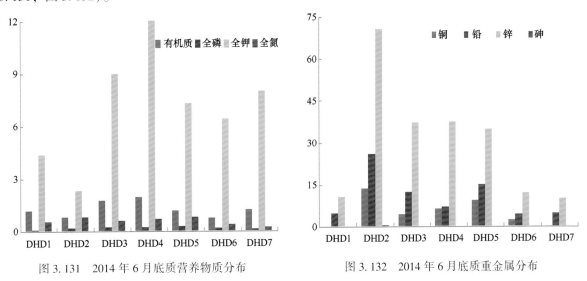

图3.131　2014年6月底质营养物质分布　　　　图3.132　2014年6月底质重金属分布

3.5.2.3　生物多样性

东海岛滨海湿地植被相对比较单一，植物种类较少，主要的植被类型有：以木麻黄为主的海岸防护林体系；以白骨壤为主的红树林植被；以蔓荆、厚藤、滨刺麦为主的沙滩植被等。

2012年至2014年对监测剖面进行潮间带底栖生物调查，结果如表3.22所示。

表 3.22　潮间带底栖生物调查统计

时间	监测断面	种数（种）	种类	总生物量（g/m²）
2012年12月	DHD1	2	文明樱蛤、寄居蟹	46.14
	DHD2	12	皱肋文蛤、古氏滩栖螺、中华蟹守螺、寄居蟹、褶皱牡蛎、曲畸心蛤、双扇股窗蟹、长腕和尚蟹、珠带拟蟹守螺、中国绿螂、沙蚕类、青蛤	416.48
	DHD3	5	长趾方蟹、强壮大眼蟹、寄居蟹、粗腿绿眼招潮蟹、沙蚕类	48.72
	DHD4	10	黑瘤楯桑葚螺、纵带滩栖螺、寄居蟹、中华蟹守螺、光裸方格星虫、沙蚕类、强壮大眼蟹、环纹清白招潮蟹、珠带拟蟹守螺、鼓虾属	83.4
2013年6月	DHD1	3	斧文蛤、文蛤、彩虹明樱蛤	170.76
	DHD2	4	颗粒股窗蟹、珠带拟蟹守螺、清白招潮蟹、悦目大眼蟹	93.44
	DHD3	9	光裸方格星虫、疣吻沙蚕属、围沙蚕属、珠带拟蟹螺、吻沙蚕属、纵带滩栖螺、清白招潮蟹、悦目大眼蟹、珠带拟蟹守螺	75.32
	DHD4	8	围沙蚕属、黑瘤楯桑葚螺、寄居蟹、纵带滩栖螺、银光梭子蟹、光裸方格星虫、珠带拟蟹守螺、密桴新相手蟹	110.92
	DHD6	5	日本刺沙蚕、围沙蚕属、青蛤、悦目大眼蟹、星虫类	19.5
2013年12月	DHD1	2	彩虹明樱蛤、文蛤	206.28
	DHD2	3	围沙蚕属、光裸方格星虫、珠带拟蟹守螺	81.72
	DHD3	11	纵带滩栖螺、青蛤、丽文蛤、光裸方格星虫、珠带拟蟹守螺、白脊藤壶、黑瘤楯桑葚螺、节织纹螺、活跃大眼蟹、青白招潮蟹、强壮大眼蟹	385.48
	DHD4	9	青蛤、褶牡蛎、围沙蚕属、珠带拟蟹守螺、纵带滩栖螺、光裸方格星虫、节织纹螺、宽身大眼蟹、寄居蟹	443.56
	DHD6	5	围沙蚕属、寄居蟹、薄片镜蛤、活跃大眼蟹、透明樱蛤	78
2014年6月	DHD1	2	虹彩明樱蛤、等边浅蛤	18.61
	DHD2	2	悦目大眼蟹、珠带拟蟹守螺	14.46
	DHD3	11	光裸方格星虫、日本沙蚕、庞吻沙蚕、柱氏蝎螺、珠带拟蟹守螺、红树拟蟹守螺、托氏蝎螺、黑瘤楯桑葚螺、隆线拳螺、泥丁、太平大眼蟹	19.02
	DHD4	7	青蛤、纵带滩栖螺、红树拟蟹守螺、环纹清白招潮蟹、隆线拟口蟹、鲜明鼓虾、吻沙蚕	9.85
	DHD6	8	强壮大眼蟹、吻沙蚕、叶沙蚕、光裸方格星虫、细纹卵蛤、日本沙蚕、毛掌大眼蟹、虹彩明樱蛤	74.85

　　总体而言，东海岛滨海湿地的底栖生物比较丰富，种类较多，生物量较高。调查期间，不同剖面上有不同的变化，呈现出一定的波动应该是正常的。值得注意的是，处于石化工业园区围填海区域的 DHD2 剖面上的种类数和生物量都在明显的下降。

3.5.3　滨海湿地面积变化

　　本节采用收集到的 1991 年、2000 年、2005 年、2010 年 4 景 TM 遥感影像，分辨率为 30 m，分析了这期间滨海湿地面积变化情况（图 3.133）。

　　东海岛的红树林湿地沿岸分布的宽度一般不足 30 m，在 30 m 分辨率的 TM 影像上，很难将红树林湿地从泥滩中分离出来，也很难将礁石滩、防护林沙地、工地迹地等类型一一仔细地加以分

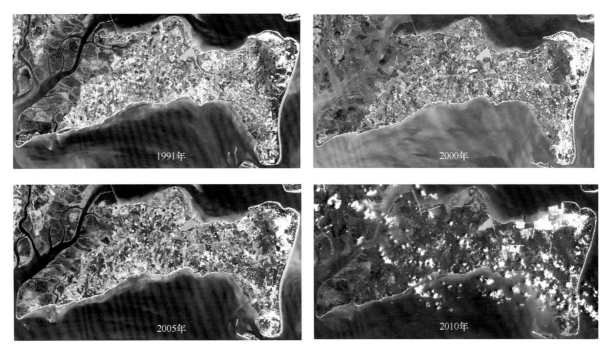

图 3.133　东海岛 TM 影像

辨，因而，在绘制的滨海湿地类型分布图上只列出了 4 种类型：泥滩（包括红树林滩）、沙滩（主要包括砂质海岸及零星的礁石滩等）、养殖水域、鱼塭（虽然也是一种养殖水体，但又完全不同于一般意义上的养殖池，因其特殊性将其单列为一种人工湿地类型）。

由图 3.133 大致可见，1991—2000 年东海岛的滨海湿地类型特征并未发生明显变化，但可以看出 2000 年东部沿岸养殖池的施工已经开始有大规模进行的迹象，到了 2005 年的影像上就发现，东部海岸的养殖水域已经很有规模了。因此，在绘制东海岛滨海湿地类型分布图时，选择了 1991 年、2005 年、2010 年的时段来对比东海岛滨海湿地类型的变化（图 3.134 至图 3.136）。

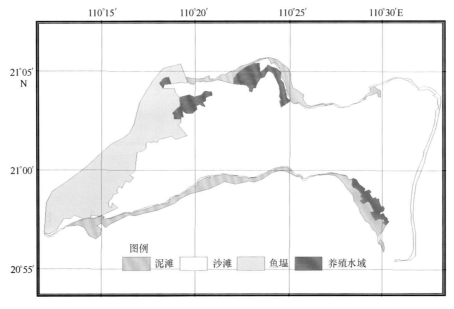

图 3.134　1991 年东海岛滨海湿地类型分布

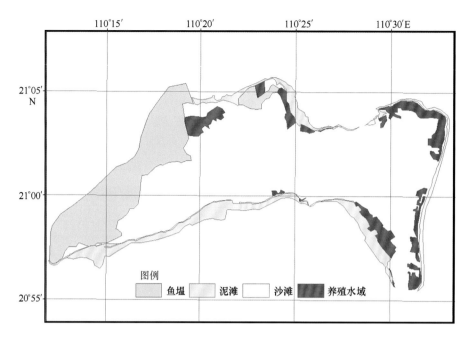

图 3.135　2005 年东海岛滨海湿地类型分布

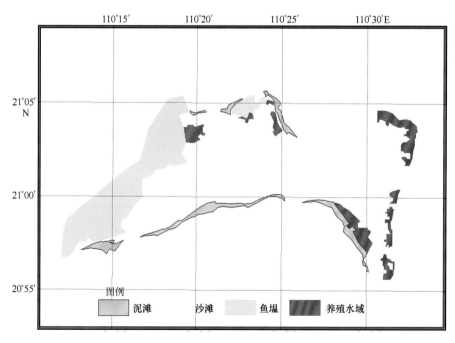

图 3.136　2010 年东海岛滨海湿地类型分布

分析图 3.134 至图 3.136 可知，1991—2005 年期间，东海岛滨海湿地的面积变化呈现出自然湿地类型面积减小，人工湿地面积增加的特征，增加的部分主要是养殖水域，泥滩、沙滩面积均有减少，但滨海湿地在东海岛沿岸还基本呈现围绕海岛连续分布的特征。2005—2010 年虽然时间短，但却是一个剧烈变化的时期，仅 5 年时间，东海岛的滨海湿地面积总体减少，尤其是自然湿地各类型均有明显地减少。这种情形的发生与东海岛开始进入大规模开发时期有关。这个阶段，湛江钢铁基地、中科炼化项目、石化产业园等一系列大型项目入驻东海岛，东海岛掀起了轰轰烈烈的开发活动，围海造地迅速展开，滨海湿地损失严重。

由表 3.23 可见，从 1991 年至 2005 年，东海岛滨海湿地除鱼塭面积变化不大外，其他类型湿地的面积均有较大变化，特别是自然湿地类型的面积大幅度减少。泥滩湿地面积从 25.99 hm² 减少到 15.46 hm²，减少 40% 以上；沙滩湿地面积从 9.16 hm² 减少到 4.26 hm²，减少超过 50%。滨海湿地损失严重。

表 3.23 东海岛滨海湿地面积变化统计
单位：hm²

年份	泥滩	沙滩	养殖水域	鱼塭
1991	25.99	9.16	15.60	60.34
2005	29.90	7.80	26.34	67.86
2010	15.46	4.26	22.61	67.29

李晓敏等曾利用遥感影像做过东海岛 20 年来土地利用的变化研究，据此可大致了解东海岛总体的土地利用类型变化情况，以及与此相关联的人类活动的影响状况（李晓敏，2008）。就东海岛整体而言，20 多年来的土地利用方式发生了显著的变化，有 4 种利用类型的面积减少，5 种利用类型的面积增加。在面积减少的类型中耕地的减少量居首，为 51.26 km²；其次为草地，减少了 25.82 km²；林地和滩涂的面积也有减少，分别为 6.67 km² 和 6.36 km²。面积增加最多的利用类型是水域，为 56.958 km²，主要是养殖水面的增加，居民点及工矿用地的面积也有增加，为 24.43 km²。此外，增加了园地、公共用地和未利用地 3 种土地利用类型，面积分别为 10.82 km²、1.957 km²、8.489 km²。在此期间，水域、居民点和工矿用地持续增加，其中水域面积增加最多，而耕地一直处于减少的状态。滩涂面积在 20 世纪 90 年代前由于围海而有增加，之后持续减少，共达 23.69 km²。

由此可见，从东海岛全岛来看，人类活动在此 20 多年来表现得比较活跃，整个海岛处于快速发展阶段，特别是东海岛经济开发区的建立，促进了海岛的开发和经济的发展。由于区位优势，尤其是在海岸带区域，由于经济发展的需要，沿海大规模围垦造塘，导致潮滩湿地持续减少，沿岸防护林也受到影响，有些地方被挖塘养虾，防护林地面积有所减少。

3.5.4 湿地类型组合变化

依据 TM 遥感影像分析，20 多年来东海岛滨海湿地类型没有发生大的变化，其分布的区域也基本呈现出一种稳定性。但随着海岛开发进入高潮阶段，滨海湿地不同类型数量和面积有了很大的变化，特别是自然湿地类型及面积均呈现减少的趋势。

李晓敏利用高分辨率的 2006 年的 SPOT-5 影像进行东海岛土地利用现状解译，获得的土地利用现状数据表明了东海岛土地利用类型结构特征及分布情况（李晓敏，2008）。其中林地面积最大，为 86.887 km²，占总面积的 27.8%，大多为防护林，主要分布在临海东侧的防护林林场、东山镇、民安镇、龙湾公路沿线和龙腾、蔚律沿岸。水域面积也很大，为 85.598 km²，占总面积的 27.4%，其中养殖水面面积为 81.775 km²，占水域总面积的 95.53%，主要分布在东海岛西侧的围海塘坝和东侧的高位养殖区域，在其他沿岸有零星分布；滩涂面积为 10.271 km²，占总面积的 3.32%，散布于东海岛沿岸，有淤泥质滩涂，也有砂质滩涂，包括红树林滩涂在内。

刘国霞用 2006 年和 2010 年 2.5 m 分辨率的遥感影像进行东海岛土地利用对比分析得到的结果

是，2006 年土地利用类型中面积最大的是未利用海滩，面积为 93.3 km²，占总面积的 22.99%，主要分布在西岸和南岸；其次为养殖水面，面积为 90.87 km²，占总面积的 22.39%，主要分布于西岸、北岸和东岸；再次是有林地，面积为 90.02 km²，占总面积的 22.19%，主要分布在该岛岛陆部分。2010 年土地利用类型中所占面积最大的是养殖水面，面积为 92.50 km²，占总面积的 22.80%，主要分布在东海岛的西岸、北岸和东岸；其次是未利用海滩，面积为 92.96 km²，占总面积的 22.74%，主要分布在东海岛的西岸和南岸；再次是有林地，面积为 80.34 km²，占总面积的 19.80%，主要分布在该岛岛陆部分；水田和旱地所占比重也较大，主要分布于农村居民点周边；城镇混合住宅的面积从 2006 年的 1.76 km² 增加到 2010 年的 2.03 km²，主要指民安镇、东山镇和东简镇；其他各类型湿地所占比重都比较小（刘国霞，2012）。

由此可见，利用较高分辨率的遥感影像分析表明，从 2006 年至 2010 年期间，滨海湿地的类型组合并未发生大的改变，基本状况依然是潮滩湿地—养殖水域—林地的组合格局，但面积上出现了不同程度的改变，养殖水域不断侵占潮滩湿地、破坏防护林地而使其不断扩大，相应地，潮滩湿地和防护林地有所退缩。

3.5.5 湿地退化特征

东海岛滨海湿地的损失退化是比较明显的，其特征如下。

1）滨海湿地的结构发生重大变化

根据遥感影像判读和实地调查分析判断，在 1991 年前的东海岛近岸区域，除西部已形成大面积的鱼塭景观，成为巨大规模的人工湿地外，其他区域仍然保持比较天然的状态，基本未见其他工程设施的建设，自然形成的聚落与基本天然状态的滨海湿地自然分布。滨海湿地的结构呈现出多样化的天然滨海湿地类型与单一化的巨型鱼塭人工湿地并存的现象，但天然湿地占绝对优势。东海岛大规模的开发活动大约从 2000 年开始，首先是养殖产业的急剧扩展。在整个岛屿的近岸区域都出现了养殖水域，特别集中于东部沿岸，呈现集中连片分布态势。至 2005 年养殖产业已具有相当规模。之后，东部区域的养殖水域继续扩大，其他区域的养殖水域有所萎缩。与此同时，东海岛的工业建设大规模开始，钢铁基地、炼化基地等开工建设，北部沿岸的平陆填海开始实施。至 2010 年，北部沿岸基地区域内的村庄搬迁，该区域的养殖水域消失，近岸原有的部分天然滨海湿地，如红树林滩地、沙滩、淤泥质滩地等丧失。由于经济建设损毁天然湿地，人工湿地不断增加，目前，东海岛的滨海湿地结构呈现天然湿地与人工湿地并存，并且出现湿地总面积不断减少，主要是天然湿地不断减少的趋势。

2）滨海湿地的功能出现明显退化

东海岛滨海湿地结构的变化必然导致湿地功能的变化。由于东海岛滨海湿地的结构变化是一种天然湿地净损失的变化，虽然人工湿地的建设增加了经济效益，但湿地功能无论是初级生产量还是生态价值都会不断衰退，以致丧失。天然湿地的减少，海洋动植物生活环境的丧失，会直接造成海洋生物量的损失和下降，如前文中估算，仅海岛北部沿岸填海一项就将造成该海域底栖生物一次性损失 156.8～2 673 t，同时该海域不再有生物的栖息环境，无论是底栖生物还是别的种类的生物都将永久消失。受影响的周边海域的生态功能下降也将持续相当长的时间。这些都将对滨海湿地生物多样性造成严重影响，导致生物多样性下降。填塞部分的生态功能无疑不复存在，而受其影响的区域的生态功能恢复将是一个长期的过程。

3）滨海湿地的面积不断萎缩

1991 年前，在海岛西部的浅海潮滩区域修筑了大型的鱼塭，宽度大约是大陆至海岛之间宽度的 1/3。虽然鱼塭的建造没有彻底改变海水的性质，但该区域的底质环境、水流环境都因围堤而改变，自然水域变成了人工水域，生物的栖息环境因此发生显著变化。1991 年后约 10 年的时间里，这种状况没有发生大的变化，但 2005 年之后的情况发生了非常明显的变化。随着东部养殖水域面积的剧烈增长，排水渠道不断切割原有的滩面，使东部的天然沙滩面积不断减少，这种状况也使海岸侵蚀更易发生。加之近年来的海面上升导致的海岸侵蚀不断蚕食沙滩，导致其面积在不断萎缩。在可预见的未来，海面上升将会持续，人为因素不会消失，天然湿地因此造成的损失将会继续。伴随着工业建设的不断升温，北部沿岸的施工已如火如荼，与之相关的各类天然湿地都将彻底消失。从 2010 年的遥感图像上可以看到，北部沿岸部分原有的天然沙滩、泥滩湿地已经消失。从 1991 年至 2010 年，东海岛主要类型自然湿地的面积都在减少，总面积由 35.15 hm² 减少到了 19.72 hm²，减少了 43.9%。目前东海岛整个海岛正陷入开发热潮，在不断进行的大规模经济建设中，无论是人为破坏还是自然侵害，都会导致湿地面积损失。在此过程中，人工滨海湿地在保持相对稳定的情况下，天然湿地会持续减少，面积将不断萎缩。

4）滨海湿地的环境将趋于恶化

根据调查，虽然东海岛滨海湿地的总体环境状况还比较良好，各项监测数据基本处于允许的范围内，但某些指标，如 COD、磷酸盐等在某些区域已严重超标，而重金属中的铅、锌、铬等也有明显增加。养殖水体排放的污水是一种高浓度营养成分的污染物，不经处理直接排放对海滩环境和海水水质都有严重的影响。目前在整个东部海岸的养殖业还没有听说养殖废水的集中处理问题。在号称"中国第一长滩"的整个东部海岸，海滩上污水横流，滩面被污水冲刷破损，整个海滩上生产生活垃圾四处散落。这与美好的称号格格不入。在我们的调查中发现，排污渠道和蓄污坑还在增加，这种现象将持续到什么时候没有答案。伴随着产业园区和工业基地的建设和生产运营，钢铁、石化这些传统的污染大户在东海岛恐怕也难以避免传统的污染。那个时候，东海岛滨海湿地的环境负荷与压力将会比现在大得多，环境状况趋势恶化的形势也将不可避免。

3.5.6 滨海湿地退化影响因素

滨海湿地退化主要表现在自然湿地面积减少、湿地环境状况持续恶化、生态功能不断下降。究其原因主要有自然因素和人为经济因素的影响。

3.5.6.1 自然因素

影响东海岛滨海湿地的自然因素主要是海平面上升。滨海湿地是生态脆弱区，是全球变化的敏感地带，海平面上升会直接导致滨海湿地环境发生变化，并引起一系列生态环境问题。一般来说，在海岸带物质能量状况基本平衡的条件下，海面上升导致沿岸沉积物加速增长，岸坡形态遵循均衡剖面的演化规律发展，沉积物的增高量与海面上升量相当，维持滨海湿地面积不变。通常情况下，海岸地带处于均衡状态的时候不多，特别是在人为作用强烈的区域。当海岸带物质来源减少、海面上升速率高于沉积物堆积加高时，海水淹没低地，海岸线后退，岸坡遭受侵蚀刷深，滨海湿地不但面积会减少，生态系统结构、过程均会发生改变，导致环境不断恶化。

海平面上升是一种缓发性灾害，其长期累积效应直接造成滩涂损失、低地淹没、生态环境破坏和洪涝灾害加剧，并导致风暴潮、海岸侵蚀、咸潮、海水入侵与土壤盐渍化加重。东海岛因海平面上升导致的损害主要表现为海岸侵蚀对海滩的破坏和蚕食。

3.5.6.2　人为因素

造成东海岛滨海湿地损失退化的人为因素主要是水产养殖活动和海岛开发过程中大规模的产业园区和工业基地的建设。

滩涂资源的开发与围海是导致滨海湿地损失退化的主要原因之一。滩涂经人工改造后，表面形态结构、基底物质组成、生物群落结构、湿地水体交换等性质和特征都将发生改变，滨海湿地将受到严重损害并可能彻底丧失。在我国，滩涂长期以来都被作为土地的后备资源而被积极开发，滩涂的开发与围垦成了解决土地资源矛盾，平衡土地资源不足的重要手段。在经历了20世纪50年代的围垦造田和80年代的以养虾为主的海水养殖高潮后，我国的滩涂损失达100×10^4 hm² 以上，相当于原有滩涂面积的一半，其中江苏省滩涂损失面积约占全国总数的40%。之后，滩涂的围垦与开发并未停止，滨海湿地面积以每年约2×10^4 hm² 的速度在减少。滩涂的围垦开发不仅造成滨海湿地的直接损失，还导致湿地环境的恶化，使得植被的发育和演替中断，鸟类及底栖生物栖息环境遭到破坏、退化，以致丧失。

1）东海岛的水产养殖

东海岛的水产养殖方式绝大部分是高位海水养殖，主要集中分布在东部海岸地带。这种养殖方式虽然不直接占用海滩，但通过抽取海水和排放污水对海滩的影响是巨大的。东海岛水产养殖的废水排放是海岛环境污染的重要来源，一方面，养殖废水直接污染海滩及近岸环境，对水质和底质都会产生危害，造成海岛滨海湿地环境质量下降；另一方面，水产养殖废水的排放对海滩形态产生严重的破坏作用，一道道排水沟将"中国第一长滩"切割成一段段沙堤，其形态已经变得破碎不堪。

龙海天不足2 000 m的海滩上就有13条排污渠道。现场调查时可见，每条渠道一般宽3~5 m，有大型的渠道宽可达到10 m左右，流长一般大约100 m，贯穿整个沙滩，将沙滩完全切割，同时沙滩上污水横流，环境非常差。而且，龙海天南侧的排污沟废水向海流淌时横向扩展明显，常常形成污水坑，散布在沙滩上，这种情形对海滩的直接污染和破坏更加严重。令人担忧的是，这种状况不但没有改善的迹象，而且还在不断加剧。在我们调查期间，还发现不断有新的排污渠出现，海滩上也有新开挖的污水坑。

由于排水沟渠的切割与污水坑的分布，东海岛东岸的沙滩已面目全非。养殖废水的排放在直接污染环境的同时，也造成沙滩物质的流失，导致沙滩面积的直接损失。而沙滩形态的破碎化，为海岸侵蚀提供了更加有利的条件，使海滩更易于被侵蚀。东海岛东岸的沙滩在北部呈侵蚀状态，宽度较窄；在南部呈堆积状态，宽度较大。但由于这种排水的破坏和持续的海岸侵蚀，整个东部海滩的宽度在缩窄，"中国第一长滩"已完全名不副实。

2）工程建筑与工业建设

在海岛开发过程中，必要的工程建筑与建设是不可避免的，但滨海区域设施的建设也不可避免地会对滨海湿地产生影响，处理不当便会造成严重后果。东海岛的开发建设虽然起步较早，从20世纪90年代就已开始，但并未形成规模，发展一直缓慢。自2000年起，海岛开发活动开始活跃，特别是2005年以后进入了一个快速发展时期，钢铁基地、石化产业园等项目开始纷纷落户东海岛，相关配套工程也开始建设。相应地，滨海湿地环境也发生了重大变化。

红星水库大桥是东海岛新的东西干道的关键工程，也是直通石化产业园区和钢铁基地的快速通道上的关键建筑。2012 年的调查中已经看到，位于大桥两侧有两片红树林，桥西侧的这片面积较大，约有 100 m×300 m 大小，桥梁建设过程中由于泥浆的注入使得红树林已经全部枯死。类似的情况并不罕见。

2010 年后，东海岛的开发建设速度明显加快，随着 2011 年 11 月 18 日广东湛江东海岛石化产业园工程破土动工、2012 年 5 月 31 日宝钢广东湛江钢铁基地项目全面开工，规划总面积达 70 km^2 余的北部工业区建设已经进入了全面实施阶段。东海岛的整个北部沿岸成为了一个大工地，项目所需要的围填海工程迅速展开，大片海域被占用。随着这一区域建设工程的实施，沿岸的沙滩、泥滩、红树林、养殖池等湿地将全部消失，工程建设的影响还会扩展到周边海域，对滨海湿地产生长远的影响。

2013 年以来的调查也可以看到，在这一园区的西部，规划中的物流港区的围填海工程也已经开始，调查区域内的海滩已经被淤泥充填，生物栖息环境已被严重破坏，生物量急剧下降。在不远的将来，这些区域都将被彻底围填，区域内的各种滨海湿地类型都将消失。

3.6 海岛近海海底地质灾害特征

我国海岛周边的海域跨越近 40 个纬度带，海底地质环境复杂多样，潜在海底地质灾害分布广泛。这些地质灾害会对港口航道、海底管线、养殖捕捞等经济活动造成严重破坏和影响。因此弄清海底地质灾害类型特征及其分布规律，可以为海岛周边海洋经济活动和工程建设提供基础资料。

本节根据辽宁省獐子岛、长兴岛，河北省曹妃甸，山东省灵山岛、砣矶岛、北长山岛，上海市崇明岛，浙江省六横岛、外钓山岛、秀山岛、朱家尖岛、金塘岛，福建省东山岛，广东省东海岛和广西壮族自治区涠洲岛共 15 个海岛海底地质灾害调查所获取的地形地貌和浅地层数据，对典型海岛海底地质灾害现状和成因进行分析。

3.6.1 典型海岛海底地质灾害种类

3.6.1.1 海底滑坡

海底滑坡是海底斜坡上的岩石或松软沉积物块体，在重力作用下，沿着一定的滑动面做整体缓慢下滑的现象。它的危害很大，易造成海洋平台的滑移、倒塌，海底管道、电缆、光缆的折断等毁灭性灾难。海底滑坡主要发生在浙江省沿岸潮汐水道边坡区，共发现 38 处明显的土体失稳现象（来向华等，2000）（图 3.137），主要分为两大类：崩塌和滑坡，以滑坡类型为主。按照滑坡体的稳定状态，又可划分为破碎性滑坡和整体性滑坡。破碎性滑坡指滑坡体在失稳的同时或随后的运动过程中部分或整体破碎（甚至呈流动状态）。整体性滑坡指滑坡体在失稳的同时或随后的运动过程中基本保持不变形。经统计，在已被发现的 38 处土体失稳现象中以整体性滑坡居多，共 30 处。其中，调查海岛中海底滑坡以朱家尖岛、外钓山岛和六横岛为代表。

朱家尖岛西南岸有明显的两处海底多级滑坡。滑坡上部位于滩地与边坡间的坡折带，边坡坡度 7.9° 左右，滑坡长度 500 m 左右；两处滑坡均可见明显的滑坡体、滑坡面及两级滑动台阶，属于整

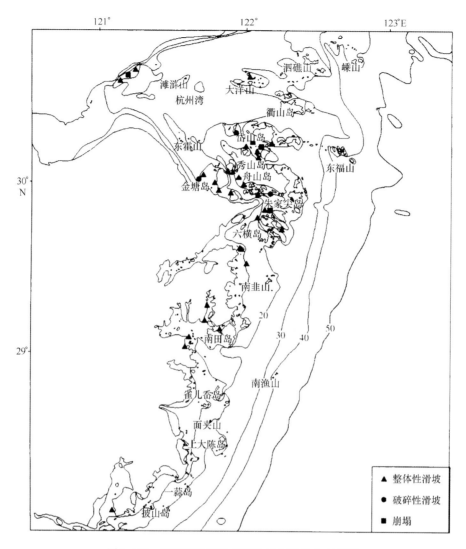

图 3.137　浙江沿岸潮汐水道边坡失稳的分布状况

体性滑塌。从滑坡所处的地貌类型来看，属于潮汐通道深槽边坡及水下高低边缘，与此毗邻的边滩地区往往接受沉积，且面积相对较大，其下部相对其他部位来讲水动力作用较强，是水道发生横向和纵向调整的部位，属于冲刷侵蚀地段。这种强烈的冲淤反差，极易形成窄而陡的岸坡，在外力诱发下发生滑坡。因此，朱家尖岛西南岸水下岸坡为海底滑坡易发区。

（1）ZJJ01 剖面位于朱家尖岛西北部，近 E—W 向剖面。该区域地形平缓，地层结构相对简单，表层为全新世泥质粉砂—粉砂质泥沉积，沉积层内部水平—平行层发育，地层延伸性较好，为典型的全新世浅海相沉积。该全新世浅海相地层厚度在剖面东部约 5 m，下伏为更新世砂质残留沉积地层（图 3.138）。

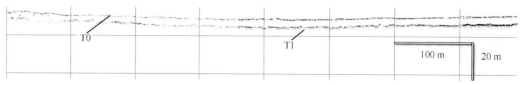

图 3.138　朱家尖岛 ZJJ01 剖面

（2）ZJJ16 剖面位于朱家尖岛西北部西南部，近 E—W 向剖面。剖面地形变化复杂，全新世浅海相层仅分布在剖面近岸段，由于浅层气存在，并不能探及该地层底部。剖面砂质沉积普遍出露，可能为全新世浅海相下伏的更新世粉砂–砂质沉积层。远岸端基岩出露（图 3.139）。

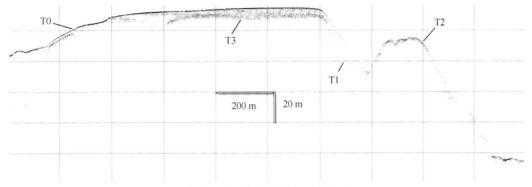

图 3.139　朱家尖岛 ZJJ16 剖面

此外，朱家尖岛北部、南部与东部近岸水下斜坡坡度为 3°~7°，浅剖显示沉积物大多为浅海—滨海相中细颗粒沉积物，因其坡度及沉积物性质，朱家尖岛部分区域水下岸坡为海底滑坡易发区。

外钓山岛海底滑坡位于海岛西北侧斜坡，边坡坡度 9°左右，位于岛屿向海延伸的水下岸坡坡折处，可见明显的滑坡体、滑坡面及两级滑动台阶，属于整体性滑塌。外钓山岛海底滑坡浅地层剖面位于外钓山岛西北部潮滩，NW—SE 向剖面（图 3.140 至图 3.141）。剖面区域地形为一斜坡，平均坡度约 6°，属于岛屿向海延伸的水下岸坡坡折，水深 5~40 m。该剖面近岸存在一明显的滑坡，滑坡长度约 200 m，距离岸边约 1 000 m，可见明显的滑坡体、滑坡面及两级滑动台阶。

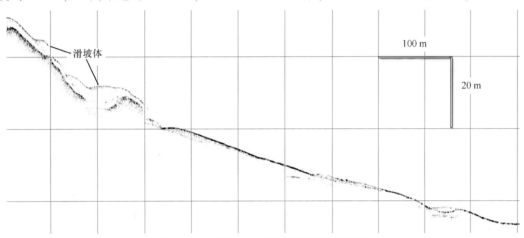

图 3.140　外钓山岛海底滑坡浅地层剖面

六横岛海底地形复杂，起伏较大且存在水深较大的深槽，其坡度可达 30°以上（图 3.142）。根据已有研究资料，六横岛海域具有典型的峡道地质地貌和水动力特征，外海潮流进入港域后，其运动形式由旋转流变为往复流，流速加大。水道流速横向变化显著，中心部位流速最大，近岸区流速明显减小，悬沙含量沿水道横断面上的变化不甚明显。因此，出现水道中心部位强烈冲刷，而水道岸坡尤其是两侧的小型海湾发生缓慢的淤积。水道中心底质多为沙砾等粗粒沉积物，而潮间浅滩及水下岸坡分布新沉积的淤泥质软土，这种强烈的冲、淤反差，极易形成窄而陡的岸坡。水道岸坡的淤积过程，亦就是岸坡不稳定因素的积累过程。不稳定因素积累到一定程度时，使斜坡个别地段的

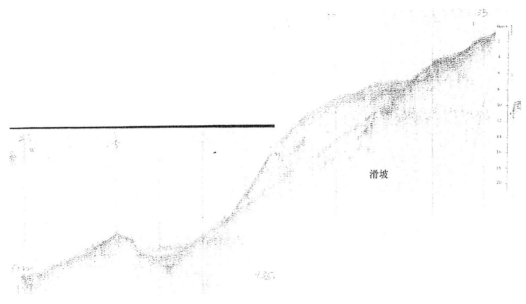

图 3.141　外钓山岛北侧海底滑坡体

应力超过土体强度，产生蠕动区，出现局部变化，而海洋动力因素，如风浪、水流等会诱发或加速滑坡过程，从明显的坡面变化到滑动，形成水下滑坡。

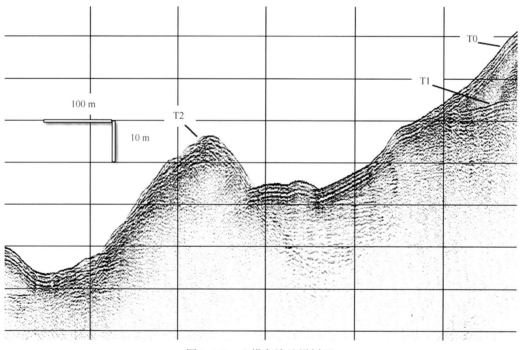

图 3.142　六横岛浅地层剖面

3.6.1.2　海底陡坡陡坎

陡坡和陡坎的发育受控于沿岸地形地貌，多发育在地形变化比较大的地方；陡坎是海底管线铺设施工中必须避让或处理的灾害地质因素。同时，海底陡坎和陡坡也是潜在滑坡危险的地形因素。海底陡坡陡坎以曹妃甸、秀山岛和东海岛最为典型。

曹妃甸海底陡坡陡坎地质灾害位于调查海域北部，呈东西向分布，长约 15.4 km。由于该陡坡陡坎区为陡斜的水下堆积岸坡和缓斜的水下侵蚀—堆积岸坡的区分界线，所以在浅地层剖面中清晰可见，坡度较大，并且陡坡为滑塌堆积带的滑塌面，对海湾工程建设产生极大影响（图 3.143）。

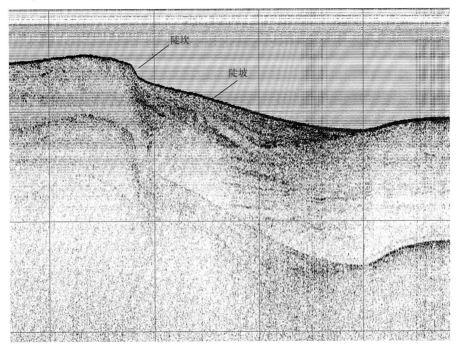

图 3.143　曹妃甸浅地层剖面揭示的陡坡陡坎

从秀山岛地貌类型及沉积特征来看，边滩地区往往接受沉积，且面积相对较大，它们下部相对水动力作用较强，是水道发生横向和纵向调整的部位，属于冲刷侵蚀地段，这种强烈的冲淤反差，极易形成窄而陡的岸坡，在外力诱发下发生滑坡。根据对调查区海底地形的分析，秀山岛西南、西北部岸水下斜坡坡度为 3°～7°，浅剖显示沉积物大多为浅海—滨海相中细颗粒沉积物，因其坡度大、沉积物性质，秀山岛部分区域水下岸坡为海底滑坡易发区。

秀山岛西北部 XS12 剖面，SE—NW 向剖面（图 3.144）。该剖面区域地形较平缓，水深 5～30 m，坡度 4%。表层覆盖泥质粉砂现代沉积，沉积层内部水平—平行层发育，为典型的全新世浅海相沉积。该全新世浅海相地层厚度在剖面东部为 5～20 m，从岸向海减薄。

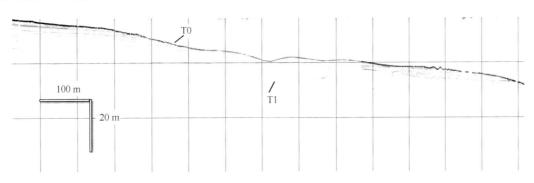

图 3.144　秀山岛 XS12 浅地层剖面

秀山岛西部 XS21 剖面，SW—NE 向剖面（图 3.145）。该剖面地形复杂，存在两个冲刷槽。全新世浅海相层一部分分布在近岸斜坡上部及近岸冲刷槽内，厚度较薄，在 2~5 m；另一部分分布在剖面中部台地上，厚度 3 m 左右；剖面沙砾质沉积普遍出露，可能为全新世浅海相下伏的更新世粉砂—砂质沉积层。

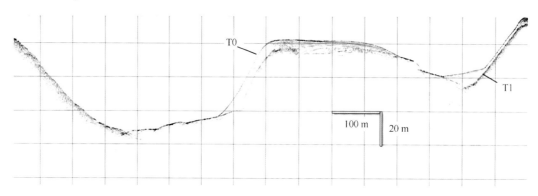

图 3.145　秀山岛 XS21 浅地层剖面

金塘岛调查区北侧海底存在一个坡度较大的陡坡，该区域地形坡度较大，水深 10~70 m，近岸坡度 9%，水下岸坡坡度 14%。表层覆盖砂质、砾质等粗颗粒现代沉积，沉积层内部层理不发育（图 3.146）。

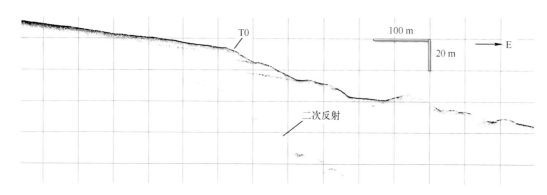

图 3.146　金塘岛海底陡坡浅地层剖面

东海岛水下陡坎主要分布于宝钢码头至口门的两侧海岸水下岸坡（Ⅰ-1 区、Ⅰ-2 区）、宝钢码头以西的潮汐通道北侧边坡（Ⅱ区）以及东头山岛东北侧的潮汐通道两侧边坡（Ⅲ-1 区、Ⅲ-2 区）（图 3.147）。东海岛水下陡坎的分布所处位置的水动力环境呈明显正相关。湛江港湾内的海流观测资料表明，湛江港湾内海流以往复流为主，潮汐通道内的流向与通道的走向高度吻合，且流速可达 128 cm/s，对潮汐通道两侧边坡形成强烈冲刷。但是，同样是受海流的冲刷形成，不同区域的陡坎形成机制却不尽相同。Ⅰ区、Ⅲ区两处陡坎位于潮道的迎流面，直接接受涨落潮流的冲刷，由该区域的浅地层声学剖面可以明显看出，潮汐通道的存在生硬地截断了海底原始地层，表明潮汐通道内的高速水体对原始地层产生强烈的冲刷侵蚀。而Ⅱ区位于潮汐通道北侧岸坡，属于水下浅滩—潮汐通道的过渡段，湛江港湾内的泥沙在潮流的裹挟下由湾内向口门处汇聚，抵达潮道处后被潮道内的强潮流输运至口门外，在这一过程中，湾内运移至潮道区域的泥沙在潮道边坡上部沉积，至潮道后则陡然下降被潮流裹挟进一步迁移，这就造成了水下浅滩陡坎的出现。

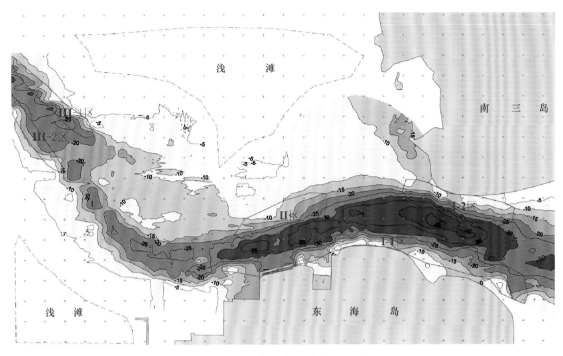

图 3.147　东海岛测区水深地形

综合来看，水下陡坎皆处于侵蚀状态（图 3.148），但是位于迎流面的 I 区、III 区两处较为强烈，而位于背水面，水动力条件相对较弱的 II 区则呈现弱侵蚀甚至蚀淤平衡状态。

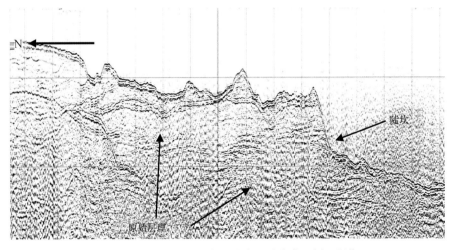

图 3.148　口门处东海岛近岸水下陡坎典型剖面影像

3.6.1.3　海底侵蚀

海底侵蚀现象也是一种潜在的地质灾害，以冲刷槽、冲蚀洼地和冲蚀残余脊等为代表。侵蚀作用改变海底地形结构，可能使海底管线造成位移、架空甚至断裂。海底侵蚀的空间分布、土工性质，尤其是在海底水动力作用下的冲刷侵蚀、活动变迁，影响和制约着区内海洋工程的正常进行。本次海岛海底地质灾害调查中海底侵蚀现象以冲刷槽和冲刷坑为主，冲刷槽边坡坡度往往较大形成潜在的地质灾害。冲刷槽在曹妃甸、灵山岛、砣矶岛、獐子岛、北长山岛、东海岛均有发现。

曹妃甸冲刷槽位于岛南部，横贯调查海域，呈西北—东南向分布，宽达 3.7 km，长达 33.5 km。该深槽是调查区最大水深，也是渤海湾最深的水域，天然水深一般可达 25 m 以上，最大水深达 32 m（图 3.149）。从水深条件来看，曹妃甸是渤海湾内少有的深水良港港址；从港工建设角度考虑，该槽为工程地质障碍性因素。该冲刷槽发育与古河口水下河谷地质构造基础和较强的潮流环境有关。

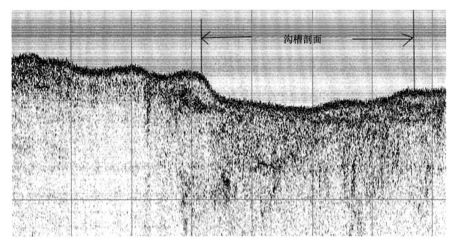

图 3.149　曹妃甸侵蚀平原的侵蚀沟槽

獐子岛冲刷槽位于海岛西侧（图 3.150），呈南北向分布，自南向北海沟宽度由 1 km 左右逐渐扩展到 4.5 km 左右，槽底基岩裸露，靠岛侧的现代沉积物高出槽底 10 m 左右，边坡坡度较大，是该岛海底工程建设的不利因素。

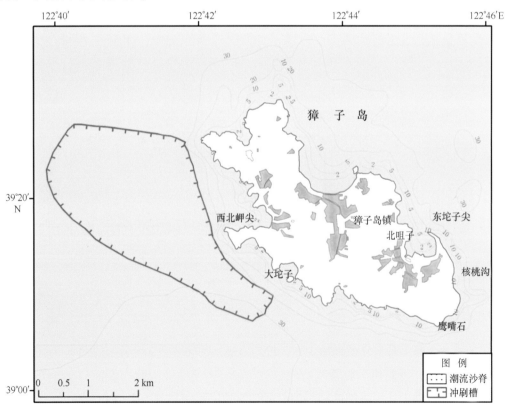

图 3.150　獐子岛海周围海域地质灾害分布

灵山岛潮流冲刷槽位于海岛东南部，沟南崖湾南侧，长 1.50 km，宽 0.77 km，呈东北—西南走向，冲刷槽底部最深可达 40 m，主要由粗粒的砾砂沉积物沉积，有的地方基岩出露（图 3.151 至图 3.153）。

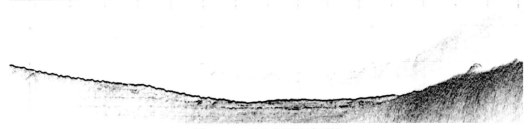

图 3.151　灵山岛潮流冲刷槽

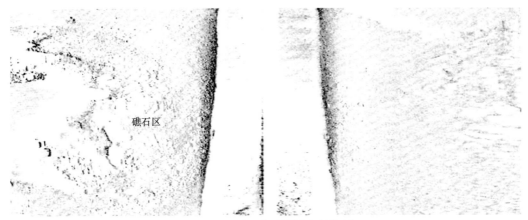

图 3.152　灵山岛冲刷槽底部特征

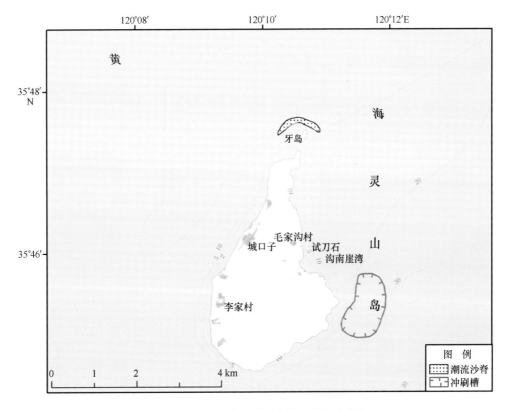

图 3.153　灵山岛海周围海域地质灾害分布

砣矶岛潮流冲刷槽主要分布在砣矶岛的北部和南部的两侧，沿岛岸基本呈东西走向（图3.154）。北部冲刷槽距岛陆最北部1.0 km，呈条形分布，长1.5 km，宽6.5 km，冲刷槽深可达20~22 m。

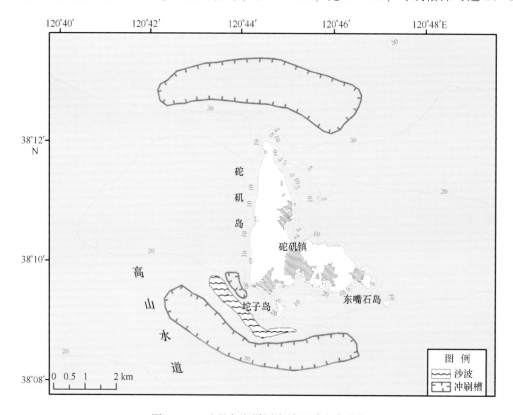

图3.154　砣矶岛海周围海域地质灾害分布

砣矶岛南部冲刷槽距岛陆最南部1.3 km，距坨子岛0.7 km，呈条形分布，长0.8 km，宽6.5 km，冲刷槽最深可达25 m，礁石出露（图3.155）。

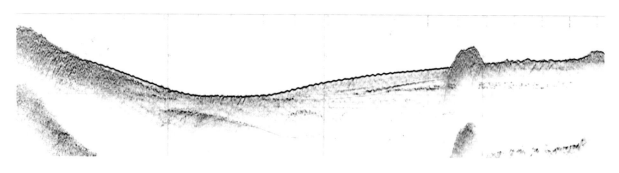

图3.155　砣矶岛冲刷槽和礁石

北长山岛冲刷槽位于海岛北部西侧，为一潮汐通道。受北长山及西侧礁石的影响，平面上地形收窄，导致此处流速大，对海底产生强烈的冲刷作用，形成规模较大的沙波。其西北角，即口门外侧，因流速辅散，形成席状沙波。该区水深地形多变，侧扫声呐显示有大量沙波及沙席赋存于海底（图3.156），而浅地层剖面则显示该区域内沉积物结构单一，声学地层无明显界限（图3.157）。经过该水道的水流受两侧陆地的挤压影响，导致流速急剧加大，对海底产生强烈的冲刷。水深及浅地层剖面显示，沙波波高可达 2.6 m。海底松散的沉积物颗粒随水流而迁移，从而引起海底地形持续性的变化。

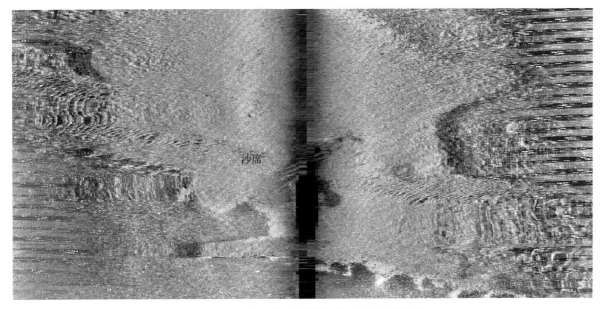

图 3.156　北长山岛冲刷槽水道区沙席声学影像

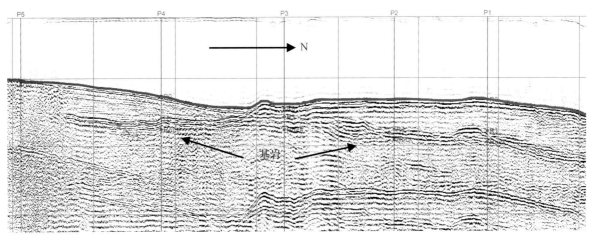

图 3.157　水道区南北向声学地层剖面

　　崇明岛东南侧沿岸线走向发育一冲刷槽，水深大于 10 m，基本以"L"形为界线分为东西两处。西半幅冲刷槽起始于调查区最西端，水深可达 19.8 m，向东水深逐渐变浅至水深 10 m，长度约 4.4 km，宽约 0.4 km；东半幅冲刷槽本次调查揭露最大水深为 14 m，长约 4 km，除测区东端1.1 km 为浅水区外，基本覆盖了调查范围的东半幅。

　　东海岛冲刷坑在水下岸坡、水下浅滩以及潮汐通道内均有发育，因所处位置不同而形态略有差异。水下浅滩因为水深小，流速相对较小，冲刷坑单体规模较小，但是连续出现（图 3.158）。潮汐通道因为水深流急，对海床冲刷剧烈，海底形态多呈规模较大的沙脊、沙丘，沙脊轴线走向基本平行于流向。

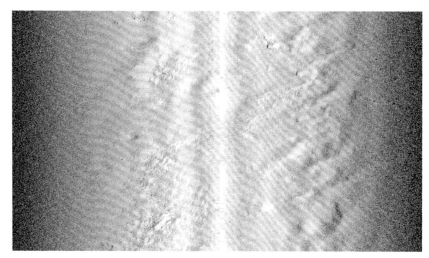

图 3.158 东海岛水下浅滩冲刷坑典型影像

3.6.1.4 潮流沙脊

潮流沙脊一般分布在近岸浅海区河口湾或海峡底部，由潮流强烈冲刷而形成的线状沙脊群。潮流沙脊是一种潮流成因的线状沙体，其延伸的方向与潮流流向一致，呈平行排列或指状伸展，它们沟脊相间，形态奇特。潮流脊在世界上分布相当广泛，它对航运、捕捞、水下工程、军事设施以及地下水和油气田的开发利用都具有重要意义。

长兴岛地质灾害类型主要是潮流沙脊及沙波，在长兴岛西部马家浅滩及长兴岛岛陆西部近岸海域有多处大规模的沙波沙脊分布（图 3.159 至图 3.160），基本位于 39°30.25′—39°37.75′N、121°12.1′—121°19′E，探测到的沙脊宽度 40 m，最大沙脊高度约为 7 m，沙波沙脊走向大体为 120°～300°。

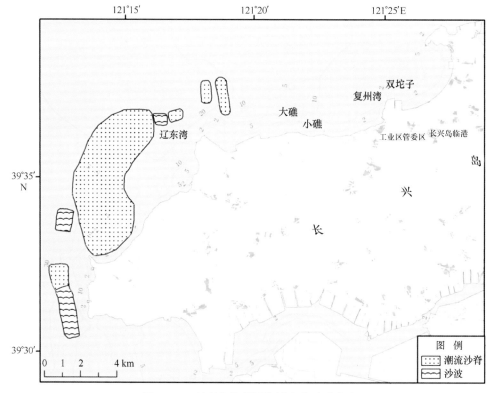

图 3.159 长兴岛海周围海域灾害地质分布

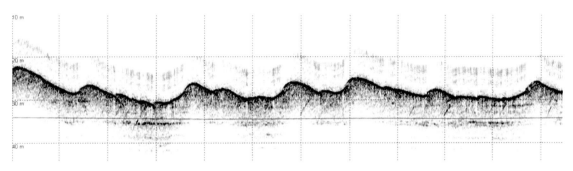

图 3.160   长兴岛南部沙脊区浅层剖面特征

灵山岛潮流沙脊位于海岛及牙岛北部近岸海域，呈条带状分布，长 0.6 km，宽 60 m。沙脊为东—西走向，最大宽度达 10 m，最大长度达 0.2 km。

3.6.1.5   活动沙波

沙波是海底表面松散砂质堆积的有规则的波状起伏地形，像波浪形态一样，从它的横剖面上可以确定其波高和波长。一般剖面是不对称的，有陡坡和缓坡，一般陡坡的坡向指示海底泥沙运动的净移动方向。活动沙波一般发育在海流较强的砂质海底，很多大型潮流沙脊的表面也发育沙波，如长兴岛海底沙脊，进一步加剧了沙脊的活动性和海底不稳定性。活动沙波在曹妃甸、砣矶岛、东山岛、崇明岛以及长兴岛、北长山岛海底广泛发育。

曹妃甸海底活动沙波主要分布在起伏的陆架侵蚀平原西南部的浅滩上，浅洼地中也有活动沙波分布，同时陆架侵蚀洼地中的浅滩上也有活动沙波发育（刘晓东等，2014）。在调查海域东部，有两处沙波，均呈东西走向分别长约 5.8 km，宽约 0.7 km 及长约 7.6 km，宽约 0.9 km。

砣矶岛海底沙波主要分布在南部，冲刷槽附近的海底处，受强潮流的作用，形成海底沙波（图 3.161）。沙波分布于南冲刷槽以北，岛陆西南沿岸，距岛陆 0.7 km，呈条带状分布，长 3.3 km，宽 0.3 km。单条沙波宽度 5~9 m，高 1~2 m，西部沙波主要为东北—西南走向，东部沙波为北—南走向。

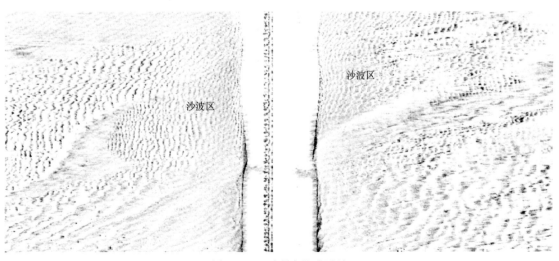

图 3.161   砣矶岛海底沙波

东山岛沙波区在水深 6~13 m 的范围内广泛发育。平面形态上，以连续的大规模的席状沙波区为主（图 3.162），面积 5×10^3~20×10^3 m^2 不等，沙波区内密集发育波痕，波痕轴线走向与岸线走势一致，呈 S—N 向。在大规模沙波区之间的中间地带及边缘发育众多规模较小的条带状沙波区，宽 2~40 m 不等，长 25~140 m 不等，面积小者仅不足 30 m^2，大者可达 2.5×10^3 m^2，长轴均垂直于岸线，呈阵列分布（图 3.163）。由海底沙波的波痕形态、分布特征可以推测，调查范围内海底具有一定的活动性，且泥沙的运动方向垂直于岸线。

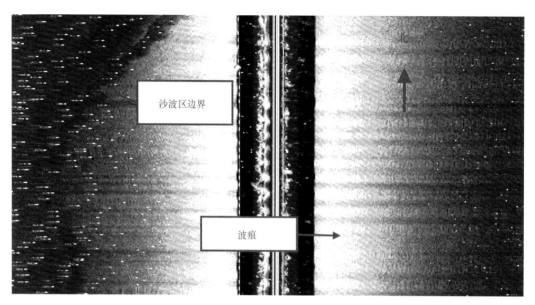

图 3.162　东山岛北段沙波区典型声学影像

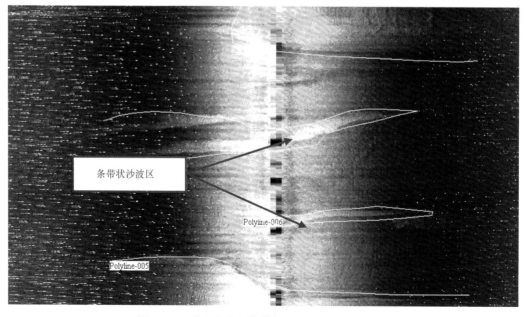

图 3.163　东山岛中段条带状沙波区典型声学影像

崇明岛沙波在调查区内大规模发育，其中在西半幅发育了规模最大的沙波区，自调查区西端向东南方向延伸 3.4 km，面积可达 1.1 km²，东半幅内的沙波区呈不连续的斑状，供发育了规模大小不等的 5 个沙波区，面积为 0.1~0.6 km²（图 3.164）。沙波区面积累计约 2.5 km²，占本次调查面积的 46.94%（表 3.24）。

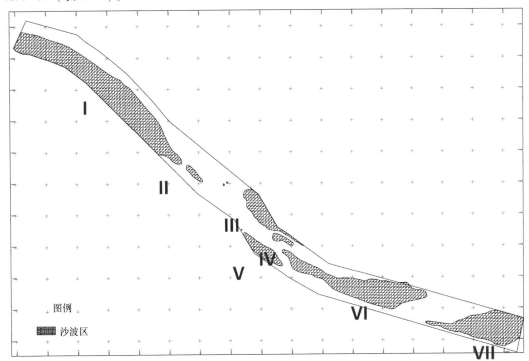

图 3.164　调查区地貌类型分布

表 3.24　崇明岛沙波区面积统计

编号	面积/km²	占比（%）
I	1.10	20.69
II	0.02	0.47
III	0.17	3.27
IV	0.03	0.54
V	0.11	2.00
VI	0.60	11.25
VII	0.47	8.72
合计	2.50	46.94

　　沙波的微观特征亦随空间位置的不同而呈现差异。位于调查区西半幅 I 区内的沙波脊线连续平滑，迎流面长且缓，背流面短且陡，波长为 5~30 m，波高为 0.5~1.0 m（图 3.165 和图 3.166）。调查区东半幅 III–VII 沙波区较 I 区沙波特征明显差异，表现为波长更长、波高大、沙波脊线凌乱、次级波纹发育等特征。

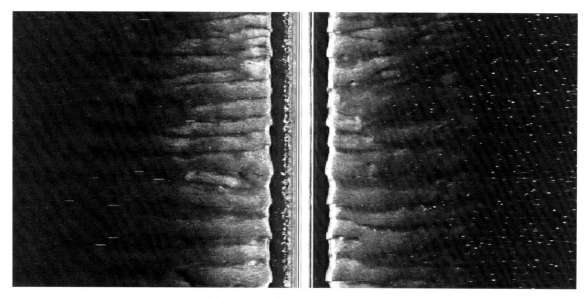

图 3.165　区内沙波典型声学影像

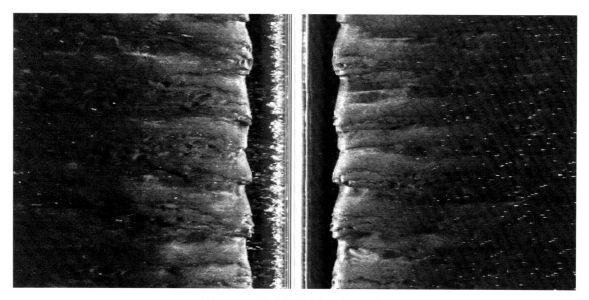

图 3.166　Ⅶ区内沙波典型声学影像

　　崇明岛活动性沙波区的大规模发育是其显著地貌特征之一。调查区内沙波区分布面积大，占调查面积的 46.94%，沙波单体规模较大，尤其是东半幅沙波区为甚，波长最大可达 80 m，波高近 2 m（图 3.167）。区域内的沙波另一典型特征即是沙波剖面形态不对称，普遍具有迎流面（西侧波面）长且缓，背流面（东侧波面）短且陡的特征。这一特征表明，沙波具有由西向东迁移的运动趋势，即海底沉积物在径流作用下向海迁移。

3.6.1.6　浅层气

　　浅层气是十分危险的潜在灾害地质类型，因这种气常具有高压性质，会形成井喷，引起火灾甚至导致平台烧毁。地层含气还会降低沉积层的抗剪切强度，影响工程的基础稳定。浅层气的存在往

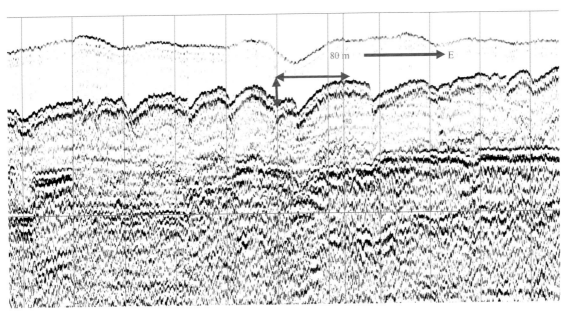

图 3.167 崇明岛典型沙波剖面

往导致海底稳定性下降，而一旦喷发更是带来严重的环境和安全问题。在本次的调查海岛中，曹妃甸和六横岛以及外钓山岛海底均发现存在浅层气。

曹妃甸东部陡斜的水下堆积岸坡区分布有浅层气（图 3.168）。浅层气呈长条状分布，长度约为 17.6 km，宽度 1~2.3 km。

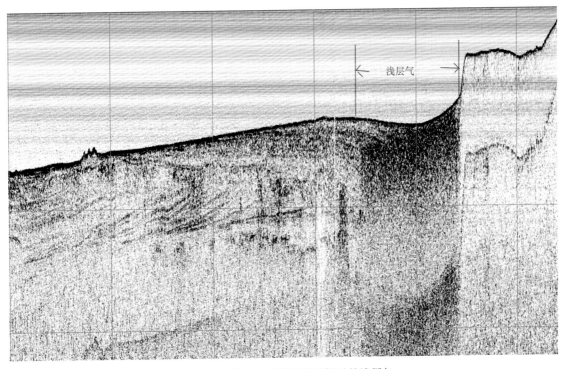

图 3.168 曹妃甸浅地层剖面揭示的浅层气

六横岛东侧条帚门水道区域地形相对较平缓，近六横岛岸坡坡度8%。表层覆盖泥质粉砂现代沉积，沉积层内部近水平—平行层发育，为典型的全新世浅海相沉积，该全新世浅海相地层厚度在剖面东部为10~40 m。剖面中部探测到浅层气界面，其埋深在10 m左右（图3.169）。

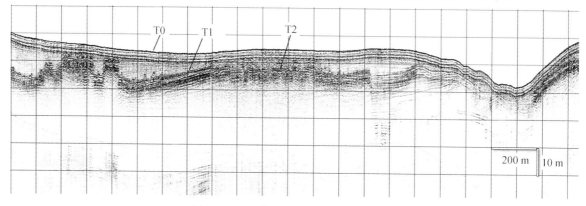

图3.169　六横岛浅地层剖面（浅层气）

3.6.1.7　埋藏高角度斜层区

北长山岛东北侧存在一典型的楔形沉积体。该沉积体自30 m等深线始，厚度向东北方向逐渐加厚，此次调查揭露的最大厚度为7.4 m。沉积体内为典型的沉积斜层理，与下伏地层呈角度不整合接触（图3.170）。平面上，楔形沉积体内边界与30 m等深线平行分布，形态高度吻合（图3.171），且在地貌上表现为一条明显的脊状隆起（图3.172），隆起两侧沉积物的声学反射信号明显不同。根据沉积体的分布位置、与相邻地层的接触关系以及沉积体内声学层理特征等地质特征可以推断其形成机制，即局部水动力环境的改变导致原始地层被侵蚀，外来沉积物以及原地层的残留沉积在该处重新沉积充填，从而形成该楔形沉积体。受水动力条件的控制，调查范围内西侧水道冲刷区、东北侧水深大于30 m的楔形沉积体区域内的海底沉积物会在水流作用下发生迁移，从而引起海底水深地形的变化，存在海底地质灾害发生的潜在危险。

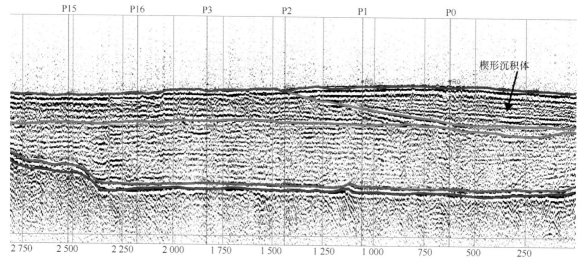

图3.170　北长山岛楔形沉积体剖面

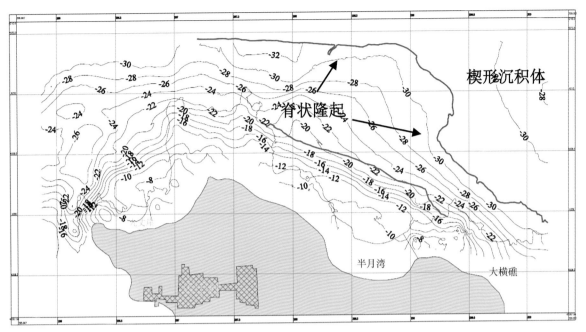

图 3.171　北长山岛楔形沉积体分布范围

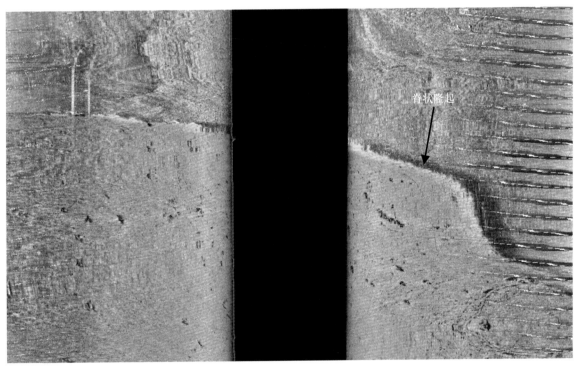

图 3.172　北长山岛脊状隆起典型声学影像

　　在曹妃甸南部海底也发现一处埋藏高角度斜层区，呈团块状分布，主要有埋藏古河道、埋藏古沙脊或埋藏古沙丘沉积层（图 3.173）。

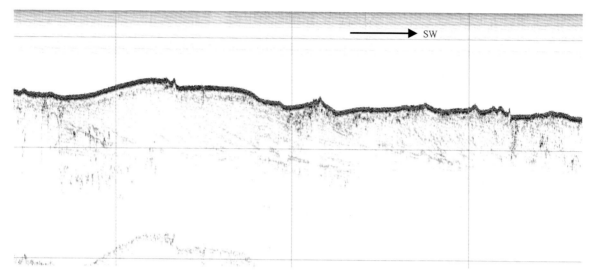

图 3.173 曹妃甸陆架侵蚀洼地的浅滩上发现的高角度斜层理

3.6.1.8 海底淤积

海底淤积主要发生在东海岛。虽然湛江港湾内海底活动性较强，整体处于冲刷状态，但在局部如潮汐通道底部深水区域以及口门内侧水下浅滩区域则处于局部淤积状态。

潮汐通道底部的淤积通常出现在水深大于 35 m 的深部区域，且周围有明显高于周边水深的凸起地形围绕，在垂向空间形成局部相对封闭区域（图 3.174），该空间内水动力条件相对减弱，沿海底运移的泥沙在负地形内沉降淤积。在浅地层剖面资料上可以明显看出，淤积区域内地层层理明显，反射能量较强，沉积物黏粒含量明显偏高。水下浅滩淤积区域主要分布于口门内侧浅滩—潮汐通道过渡区域，从浅地层剖面资料可以清晰地看到，不同时期沉积形成的层序组合（图 3.175），不同沉积层的层内反射层理特征均表明，泥沙呈由浅滩向潮道运移的趋势。

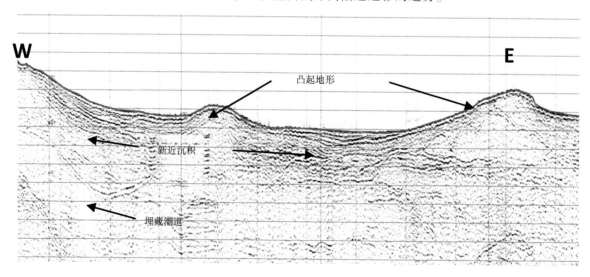

图 3.174 潮汐通道纵剖面影像

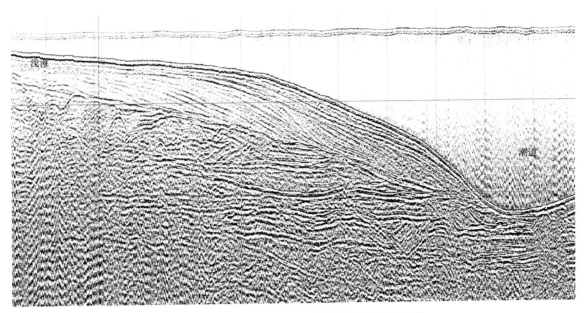

图 3.175　口门内侧浅滩—潮汐通道浅地层剖面影像

3.6.1.9　人为地质灾害

人为地质灾害在多数海岛中普遍存在，以港池开挖、航道疏浚、人为采砂以及码头修建等为主。调查海岛中人为地质灾害以东海岛最为典型，东海岛北部为宝钢基地，目前处于大开发阶段，随着海岛周边开发活动的增多，人类改造活动对东海岛、湛江港湾的影响也日益凸显。

1）港池开挖

主要为宝钢码头港池的疏浚，疏浚深度大于 20.0 m，与潮汐通道直接相连（图 3.176）。

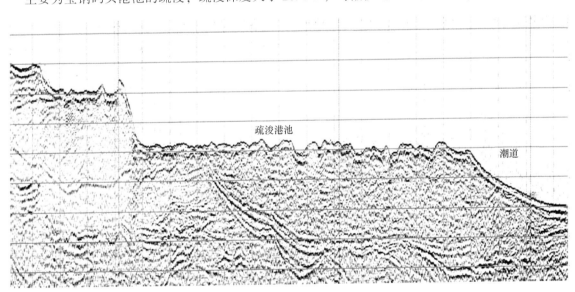

图 3.176　宝钢码头港池疏浚后地层剖面影像

2）海砂开采

本次调查过程中发现有采砂船在测区西北部进行海砂开采作业。海底声学信号反射杂乱，原始海底地貌形态严重破坏。海砂开采的体量虽然不大，但是该行为破坏了自然形成的海底形态，采砂形成的沟痕极易成为海底侵蚀的起源点，从而加速海底侵蚀的进程（图3.177）。因此，海砂开采活动应当引起重视，避免产生无法估计的连锁反应。

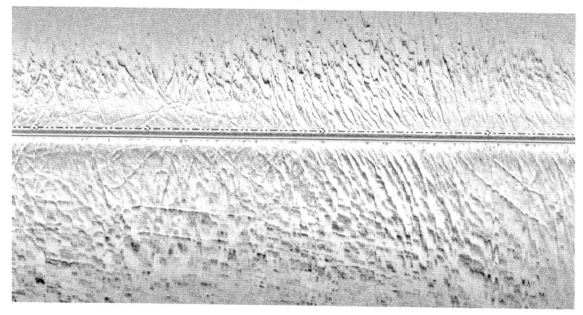

图3.177 测区西北部海砂开采痕迹

3.6.1.10 珊瑚礁退化

涠洲岛是北部湾内最大海岛，是华南沿海主要的珊瑚分布区，属北部湾内成礁珊瑚分布的北缘，有50余种造礁石珊瑚并成礁（王国忠等，1987；莫永杰，1988；叶维强等，1988；黎广钊等，2004；梁文等，2010）。涠洲岛珊瑚礁年龄为（6 900+100）a（梁文等，2002；周浩郎等，2013）。涠洲岛珊瑚死亡现象较为严重，至今仍未恢复。反映珊瑚恢复力的重要指标——珊瑚补充量的不足，说明涠洲岛珊瑚的恢复范围小，恢复速度慢。珊瑚死亡所导致的活珊瑚覆盖率减小，不利于珊瑚的恢复。涠洲岛珊瑚死亡率高和恢复慢的现象，表明珊瑚处于退化中的亚健康状态。如果不能维持海水质量和合适的环境并保持珊瑚覆盖率，涠洲岛的珊瑚极可能继续向退化的方向发展，最终丧失自我恢复的能力（周浩郎等，2013）。

涠洲岛珊瑚礁主要分布在岸线至水深20.0 m的海域内，外边界距离岸线0.8~2.5 km不等，分布形态基本与涠洲岛岸线分布形态一致，但在边界线形态、分布宽度等方面又因所在海区位置不同而有所差别（图3.178）。整体上礁盘边界分布与10 m等深线一致，但在岛东部横岭外侧以及西北码头附近等礁盘向海凸出海域，珊瑚礁外边界可扩展至12 m等深线，甚至更深。此深度处海底主要为砂、珊瑚碎屑等松散沉积物所覆盖，珊瑚礁呈块状零星分布。珊瑚礁在平面分布特征上可分为两个区域，即涠洲岛东侧（石盘河—公山之间）海域、北侧（公山—客运码头之间）海域。

图 3.178　涠洲岛珊瑚礁声学影像与光学影像对比

1）涠洲岛东侧海域

该区域珊瑚礁分布多在距离岸线 1.0 km 范围内海域（横岭外海域除外），且边界形态复杂，珊瑚礁多呈岛屿状孤立存在，礁盘之间为砂质充填（图 3.179）。其中，在横岭以东海域，礁盘边界明显区别于两侧边界走势而向海凸出。该区域内珊瑚礁盘大部分被砂、珊瑚碎屑等松散沉积物所覆盖，个别珊瑚礁体呈块状零星分布于海底。

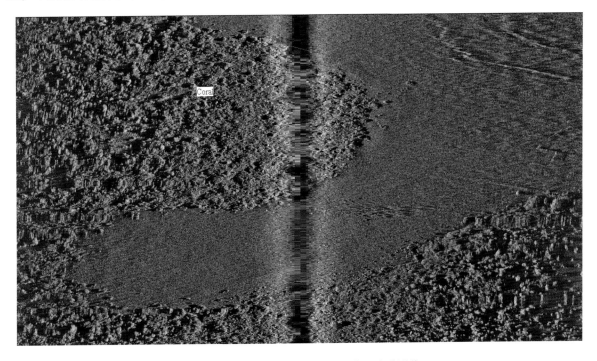

图 3.179　涠洲岛东侧珊瑚礁边界典型声学影像

2）涠洲岛北侧海域

自涠洲岛东北角始，岛北侧礁盘分布范围迅速扩大至距岸线约 2.0 km 处，除石油码头以西海域外，礁盘形态整体平滑与岸线走向一致（图 3.180）。

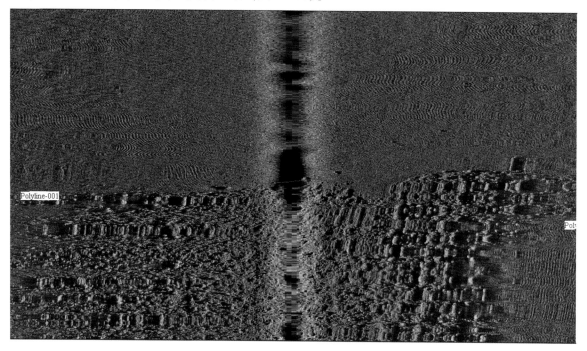

图 3.180　涠洲岛北侧珊瑚礁边界典型声学影像

3.6.2　海底地质灾害成因分析

根据第 3 章表 3.2 海洋地质灾害分类标准，典型海岛地质灾害可分为重力—水成因类、水动力成因类、气动力成因类、生物活动成因类和人类活动成因类。

3.6.2.1　重力—水成因类

重力—水成因类海底地质灾害主要包括海底滑坡和陡坡陡坎两类，而陡坡陡坎成为海底滑坡发生的重要影响因素。

海岛潮汐水道边坡区的现代滑坡主要发生在如下 3 个典型地貌部位：①基岩岬角控制的弧形岸滩边坡，全新世海平面上升后，原始基岩海岸岬角间形成半封闭海湾，泥沙逐渐淤积充填，弧形岸滩向海推进，同时岬角外水道深槽贯通并发生侵蚀，导致边坡上部载荷不断加大，边坡逐渐变陡，坡脚侵蚀形成临空面，极易导致滑坡发生。如六横岛西北角水下边坡，坡度为 3°～8°，出现的相应水深在 25～60 m。上部地层是全新世的淤泥质黏土，呈现与海底面斜交的"羽毛状"层理，显示斜坡处于临界状态，推测滑坡蠕动已经发生。在边坡坡脚可见埋藏滑坡体，结构已较难辨认；②水道交汇形成的舌状浅滩两侧边坡，由于水道交汇形成缓流区，细颗粒泥沙在流影区淤积，舌状浅滩发育并延伸，浅滩两侧毗邻水道深槽，滩淤槽冲，易导致滑坡发生，如册子水道外钓山岛北侧舌状浅滩西坡；③水道区残留高地边坡，在舟山水道区多处发现有残留高地，这些高地在晚更新世海水入侵以来一直遭受侵蚀，只是在全新世高海面以来逐渐淤积加高加宽，但毗邻的水道深槽持续冲刷，易导致滑坡发生。

海洋暴风浪和内波均影响海底斜坡稳定性。波浪在传播过程中，引起海床循环压力，进而引发转动力矩和增加海床剪应力，若土体强度不足以抵抗增加的剪应力，海床就会发生破坏。波浪沿海床表面传播时，还可引起超孔压，包括瞬时孔压和累计孔压，削弱土体有效强度，也增大了斜坡的不稳定性。当海床土体完全液化时，沉积物可沿着斜坡坡面长距离滑移。

潮汐涨落影响海底斜坡稳定性。潮位变化引起滑坡的机理有三：一是对于河口细粒土海床，渗透性较差，作用在沉积物上的荷载随潮差的局部变化而波动，荷载变化引起孔隙水压力的升高；二是退潮时，水流向海洋渗透，渗透力影响到斜坡的稳定性；三是潮汐落时，水位下降，土体有效上覆应力增大，引起土体压缩和下滑，当抵抗力小于下滑力时，发生滑坡。

虽然大部分海底滑坡是由于自然因素引起的，但也有少数是由于人类活动（如工程建设和疏浚）引发的。如码头在较短时间内建成，在低渗透性的海洋土内超孔隙水难以排出，可以认为这段时间沉积物的破坏是在不排水条件下发生的。据历史资料，20世纪60年代以前，外钓山岸滩演变基本处于自然状态，海岸线主要受岛陆的基岩山体及岬角所控制（刘毅飞等，2007）。从1928年的历史海图来看，当时形成的岸滩、深槽、水道地貌格局与今天的情形基本一致，说明从20世纪初以来，本海区滩槽地貌格局未发生明显改变。70年代以后，当地政府为加快生产，对海岸西侧的舌状潮滩进行围垦，海塘于1978年建成，塘长1530 m，塘顶标高4.8 m，围涂面积为0.345 km²。这样岸线向外推移了100~500 m，塘外残留低潮滩很窄，仅50 m左右，围垦束窄了外钓山与册子岛之间水道的宽度，从而改变了原水动力平衡条件及沉积环境，也成为影响水下滑坡的重要因素之一。

3.6.2.2 水动力成因类

水动力成因类海底地质灾害包括海底侵蚀、潮流沙脊、活动沙波、埋藏高角度斜层区和海底淤积。海底侵蚀形成的冲刷槽、冲刷坑等所处的地貌部位海流或波浪动力作用很强，侵蚀过程伴随沉积物的群体运动，往往造成海底地形起伏较大，沟槽内的沉积物本身就是不稳定的地貌体。潮流沙脊属于高速堆积体，沉积物海水量高，固结度差，压缩性大，承载力低，海底土体不稳定。活动性沙波由于沙体的不断运动造成的危害更大。埋藏古河道等高角度交错层理容易产生层间滑动和局部塌陷，沉积物以沙砾为主，具有较强的渗透性，在长期侵蚀、冲刷及上覆荷载下，容易发生局部塌陷而破坏地层原有结构。海底淤积多是在人工开挖的港池、航道内，因人为活动改变了原来的水动力平衡条件而形成的沉积过程。

海岛孤立在海洋之中，受潮流波浪作用的直接影响，海底在强水动力环境下易受到冲刷，如渤海的长山群岛、庙岛群岛海底均发育较多的海底侵蚀现象。冲刷槽在沿岸及大陆架区分布较广泛，其深度一般为10~30 m，特别是岛屿之间的潮汐通道冲刷槽规模更大。冲刷槽是不稳定的水槽，周期性的潮流强弱变化，使冲刷槽的形态和深度发生变化，并在横向上也有迁移（鲍才旺等，1999）。潮流沙脊是一种活动性强的砂质脊状堆积体，一般形成于往复流的潮流区，砂源供应充足，潮流流速为2~3 kn的水动力环境中。活动性沙波是海底表面松散砂质堆积的有规则的波状起伏地貌形态，在波浪和海流的作用下，沙体一直处于不稳定的状态，往往存在于冲刷槽底部或沙脊上，伴随沙波迁移的是海底强烈冲刷和淤积、泥沙群体运动等。同时，在水深较大且水动力条件较弱的区域，海底易出现淤积现象，如东海岛湛江湾内航道。此外，海平面升降所带来的水动力条件变化对海底地质灾害的稳定性也造成了长期的影响，第四纪冰期世界海平面下降导致陆架区发育大量的河道和湖泊，而全新世以来随着海平面的大幅度上升，早期的河道纷纷沦入海底，并且绝大部分被埋藏于不同厚度的沉积物层之下而形成了埋藏古河道、埋藏古沙脊或埋藏古沙丘沉积层等埋藏高角度斜层区，该类地质灾害现象在曹妃甸区域较为发育。

3.6.2.3 气动力成因类

气动力成因类主要指浅层气地质灾害。海底浅层气指海床下 1 000 m 以浅聚积的有机气体，主要分布于河口与陆架海区，我国各大河口与陆架海区均有广泛分布（李凡等，1998；叶银灿等，1984）。在辽东湾、山东半岛滨浅海、长江口、杭州湾、浙江近岸、珠江口、北部湾、琼东南近海、黄河水下三角洲外海底、长江水下三角洲前缘和前三角洲相，存在大面积以生物成因为主的浅层气；而黄海、东海、南海陆架油气资源区数百米地层中的浅层气受断裂控制，分布有热成成因的浅层高压气囊和气团（李萍等，2010）。在海岛地质灾害调查中，曹妃甸和六横岛海底发现了浅层气存在标志。

浅层气有的来自海底沉积物中有机质分解的甲烷气体，也有的来自地层较深部位的油气藏运移至浅部，一般以含气沉积物、囊状式透镜体、层状分布 3 种赋存形式出现（鲍才旺等，1999）。浅层气一旦生成，它在岩层中时刻都在运移与聚集，因为它不断受到上覆水层、土层、岩层压力的作用，这一作用过程对浅层气的运移极其重要。在渗透性低的沉积物中（如黏土、粉砂质黏土），浅层气一般是沿垂直方向向上运移；在高渗透性的砂质沉积物或裂隙发育的岩层中，浅层气多是沿地层上倾方向运移（叶银灿等，2003）。浅层气的存在，无疑威胁着海底构筑物的安全，一旦发生灾害，将会造成不可估量的损失。

3.6.2.4 生物活动成因类

生物活动成因类地质灾害主要指珊瑚礁退化，本次调查特指涠洲岛珊瑚礁退化。珊瑚礁正在经历全球性的加速退化已充分定论，全球性变化、近岸海域富营养化、草食性动物的减少是普遍推测的原因，常被认为是珊瑚礁退化的主要原因（Richard，2001）。涠洲岛珊瑚礁多样性演变过程研究发现，珊瑚礁退化的影响因素主要包括全球性极端气候、区域性气候变化及破坏性的人类活动影响等造成礁石珊瑚的死亡率高（梁文等，2010）。根据本次海底珊瑚礁范围勘测和黄晖等 2005 年 7 月对涠洲岛海域进行的珊瑚礁生态调查结果，涠洲岛造礁石珊瑚的分布面积和活珊瑚覆盖率都大为减少，过去有造礁石珊瑚分布的公山、横岭一带本次调查只发现有零星分布；目前珊瑚分布较好的南部和北港，平均覆盖率也只有 23.8%；而死亡造礁石珊瑚的覆盖率高，平均为 31.4%；造礁石珊瑚的生物多样性很低，每个地方优势种都是单一绝对优势种，而且优势度都在 60% 以上。这些结果反映了涠洲岛的海洋环境有了很大变化，珊瑚礁严重退化（黄晖等，2009）。

3.6.2.5 人类活动成因类

在经济快速发展的今天，海岛岛陆及海底区域的开发利用等人类活动日趋剧烈，码头修建、航道疏浚、海砂开采、环境污染、滥捕滥采等不仅改变了原有的海底地貌，进而改变了水动力条件的平衡，造成了十分严重的地质灾害现象。在本节所述的地质灾害成因中，均掺杂了或多或少的人类活动因素，如外钓山岛海塘的修建、曹妃甸码头的建设、东海岛港池开挖形成的陡坡陡坎，进一步加大了海底滑坡发生的可能性，海底海岸采砂导致的物源匮乏使得海底冲刷日趋严重，水动力条件的破坏使得航道淤积越来越快，环境污染、无序开采和过度捕鱼等给珊瑚礁带了毁灭性的破坏。因此，人类活动在地质灾害的发生机制中所占的比重越来越大。

4 海岛重要地质灾害监测预警体系构建

海岛地质灾害主要有岛陆、岛岸和近岸海底地质灾害。它具备了陆地和海岸带地质灾害的类型，但因其特殊的地理环境又具有自己的特点。如突发性灾害岛陆滑坡，由于受海岛本身规模的制约，灾害规模都相对较小，属于小型滑坡。但海岛滑坡体的物质组成和滑坡类型较为多样，既有土质滑移、也有岩石滑塌；既有自然侵蚀风化所致，也有人工削坡和强降雨引发。这些滑坡或威胁环岛公路，或威胁其周边的人工建筑，或破坏自然景观，造成水土流失等次生灾害。岛岸地质灾害中的海水入侵和海岸侵蚀缓发性灾害因人类开发活动的增加，有增强趋势。

迄今，我国海岸带地质灾害的监测与预警网络还尚未运行，部分地区进行了海水入侵和海岸侵蚀的监测，但还未能到达预警预报的程度。海岛地质灾害兼备陆地和海岸的特点，其致灾机理与调查技术方法的研究比较薄弱，系统的调查与监测工作开展就更少。因此，亟须加强海岛地质灾害监测和预警工作，才能为海岛的开发建设提供技术保障。

本章选择北长山岛、崇明岛和东海岛作为示范海岛，在周期性监测基础上，构建了海岛滑坡、海水入侵和海岸侵蚀 3 种海岛重要地质灾害监测预警系统，并在 3 个岛上应用示范。

4.1 北长山岛滑坡地质灾害监测预警体系构建

北长山岛山体滑坡监测与预警体系主要由监测系统和预警体系构成（图 4.1）。山体滑坡监测系统由实时性监测系统和周期性监测系统两部分构成。实时性监测系统采用恒张力位移传感器和地表位移计测量滑坡体滑动速率，通过中国移动 GPRS 实时传输到预警系统；周期性监测系统包含传统方式、探地雷达、无人机遥感、三维激光扫描和气象指标等监测方式，以每年 2 次为基本频率，暴雨期或滑动速率加剧期增加监测频次，通过获取滑坡体内部结构和形态变化数据，结合气象指标等诱发因素，掌握滑坡体的演化规律和滑动机制。预警指标体系包含滑动速率、滑坡体形态变化、内部结构变化和降雨量等，其中以滑动速率为主要预警指标，各预警指标超过设定的安全阈值，预警平台即通过手机短信、电子邮件和预警平台声光报警等方式实时发布预警信息。

4.1.1 山体滑坡监测系统

4.1.1.1 北长山岛山体滑坡实时监测系统

北长山岛山体滑坡实时位移监测系统主要由恒张力位移传感器系统、地表位移计系统、数据采集系统、无线传输系统、数据接收和处理系统 5 部分构成（图 4.2）。

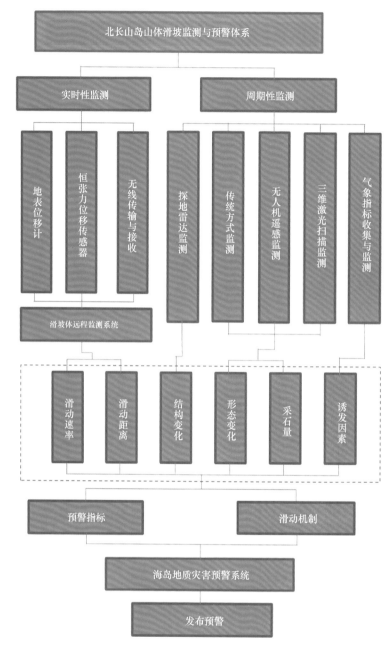

图 4.1 北长山岛山体滑坡监测预警体系构成示意图

恒张力位移传感器系统由位移传感器（图 4.3）、锚桩、支架、钢瓦钢丝、恒张力砝码组成（图 4.4），主要用于山后村滑坡体顶部裂缝滑动速率监测，共 10 组。锚桩位于滑动山体上，支架位于稳定山体，锚桩与支架之间由钢瓦钢丝连接，钢丝由 35 kg 恒张力砝码拉直，传感器主体固定于支架之上，传感器拉杆与钢丝连接（图 4.5）。当滑动体移动时，通过钢丝带动传感器拉杆位移，导致传感器内部振弦频率发生改变，频率转化为电信号传回采集系统，最后转化为位移物理量。

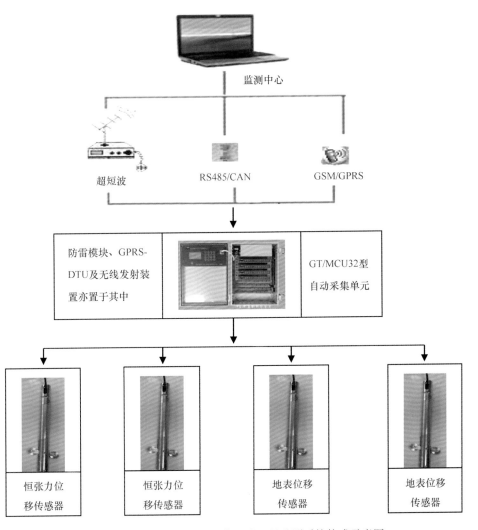

图 4.2 北长山岛山后村山体滑坡远程监测系统构成示意图

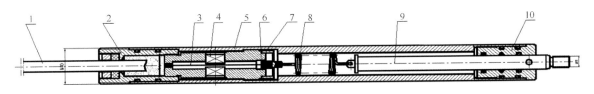

图 4.3 VJ400-200 位移传感器构造

1—频蔽电缆；2—电缆密封系统；3—振弦；4—激振及信号拾取装置；5—密封外壳；6—弦夹持装置；7—感应体；8—拉簧；9—拉杆；10—密封导向体

地表位移计传感器系统由位移传感器、固定点、锚桩、不锈钢杆、保护套管和支撑架组成，共6组（图4.6）。在传感器和不锈钢杆下铺设槽钢支撑架，以消除地面起伏传感器和不锈钢杆自重对传感器的影响。不锈钢杆之间由万向节连接，增设保护套管（图4.7）。锚桩处的滑动通过不锈钢杆传到位移传感器，传感器内部振弦频率发生改变，频率转化为电信号传回采集系统，最后转化为位移物理量。

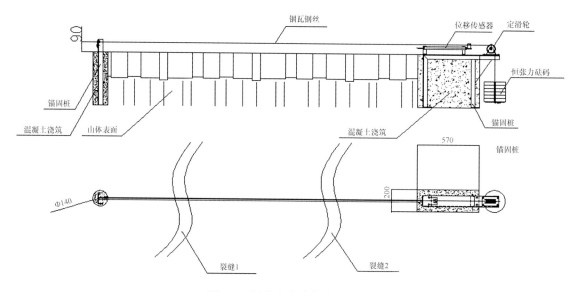

图4.4 恒张力位移传感器系统

图4.5 北长山岛山后村山体滑坡远程监测系统

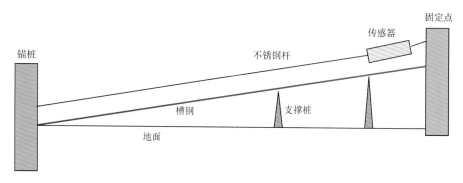

图4.6 地表位移计布设示意图

图 4.7　地表位移计安装效果

数据采集系统：北长山岛山体滑坡数据采集系统采用 GT-MCU-32 分布式自动测量单元（以下简称 MCU-32）。MCU-32 由一个主控器和各种类型传感器采集模块组成（图 4.8），并具有防雷防静电设计。MCU-32 可以工作在自报方式、召测方式、单机存储方式，或者是各种方式的组合，内置的 4 MB 存储器可以存储传感器满接时近 7 000 次采集结果，并且所有存储结果均采用文本方式，不需要借助任何专用软件就可以查看数据，实时的存储器使用情况报告功能方便用户维护存储器。本机数据可以通过串口拷贝到计算机，也可以使用 U 盘拷贝到计算机，增加了单机使用时数据转移的灵活性（图 4.9）。该数据采集系统主要采集恒张力位移传感器与地表位移计振弦频率，一般采集周期设定为 4 h，遇暴雨等特殊情况可缩短采集周期。

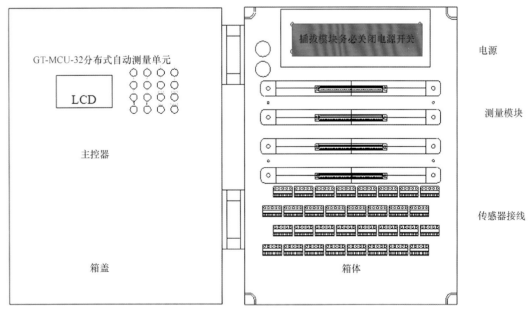

图 4.8　MCU-32 机箱结构示意图

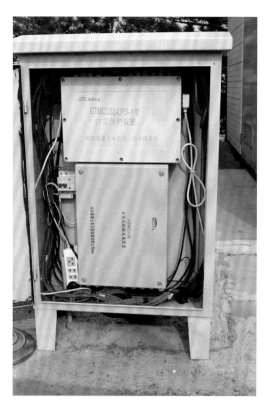

图 4.9 数据采集系统

无线传输系统：采用中国移动 GPRS 传输。

数据接收和处理系统：采用 MCU-32 数据接收与处理软件。软件通过中国移动 GPRS 与采集箱联通后，即可远程操控数据采集系统，可采集实时数据亦可读取历史数据（图 4.10）。采集系统只是接收传感器的振弦频率数据，数据采集后传回接收和处理软件，由 MCU-32 软件处理成位移物理量（图 4.11）。

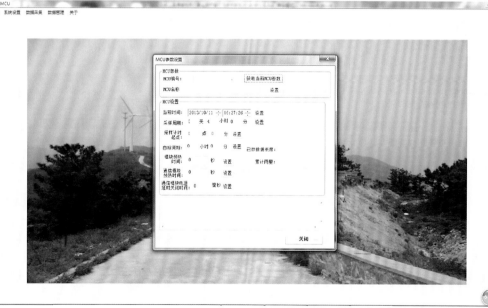

图 4.10 软件远程控制界面

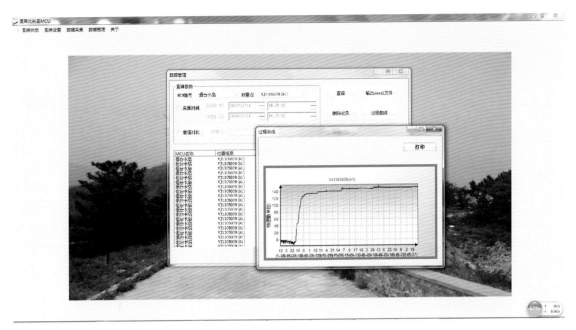

图 4.11　数据处理界面

4.1.1.2　北长山岛滑坡周期性监测系统

1）无人机遥感周期性监测系统

在前期海岛地质灾害普查踏勘的基础上，北长山岛地质灾害无人机遥感监测岸段选择了采石滑坡崩塌比较严重的山后村滑坡体。山后村岸段全长约 700 m，岸段由于山底采石引起的海岸山体滑坡、崩塌灾害严重，对距采石滑崩区不远的风力发电风车的安全产生较大影响，在未采挖区，植被发育较好。

在获取高重叠度无人机图像基础上，通过图像质量目视检查，挑选图像质量好、具有一定的重叠度（50%以上）的无人机图像开展无人机遥感图像处理。图像处理技术主要包括图像同名特征点检测与匹配技术、数码相机畸变校正、区域网光束法平差、三维点云数据生成与滤波处理、图像定向以及图像拼接等技术方法，图 4.12 为无人机正射图像处理的主要流程。

（1）无人机图像挑选与增强处理。在满足图像重叠度等条件下，挑选色调柔和、无明显模糊和重影的图像。当图像亮度与对比度不足的情况下，需对无人机图像进行图像色调与亮度增强处理。

（2）无人机图像特征点提取与匹配。图像特征点提取与匹配是图像处理的一个重要环节。受风和无人机平台自身操控特性的影响，无人机图像姿态不稳定，航偏角变化大，图像特征点提取宜采用尺度不变的特征算法。对所提取的图像特征点，利用特征点相似性判别度量（如距离）进行两两匹配，剔除错误的匹配点，实现图像特征点的精确匹配。

（3）无人机图像区域网光束平差与优化。对精确匹配的特征点，采用区域网光束平差方法，通过最小化地面控制点与像点间的投影误差优化。在此基础上进行数码相机畸变校正，获取相机镜头定标参数以及每张图像的内外方位参数。同时构建区域三维点云数据，并进行点云滤波处理，剔除不需要与错误点云数据。

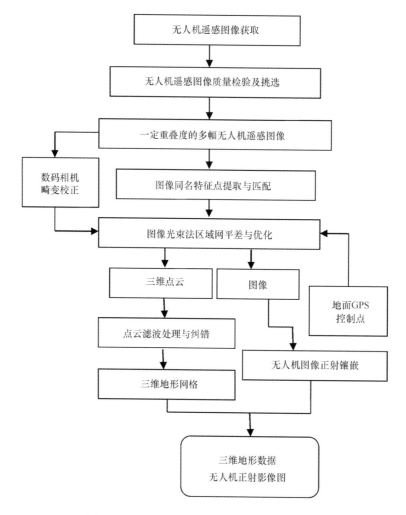

图 4.12 四旋翼无人机遥感图像处理技术流程

（4）构建三维地形网格模型。在三维点云的基础上，构建区域三维地形网格模型。获取调查区域三维地形网格数据；同时在无人机图像定向的基础上，开展无人机正射图像的拼接镶嵌处理，获取无人机正射影像。

项目组分别于 2012 年 6 月和 2013 年 8 月 2 个时间段利用低空四旋翼无人机遥感系统开展了北长山岛山后村地质灾害监测岸段的飞行作业（图 4.13）。其间同步开展了影像全站仪和三维激光扫描测量，为无人机三维高程反演精度验证提供参考数据。

在前期现场踏勘和确定无人机监测范围的基础上，利用无人机专用的软件进行无人机飞行航线规划，对无人机的飞行路径、控制方式、飞行高度、飞行速度、航旁向重叠度等主要技术参数进行设定（图 4.14）。图 4.15 为获取的北长山岛监测岸段内典型海岸滑坡崩塌地质灾害的无人机单张图像，从图中可以看出，利用低空无人机遥感技术可清晰获取海岛地质灾害监测岸段的地面高分辨率图像资料，获取的图像地面分辨率高（飞行高度 200 m 时，分辨率可达 5 cm 左右），海岸地质灾害现象清晰可见。

图 4.13 北长山岛监测岸段无人机遥感监测现场工作照片

（a）无人机安装；（b）无人机起飞；（c）地面控制点测量；（d）无人机降落

图 4.14 北长山岛山后村滑坡体的无人机航线规划

在无人机飞行作业前，按照地面控制点布设原则，利用 50 cm×50 cm 的地面标志板在北长山岛的 3 个监测岸段内分别布设了若干个地面控制点。在无人机飞行作业结束后，利用高精度 CORS GPS 对这些地面控制点进行平高测量，作为无人机图像后续正射处理与三维高程信息反演的平面高程校准数据（表 4.1 至表 4.2）。

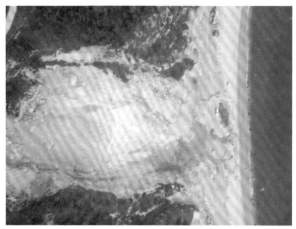

图 4.15　山后村岸段采石引起的滑坡崩塌

表 4.1　北长山岛监测岸段的无人机飞行作业主要技术参数

设计飞行高度	200 m	水平飞行速度	4 m/s
垂直飞行速度	1.5 m/s	飞行控制方式	航线自主导航
拍摄方式	正射（近垂直）拍摄	拍摄时间间隔	2~4 s
起飞方式	垂直起飞	降落方式	垂直降落/人工手接
载荷	Pentax Option A40 相机	相机像素大小	1 200 万
航向重叠度	>60%	旁向重叠度	>30%

表 4.2　北长山岛监测岸段无人机遥感监测及图像获取情况

序号	监测海岛	作业时间	影像获取	数据处理
1	北长山岛	2012 年 6 月	起降 4 个架次，共获取近 700 张无人机图像	图像正射处理 三维高程信息
2	北长山岛	2013 年 8 月	起降 3 个架次，共获取近 500 张无人机图像	图像正射处理 三维高程信息

（5）正射图像拼接与三维高程信息提取。在获取北长山岛 3 个监测岸段高重叠度无人机图像与一定数量 GPS 地面控制点的基础上，利用前述的低空无人机遥感图像处理技术，分别处理获取了北长山岛 2012 年 6 月和 2013 年 8 月监测岸段的无人机正射拼接图像以及对应时期的三维高程信息（图 4.16 和图 4.17）。正射图像与高程信息采用 WGS-84 坐标系，投影采用 UTM 投影，中央经线123°，正射图像像元空间分辨率重采样为 10 cm。高程信息采用栅格（Raster）形式表达，网格大小重采样为 0.5 m。北长山岛监测岸段正射图像校正以及三维高程反演精度中误差（RMS）统计如表 4.3 所示。从表可知，北长山岛监测岸段两个时期的正射图像平面与高程中误差都在 20 cm 左右，精度较高。

.

表 4.3　北长山岛山后村岸段正射图像校正以及三维高程反演精度中误差（RMS）统计

时相	X_{rms}（m）	Y_{rms}（m）	Z_{rms}（m）
2012 年 6 月	0.107	0.239	0.213
2013 年 8 月	0.162	0.159	0.240

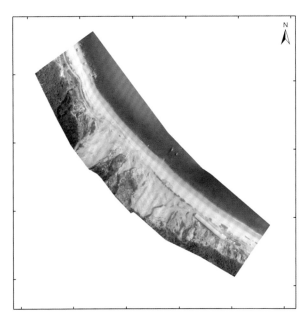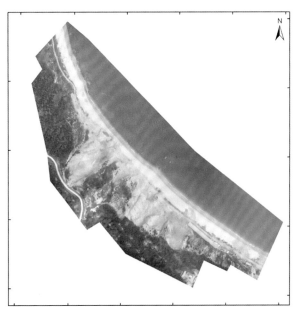

图 4.16　北长山岛山后村岸段 2012 年 6 月（左）和 2013 年 8 月（右）正射图像

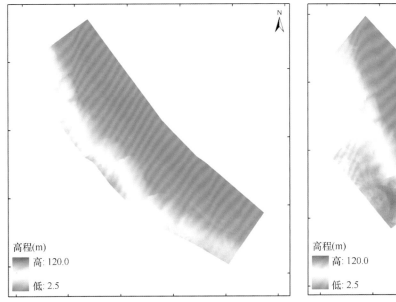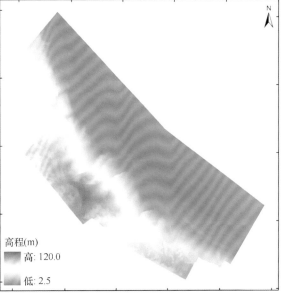

图 4.17　北长山岛山后村岸段 2012 年 6 月（左）和 2013 年 8 月（右）三维高程信息

2）三维激光扫描周期性监测系统

三维激光扫描技术是基于地面平台的一种通过发射激光来获取被测物体表面三维坐标和反射光强度的非接触式主动测量技术。通过对其周期性采集的海量点云数据进行处理，建立被测地质体的三维数字模型，对地质体形态周期性变化进行定量化分析，掌握地质体形态变化特征和机制。

2012 年 3 月，根据北长山岛地质灾害普查和实地踏勘结果，开始对北长山岛山后村山体滑坡建立三维激光扫描周期性监测系统。2012 年 6 月和 11 月，采用 TOPCON IS 影像全站仪对滑坡体进行了两次周期性监测（图 4.18 至图 4.20）。监测结果表明，山后村滑坡整体宽度约 320 m，平均高度80 m；主滑坡位于最北端，宽约 70 m，高 90 m，坡度为 65°。

图 4.18　影像全站仪扫描作业

图 4.19　TOPCON IS 影像全站仪扫描区域影像

2013 年，扫描周期性监测系统开始采用 Leica Scan Station C10 三维激光扫描仪，在扫描精度、效率、数据处理等方面均有了很大的提升（图 4.21 至图 4.23）。2013 年 4 月、8 月和 11 月分别对山后村滑坡体进行了 3 个周期性扫描监测。

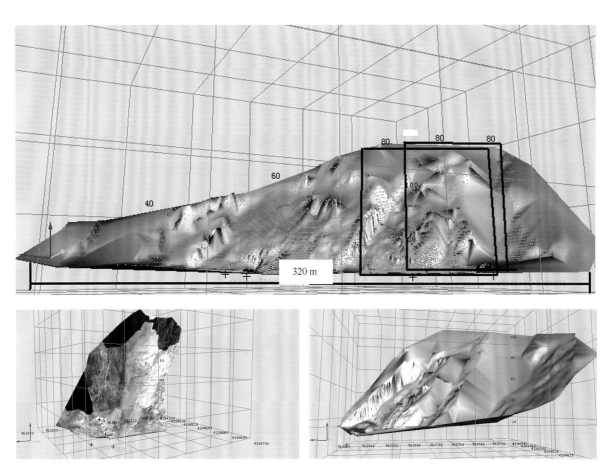

图 4.20   山后村滑坡体影像全站仪扫描结果

（上：山后村滑坡体整体；下左：2012 年 6 月；下右：2012 年 11 月）

 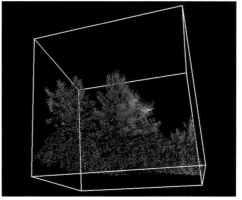

图 4.21   三维激光扫描仪作业（左）三维激光扫描仪扫描细节（右）

2012 年 6 月至 2013 年 11 月，北长山岛三维激光扫描周期性监测系统，前期采用 TOPCON IS 影像全站仪，后期采用 Leica Scan Station C10 三维激光扫描仪，共获得监测区域 2 年 5 个周期的监测数据。具有精度高、速度快、范围大、易操作等技术优势的三维激光扫描周期性监测系统，在北长山岛山体滑坡监测中发挥了重要的作用。

图 4.22　山后村滑坡区三维激光扫描区域纹理

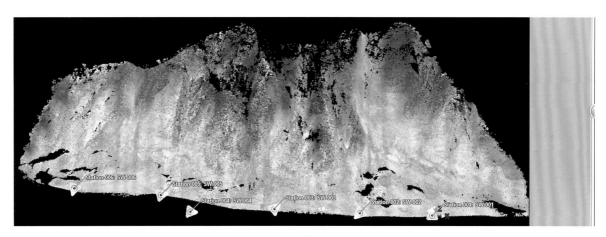

图 4.23　山后村滑坡体三维激光扫描结果

4.1.2　山体滑坡预警体系

滑坡地质灾害预报预警即是根据滑坡地质灾害的发生规律与地质构造、地形地貌等滑坡产生的基本因素以及降雨、人类工程活动等主要因素的关系，选择合适的预警方法，制定恰当的预警指标，根据预警指标值的变化，预测滑坡发生的概率、时间、空间等规律，并依此发布灾害预警信息。

预警方法的选取应综合考虑引起滑坡的成因和主要影响因素。常用的滑坡预警指标有滑坡位移量、位移速率、位移加速度、降雨量、裂缝发育情况和其他综合指标等。

4.1.2.1　预警方法

空间识别滑坡通常用于确定滑坡发生或潜在发生的危险区域，并发布预警信息，其主观性较强，不能准确判断出滑坡体稳定性，以及滑坡发生的危险时期。而滑坡状态预警方法主要侧重于滑坡体处于临界状态的变化标志，通过多种方法确定相关预警指标，根据滑坡体在不同临界状态下预警值的变化确定阈值，并以此为依据发布预警信息。通过建立模型、经验公式以及资料统计等方法，确定如下 3 种预警指标。

1）日降雨量

选取滑坡位移变化较为严重区域的 A5 传感器为判定标准，观测其在 2013 年 7 月 11 日至 2013 年 8 月 10 日降雨现象频繁发生时间段内滑坡滑动距离与降雨量关系（图 4.24），可以发现，滑坡位移值与日降雨量有着较强的正相关性，并且位移值相对于降雨量的变化有 2~3 d 的延后期。

图 4.24　滑坡位移值与日降雨量的关系

以 ABAQUS 为计算平台，建立 A5 传感器所对应剖面的有限元模型（图 4.25），通过有限元强度折减计算方法对滑坡体安全系数进行计算。在有限元计算分析中，按照式（4.1）、式（4.2），不断增加折减系数来改变岩体的强度参数，并代入有限元模型中进行计算，找到滑坡发生的"临界状态"，该状态时的折减系数即为安全系数。

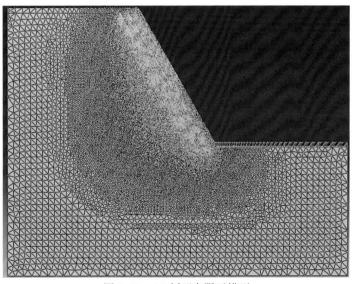

图 4.25　A5 剖面有限元模型

$$\tau = \frac{c + \sigma \tan\varphi}{F} = \frac{c}{F} + \sigma\frac{\tan\varphi}{F} = c' + \sigma\tan\varphi' \tag{4.1}$$

$$c' = \frac{c}{F}, \quad \varphi' = \arctan\left(\frac{\tan\varphi}{F}\right) \tag{4.2}$$

式中，τ 为抗剪强度；σ 为剪切面上的法向压应力；F 为强度折减系数；c、φ 为岩土强度参数黏聚力和内摩擦角。

研究区域岩体及结构面力学参数的取值参照《建筑边坡支护规范》，如表4.3所示。

表4.3　计算采用的岩体物理力学参数

材料名称	抗剪强度		弹模 E（MPa）	泊松比	重度 γ（KN/m³）
	c（kPa）	φ（°）			
强风化岩层	120	24	100	0.25	19
中风化岩层	1 000	38	1 000	0.2	26
软弱结构面	60	24	10	0.3	25

本文对于滑坡发生"临界状态"的主要依据为有限元软件计算是否收敛，不收敛即为滑坡失稳（赵尚毅，2005；GriffithsDV，2004；DawsonEM，1999）。

以A5传感器监测数据值为基础，找出每一个折减系数与滑坡体累积位移的对应关系，并以位移为中间量，结合研究区日降雨量与滑坡位移日变化量图像，将日降雨量与滑坡强度等效折减系数联系起来；在此基础上，将表4.3中的黏聚力和内摩擦角与相应的折减系数依照式（4.2）进行折减，带入ABAQUS软件中进行计算得到对应的强度储备安全系数，结果如表4.4所示。

表4.4　日降雨量与等效折减系数及滑坡安全系数的对应关系

日降雨量（mm）	0	4	7	11	15	22	32	45	57	80
等效折减系数	1	1.15	1.28	1.43	1.46	1.73	1.79	1.86	1.89	1.94
滑坡安全系数	2.15	2.03	1.94	1.69	1.48	1.25	1.19	1.16	1.08	1.05

通常认为当滑坡安全系数 F 等于1或者接近于1时，滑坡处于发生的临界状态；当 F 大于1时滑坡体处于相对稳定的状态；当 F 小于1时，滑坡体不稳定，滑坡现象随时可能发生。根据表中数据可以发现，日降雨量达到80 mm时，安全系数 F 等于1.05，滑坡处于临界状态，应发布红色预警信息；同时从表中可以看出，日降雨量在0～22 mm范围内时，滑坡安全系数变化比较明显，当大于22 mm时，其变化幅度降低，安全系数趋于平稳状态。这表明，该降雨量值为"临界点"，对安全系数变化影响较大，所以，当降雨量达到22 mm时应发布橙色预警信息。

2）滑动速率

北长山岛降雨情况随季节变化明显，与降雨量对应，滑坡体位移变化主要集中在7—8月。通常认为当滑坡体处于相对稳定状态时，季节性降水对其影响较小，滑坡体状态不会发生剧烈变化；

当滑坡体处于发生的临界状态时，位移值、位移速率会随季节性降雨量的变化而变化，其明显变化特征、变形现象和标志可作为滑坡状态预警判据（吴树仁，2004）。图 4.26、图 4.27 为 A5 传感器在 2013 年 7—8 月累积位移曲线和位移日变化曲线。

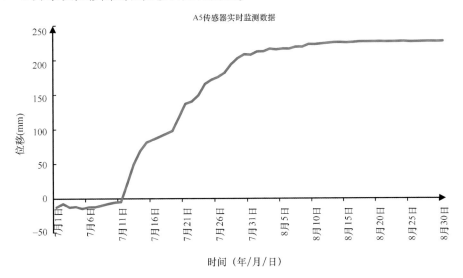

图 4.26　2013 年 A5 传感器累积位移曲线

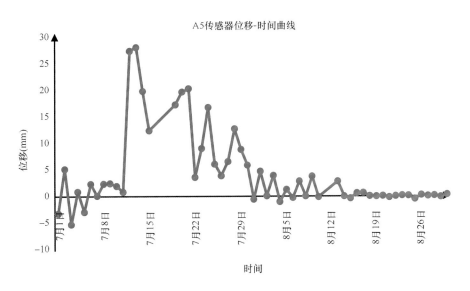

图 4.27　2013 年 A5 传感器位移日变化曲线

基于上述滑坡状态预警指标的选取方法以及监测曲线的变化规律，可以归纳出以下预警判据：①滑坡体位移随季节变化明显，且滑动速率每月超过 100 mm；②日滑动速率突然剧烈增加，并且数值连续 10 d 以上大于 10 mm。当同时满足上述两条判据时，需发布红色预警信息；满足其中一条判据时，发布橙色预警信息。

3）累积位移量

前人通过研究大量的监测资料，对多个处于临界状态滑坡体的累积位移量变化情况进行分析，得到如下结论：不同滑坡体临界状态的累积位移值不同，且差异比较明显，单从累积位移值大小并不能准确地发布预警信息。为了表明滑坡体本身特征，将累积位移值与滑动方向上滑坡体长度作比值，用百分数表示，来确定滑坡体变化，通常临界状态下位移比为 0.4%~0.8%（吴树仁，2004）。

研究区域主滑坡体宽约 70 m，高约 90 m，滑动方向上滑坡体长度约为 50 m，依照上述结论可以计算得出当滑坡累积位移量为 0.2~0.4 m 时，滑坡处于临界状态，发布橙色预警信息；当滑坡累积位移值大于 0.4 m 时，滑坡处于危险状态，发布红色预警信息。

4.1.2.2 预警结果

1）降雨量预警

根据降雨量模型指标，日降雨量达 22 mm 为黄色预警（安全系数 $F_s = 1.25$）；日降雨量达 54 mm 为橙色预警（安全系数 $F_s = 1.10$）；日降雨量达 80 mm 为红色预警（安全系数 $F_s = 1.05$）。因此，系统于 2013 年 7 月 11 日发布红色预警；7 月 19 日发布橙色预警；12—13 日、20 日、22—23 日、26—28 日和 31 日共发布了 9 次黄色预警，暴雨期累计发布预警 11 次（图 4.28）。

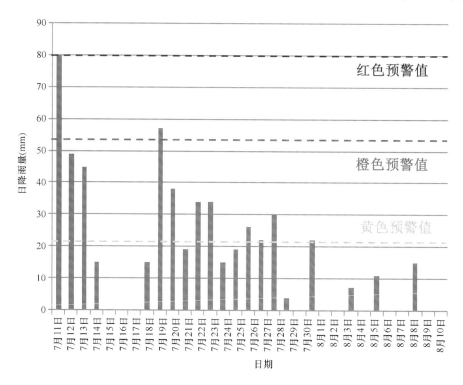

图 4.28　2013 年降雨量预警发布

通过滑动距离与当地降雨量的对比发现，滑坡滑动距离与当地的降雨量有着很强的正相关性，属于小雨小滑、大雨大滑，直至结束的状态。其中，2013 年 7 月 8—13 日降雨量为 190 mm，导致滑坡滑动 5~8 cm；22—28 日，降雨量超过 150 mm，滑动 5~7 cm。而滑动的发生较降雨时间具有延后性，因此降雨量预警可根据天气预报发布 48 h 及更早期的提前预警，或在降雨后发布更为准确的提前预警。

2）山体滑动距离预警

监测预警体系构建完成之后，滑动距离实时监测设备运行良好。2013 年 7 月 10—21 日，滑坡体累计滑动 22 cm。其中 7 月 11—13 日滑动 8 cm，滑坡体处于快速滑动状态，系统随即发布预警并提供给北长山乡人民政府和长岛风电公司严密防控；7 月 22—28 日，滑坡滑动 7 cm，滑坡体仍处于快速滑动状态，顶部岩石崩塌严重，系统再次发布预警，当地部门采取了禁止通行和设立防护网的措施。8 月后，滑坡处于稳定状态，监测预警体系保持持续监测。

4.2 崇明岛海水入侵地质灾害监测预警体系构建

崇明岛海水入侵灾害监测预警体系由监测网络和预警体系构成（图 4.29）。海水入侵监测体系由实时性监测和周期性监测体系组成。其中实时性监测参数有浅层水的温度、水位和电导率；周期性监测参数有浅层水的氯离子、矿化度和水位。通过长期的监测，建立电导率与氯离子转换模型，并输入到海水入侵远程监测系统中。系统动态监听海水入侵动态监测网络传回的实时监测数据，在对数据进行质量检查后，将数据存储到数据库中。对于实时数据，系统自动根据预设的阈值进行判断。如果超出阈值，则通过声、光、邮件等方式向用户发送报警信息。

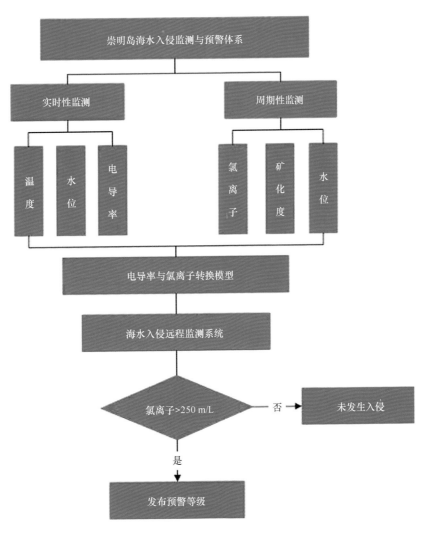

图 4.29　崇明岛海水入侵监测预警体系构成示意图

4.2.1 海水入侵监测网络

4.2.1.1 常规监测

监测内容包括：水位、氯离子浓度、矿化度和电导率，采水设备如图 4.30 所示。其中，水位观测是通过测量监测井静水位埋藏深度得出，即为地面高程减去测量值，用专用水位计或测绳进行测量；氯离子浓度和矿化度监测是使用有机玻璃采水器采集监测井位中 2 m 深度的水样进行分析。海水入侵地下水监测频率为每月 1 次。

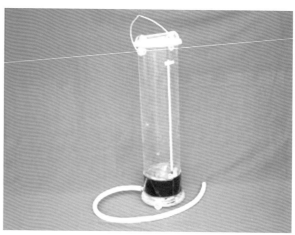

图 4.30　水位测量仪器与采水装置

4.2.1.2 自动监测

采用 CTD 地下水监测仪 CTD-Diver，温度传感器自动记录温度，压力传感器自动记录压力，4 电极电导率传感器测量电导率，各传感器测量参数见表 4.5。监测内容包括日期、时间、温度、压力（水位）和电导率，监测频率设置为 1 h。监测数据通过无线发射设备传输到远程服务器上，无线传输设备是基于 GIS 技术、NET 平台、数据库技术并结合 GPRS 无线传输模块设计完成，系统总体设计图如图 4.31 所示。同时为避免因网络原因造成的数据传输失败，监测数据同时在设备中进行备份，最大存储量为 16 000 组数据，设备如图 4.32 所示。实时监测数据可详细显示地下水位与电导率变化过程，为海水入侵预警模型研究提供数据支持，同时监测数据的显著波动也能明显反映气候变化和人类活动对海水入侵的影响。

表 4.5　传感器参数一览表

指标	温度	压力	电导率
范围	−20~80℃	0~30 m	0~80 ms/cm
误差	±0.1℃	±0.1%	±1%
分辨率	0.01℃	0.6 cm	±0.1%

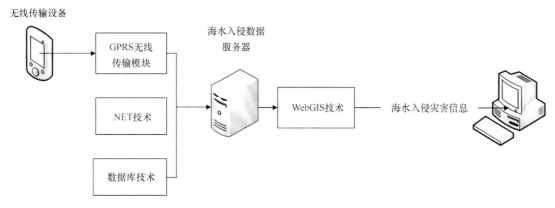

图 4.31 海水入侵监测数据无线传输系统体系结构

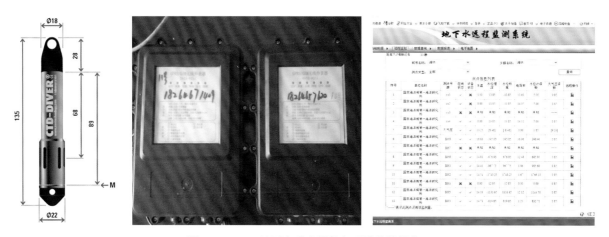

图 4.32 CTD 地下水质监测仪与无线传输设备

4.2.2 海水入侵预警体系

4.2.2.1 预警方法

选取地下水氯离子浓度作为判断海水入侵与否的直接指标。根据自动监测网络的无线传输数据，建立温度、电导率和氯离子浓度的相关关系，进行海水入侵预警评价。

在相同水化学组成以及一定温度下地下水氯离子浓度与地下水电导率呈正相关关系，实验室测定相关系数 $R>0.99$（刘冀闽等，2009），因此，可用地下水电导率表达地下水氯离子浓度。

对 80 个地下水监测仪 CTD-Diver 现场监测的地下水电导率数据，与地下水水样的氯离子测试数据进行相关性分析，相关性系数 $R=0.985$。研究区地下水温度基本维持在 $12\,\text{℃}\sim20\,\text{℃}\pm0.5\,\text{℃}$，温度对电导率的影响按照公式：$L_1=L_0\left[1+\alpha\left(t-t_0\right)+\beta\left(t-t_0\right)^2\right]$ 进行修正，转换为 25℃时电导率。由于受地层影响，不同监测站位地下水化学类型不尽相同，对二者的相关性有一定影响，相关性小于刘冀闽等（2009）实验室测试结果，与其他地区野外实验数据结果基本吻合（王凤和等，2007）。地下水电导率表达地下水氯离子浓度描述统计值如表 4.6 所示。通过 SPSS 软件建立崇明岛 15℃时地下水氯离子浓度与地下水电导率的回归方程。

表4.6 地下水电导率、氯离子浓度描述统计

	样本数（个）	平均	标准差	最小值	最大值
氯离子浓度（mg/L）	80	461.82	452.306 56	26.55	1 552.00
电导率（ms/cm）	80	2..61	1.832 18	0.52	6.57

图4.33为氯离子浓度和电导率的散点图，图中散点的直线趋势较明显，说明两者呈显著的相关性，故可以在两者之间进行函数拟合并建立回归方程。

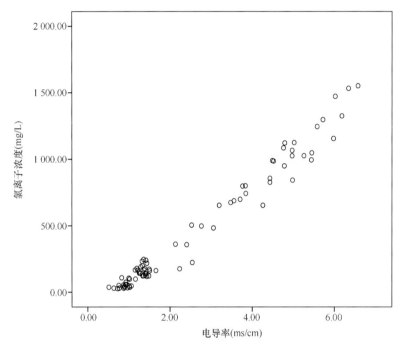

图4.33 地下水氯离子浓度与电导率的散点图

表4.7为两者的拟合优度情况，相关系数 R 为0.945，决定系数 R^2 为0.894，所拟合的回归模型的 F 值为1 904.136，P 值为0.000 1，因此拟合的模型是具有统计学意义的。

表4.7 模型的拟合优度情况及检验结果

模型	R	R^2	估计标准误差	Durbin-Watson	F	Sig.
1	0.985	0.971	77.535 6	1.602	2 610.377	0.000 1

表4.8给出了常数项和系数的检验结果，进行的是 t 检验。可以看出，常数项和自变量电导率均有统计学意义，且 P 值和回归模型的检验结果相等。

表4.8 回归方程系数

	非标准回归参数		标准回归参数	t 检验	Sig.
	B	标准误差			
（常量）	0.763	0.050		15.153	0.000 1
电导率	0.004	0.000	0.985	51.092	0.000 1

图 4.34 为残差直方图，图中添加了正态曲线，图中残差分布较均匀，基本符合正态分布，无极端值出现。图 4.35 为标准化残差的标准 P-P 图，该 P-P 图是以实际观察值的累积概率为横轴，以正态分布的累积概率为纵轴，因此如果样本数据来自正态分布的话，则所有散点都应该分布在对角线附近。从下图可以看出，分布结果正是如此，因此可以判断标准化的残差基本服从正态分布，与残差直方图给出的直观结果一致。

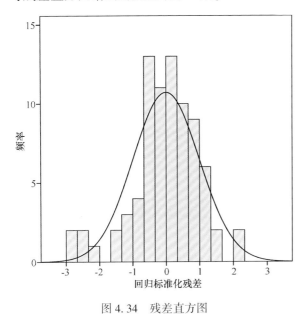

图 4.34　残差直方图

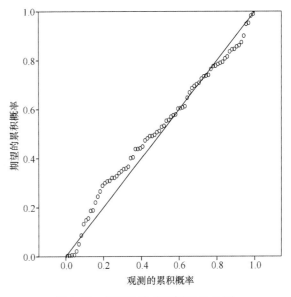

图 4.35　标准化残差的标准 P-P 图

通过 SPSS 软件建立崇明岛地区，25℃时地下水氯离子浓度与电导率的回归方程。电导率（ms/cm）= 0.763+0.004 氯离子浓度（mg/L）（$R=0.985$，$N=80$）。

该方程用于表示崇明岛地区地下水氯离子浓度与电导率关系，将自动监测仪监测的电导率值转化为氯离子浓度。以氯离子 250 mg/L 为崇明岛地区海水入侵的标准，对应的电导率值为 1.76 ms/cm。

地下水氯离子浓度是判断海水入侵的直接指标，根据电导率实时监测结果和海水入侵监测规程对预警等级进行划分见表 4.9。

表 4.9　预警等级分级标准

*I*值取值范围	[∞，4.76]	(4.76，1.76]	(1.76，0]
预警等级分级	4 级	2 级	1 级
颜色	红色	黄色	蓝色
描述	高预警等级	中等预警等级	低预警等级

4.2.2.2　海水入侵灾害监测预警结果分析

根据预警分级标准对 4 个自动监测站位进行预警分析（图 4.36），崇东 1#和崇中 1#井位均为高预警等级，崇东 2#井位介于中等预警等级与低预警等级之间，崇东 3#井位为低预警等级。该结果分析与崇明岛地区海水入侵现状基本一致。

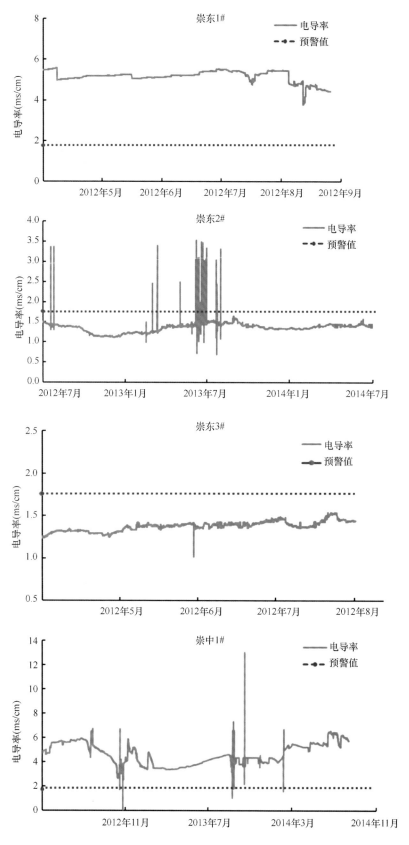

图 4.36　4 个自动监测站位进行预警分析

4.3 东海岛海岸侵蚀地质灾害监测预警体系构建

东海岛海岸侵蚀地质灾害监测预警体系包括监测体系和预警体系两部分（图4.37）。东海岛海岸侵蚀监测体系由卫星遥感监测系统、无人机遥感监测系统、滩面变化监测系统、沉积物粒度参数监测系统和三维激光扫描监测系统5个监测系统构成。东海岛海岸侵蚀监测体系以周期性监测为主，对监测区进行了2次/年×2年共计4次的周期性监测，获得了监测区海岸冲淤变化特征及发展趋势，对及时预警提供了基础数据支撑。系统根据数据库存储的周期性监测数据，对预设的阈值进行判断，如果超出阈值，则通过声、光、邮件等方式向用户发送报警信息。

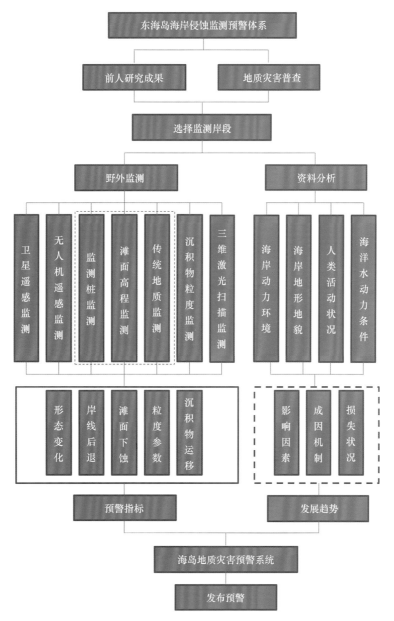

图4.37 东海岛海岸侵蚀监测预警体系构成

4.3.1 海岸侵蚀监测体系

4.3.1.1 卫星遥感监测系统

卫星遥感监测系统对岸线变化研究具有十分重要的作用。我们采用了 2000 年、2006 年和 2013 年共 3 期东海岛卫星遥感图像，分别对 3 期卫星遥感影像进行了预处理、数据解译、岸线提取和对比分析，研究和分析了 2000—2013 年期间东海岛岸线变化情况，对不同岸段的侵蚀速率进行了计算。

4.3.1.2 无人机遥感监测系统

在卫星遥感解译的基础上，无人机遥感技术对局部岸段和特征目标物的监测具有更高的分辨率。在 2012 年 12 月和 2014 年 4 月对东海岛监测岸段进行了 2 次周期性监测。

在获取高重叠度无人机图像基础上，通过图像质量目视检查，挑选图像质量好、具有一定重叠度（50% 以上）的无人机图像开展无人机遥感图像处理。图像处理技术主要包括图像同名特征点检测与匹配技术、数码相机畸变校正、区域网光束法平差、三维点云数据生成与滤波处理、图像定向以及图像拼接等技术方法。

项目组分别于 2012 年 12 月、2014 年 3 月和 2014 年 4 月共 3 个时间段利用低空四旋翼无人机遥感系统开展了东海岛地质灾害监测岸段的飞行作业，其中 2014 年 3 月，由于沿岸连续多日的大风天气（平均风速大于 8 m/s），考虑到图像质量与飞行安全，无法完成无人机飞行作业，因此于 4 月进行了补充飞行作业。

在前期现场踏勘和确定无人机监测范围的基础上，利用无人机专用软件进行无人机飞行航线规划，对无人机的飞行路径、控制方式、飞行高度、飞行速度、航旁向重叠度等主要技术参数进行设定。图 4.38 为东海岛监测岸段的无人机航线规划。

图 4.38 东海岛监测岸段的无人机航线规划

表 4.10 列出了东海岛监测岸段的无人机飞行作业主要技术参数。东海岛无人机遥感监测共起降 5 个架次，其中 2012 年 12 月起降 3 个架次，2014 年 4 月起降 2 个架次，两个时间段共获取近 1 000 张东海岛监测岸段的高重叠度低空无人机遥感图像。表 4.11 列出了东海岛监测岸段无人机作业及图像获取情况。图 4.39 为获取的东海岛监测岸段内典型海岸侵蚀的两期无人机单张图像。从图中可以看出，利用低空无人机遥感技术可清晰获取海岛地质灾害监测岸段的地面高分辨率图像资料，获取的图像地面分辨率高（飞行高度 180 m 时，分辨率可达 5 cm 左右），岸线及海岸侵蚀现象清晰可见。

表 4.10 东海岛监测岸段的无人机飞行作业主要技术参数

设计飞行高度	180 m	水平飞行速度	4 m/s
垂直飞行速度	1.5 m/s	飞行控制方式	航线自主导航
拍摄方式	正射（近垂直）拍摄	拍摄时间间隔	2~4 s
起飞方式	垂直起飞	降落方式	垂直降落/人工手接
载荷	Pentax Option A40 相机	相机像素大小	1 200 万
航向重叠度	>60%	旁向重叠度	>30%

表 4.11 东海岛监测岸段无人机遥感监测及图像获取情况

序号	监测海岛	作业时间	影像获取	数据处理
1	湛江东海岛	2012 年 12 月	起降 3 个架次，共获取 600 余张无人机图像	图像正射处理三维高程信息
2	湛江东海岛	2014 年 3 月	由于天气预报差异，东海岛沿岸连续多日出现大风天气，无法实施无法作业	无
3	湛江东海岛	2014 年 4 月	起降 2 个架次，共获取近 350 张无人机图像	图像正射处理三维高程信息

在无人机飞行作业前，利用 50 cm×50 cm 的地面标志板在东海岛监测岸段内共布设了 9 个地面控制点作为图像正射校正控制点。在无人机飞行作业结束后，利用高精度 CORSGPS 对这些地面控制点进行平面与高程测量。

在获取东海岛监测岸段高重叠度无人机图像与一定数量 GPS 地面控制点的基础上，利用前述的低空无人机遥感图像处理技术，处理获取了东海岛 2012 年 12 月和 2014 年 4 月无人机正射拼接图像（图 4.40）以及对应时期的岸段三维高程信息（图 4.41）。正射图像与高程信息的采用 WGS-84 坐标系，投影采用 UTM 投影，中央经线 111°，正射图像像元空间分辨率重采样为 10 cm。高程信息采用栅格（Raster）形式表达，网格大小重采样为 0.5 m。东海岛正射图像校正以及三维高程反演精度中误差（RMS）统计如表 4.12 所示。从表中可知，东海岛两个时期的正射图像平面与高程中误差都在 20 cm 左右，精度较高。

（a）灯塔附近的砂质岸段后退

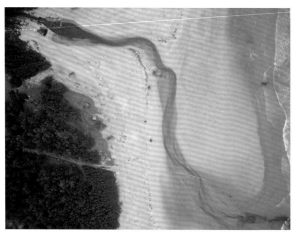

（b）养殖排水导致的岸滩冲蚀

图 4.39　东海岛监测岸段 2012 年 12 月（左）和 2014 年 4 月（右）典型海岸侵蚀图像

表 4.12　东海岛正射图像校正以及三维高程反演精度中误差（RMS）统计

时相	X_{rms}（m）	Y_{rms}（m）	Z_{rms}（m）
2012 年 12 月	0.201	0.248	0.237
2014 年 4 月	0.235	0.168	0.174

4.3.1.3　滩面变化监测系统

滩面变化监测系统包括监测桩监测、滩面高程监测和传统地质监测 3 种监测方法，以监测滩面整体形态和断面高程变化为主。

海岸侵蚀监测区域位于东海岛东北部，监测区内布设 3 个控制断面（图 4.42），并埋设 8 根监测桩（南、北两个断面各埋设 3 根桩，中间断面埋设 2 根桩）。每半年对海岸线位置变化及岸滩地形变化（包括堆积和下蚀）情况进行一次测量，各期测量位置统一（图 4.43）。分别在 2013 年 1 月、2013 年 7 月、2013 年 12 月、2014 年 3 月、2014 年 6 月和 2014 年 9 月完成了 6 次外业测量。

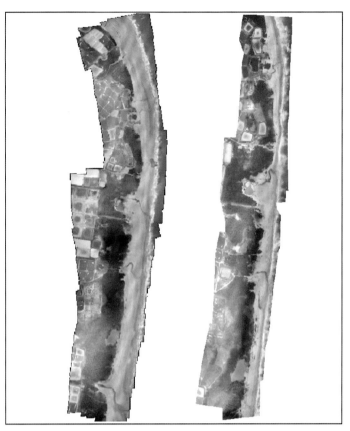

图 4.40　2012 年 12 月（左）和 2014 年 4 月（右）东海岛监测岸段正射图像

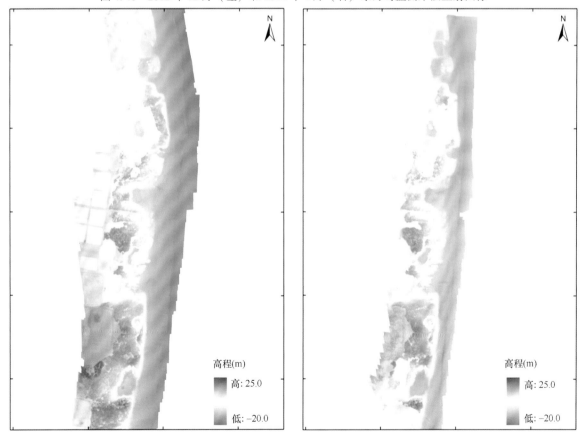

图 4.41　东海岛 2012 年 12 月（左）和 2014 年 4 月（右）监测岸段三维高程信息

图 4.42　海岸侵蚀监测桩剖面

图 4.43　监测桩周期性监测

　　滩面高程测量主要是通过测量既定海滩断面不同时期的滩面高程变化，分析和研究海滩形态变化，研究海岸冲淤变化状况和发展趋势。东海岛海岸侵蚀监测区共布设 6 条海滩监测断面，向陆至后滨风成沙丘坡脚，向海至水边线以深（图 4.44）。

　　2012 年 5 月，在海岛地质灾害普查的基础上，选择东海岛东北部为海岸侵蚀地质灾害重点监测岸段，规划监测方案，布设海滩监测断面。2012 年 12 月、2013 年 7 月、2013 年 12 月和 2014 年 6 月，基于广东 CORS 系统，对东海岛 6 条海滩监测断面进行了 2 年共 4 次周期性监测任务，精度为厘米级，获得了监测区海滩断面高程的周期性变化情况，为分析和研究海岸冲淤状况提供了数据支撑。

4.3.1.4　沉积物粒度参数监测系统

　　东海岛沉积物粒度参数监测系统通过监测不同时期的沉积物粒度参数，包括平均粒径、中值粒径、分选系数等，分析表层沉积物组分变化，研究沉积动力环境变化等对海滩形态和沉积物的影响。该监测主要采用海滩表层沉积物，沿 6 条监测剖面，分别在高滩、中滩、低滩取表层 2 cm 左右的砂质样（图 4.45），每个部位取样 2~3 个，砂样采用筛分法，使用振筛机进行筛分，4 期共分析砂样 141 个。

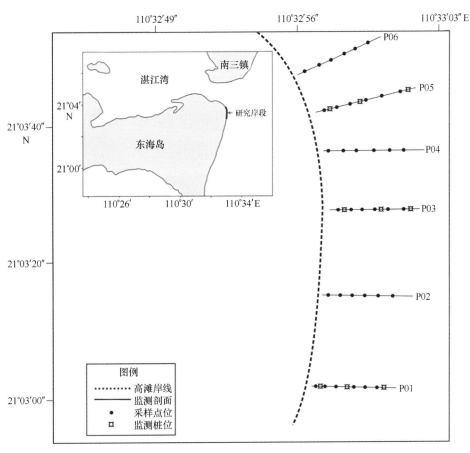

图 4.44　东海岛海岸侵蚀监测断面布设

图 4.45　东海岛沉积物粒度监测取样

4.3.1.5　三维激光扫描监测系统

三维激光扫描技术是基于地面平台的一种通过发射激光来获取被测物体表面三维坐标和反射光强度的非接触式主动测量技术。通过对其周期性采集的海量点云数据进行处理，建立被测地质体的三维数字模型，对地质体形态周期性变化进行定量化分析，掌握地质体形态变化特征和机制。东海岛三维激光扫描系统主要应用于后滨沙丘崩塌陡崖的监测，研究沙体崩塌与海滩断面及海岸侵蚀地质灾害之间的关系。东海岛三维激光扫描监测系统在 2012 年 12 月采用 TOPCON IS 影像全站仪，2013 年 12 月和 2014 年 6 月采用徕卡三维激光扫描仪分别进行了 2 次监测，即 2 年进行了 3 次三维激光扫描监测。后滨沙丘高度 16~20 m，坡度大于 40°，呈逐年后退的趋势（图 4.46）。

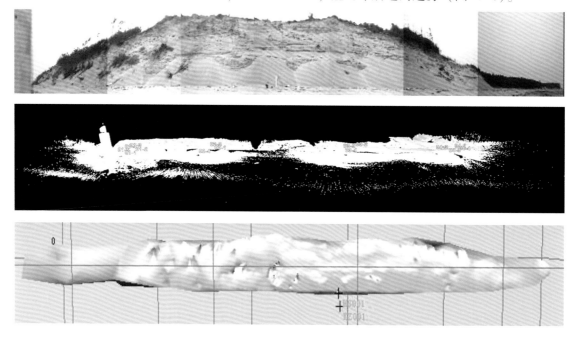

图 4.46　东海岛激光扫描拼图和三维模型

4.3.2　海岸侵蚀预警体系

4.3.2.1　预警方法

海岸线后退预警线：海岸侵蚀预警线的设置主要考虑岸线演变速率（SER）、海平面上升和海岸风暴潮响应这 3 个最重要的影响因子（Ferreira，2000）。

1）岸线演变和未来海岸线位置

为了定量计算岸线演变，首先要确定一条基准线，在此基础上来量度岸线变化。这一条基准线可以是高潮线、海崖边界线、植被线，或者是其他标志性的地貌，可以根据不同的海岸类型和地貌形态来确定，东海岛以海岸沙丘坡脚线为基准线。为了将侵蚀预警线各要素落于图上，把基线定义为 S_0（时间为 0 时候的岸线位置）。如果决定过去和当前海岸线移动变化的各种因素和过程在近期内不发生变化，那么未来的海岸线位置可以通过将岸线演变速率×时间。侵蚀预警线存在一个时间限制，如 10 年、25 年、50 年或 100 年，确定这一时间长度内的海岸侵蚀预警线（本研究中我们选择 50 年）。SER 主要有 3 种情况：侵蚀（岸线后退）；稳定［动态稳定（SER 约为 0）］；淤积（岸线海进）。在岸线后退的海岸地区，50 年海岸预警线的预测公式如下：

$$S_{50} = S_0 + SER \times 50 \tag{4.3}$$

S_{50} 是从 S_0 向陆后退的距离。在海岸线位置显示为动态稳定或淤积的海岸带，海岸侵蚀预警线保持在原基线位置，因为它是未来 50 年所预测的海岸线最向陆的位置，我们所采用的是一种最坏情况假定方法。这一简单方法假定长期岸线变化的主要影响因素在所选择的时间范围内不发生变化。

2）海平面加速上升（ASLR）的调整

因为岸线后退速率受海平面上升影响，所以式（4.3）所得到的海岸线后退（S_{50}）已经包括目前的海平面上升趋势效应。然而，S_{50}并没有考虑在未来50年时间内的海平面加速上升。对于海平面加速上升所造成的海岸额外侵蚀的调整是可以实现的。知道某个地区现在的海平面上升速率（SLR_P）和未来50年的海平面上升预测值（SLR_{50}），就可以得到海平面加速上升造成的调整值（SLR_a）。

$$SLR_a = SLR_{50} - SLR_p \times 50 \tag{4.4}$$

式中，SLR_a为海平面上升速率调整值；SLR_{50}为未来50年的海平面上升预测值；SLR_P为目前的海平面上升速率。

如果海平面上升趋势在未来50年一直保持不变，根据这个值通过应用Brunn法则可以用于得到岸线后退值（R_a）。

$$R_a = (SLR_a \times L)/(h + D) \tag{4.5}$$

式中，SLR_a为海平面上升速率调整值；L为活动海滩剖面的水平距离；h为海滩沙在浪场运动的深度；D为滩肩高度（或其他侵蚀区高程估计）。

发生后退或保持动态稳定的岸线，调整后的侵蚀预警线（S_{50c}）可由下式得到：

$$S_{50c} = S_{50} + R_a \tag{4.6}$$

3种不同情况下（淤积，动态稳定和侵蚀）未来50年海岸预警线如图4.47所示。

保持动态平衡的岸线，其$S_{50} = S_0$，已经对海平面加速上升调整过的预警线的向陆距离就等于R_a。对于发生淤积的岸段，确定调整后的预警线有两种可能的情况需要考虑：情况一，如果预测的海岸线向海方向的移动值大于海平面加速上升引起的向陆方向移动的距离，那么S_{50}仍然保持在S_0（50年间岸线最靠陆的位置）；情况二，由于海平面加速上升（ASLR）引起的侵蚀量（R_a）大于预测的50年内的岸线向海方向的位移（S_{S50}），海岸侵蚀调整可以通过下式给出。

$$S_{50c} = S_0 + R_a - S_{S50} \tag{4.7}$$

式中，S_{50c}为后退量更大的海岸侵蚀预警线位置；S_0为原来的海岸线位置；R_a为海平面加速上升（ASLR）引起的侵蚀量；S_{S50}为50年来的岸线向海方向的位移。

以上步骤假设将来岸线演变速率等于近期以来的岸线演变速率，将海平面加速上升所引起的额外侵蚀量增加之后，就可以得到海岸线在50年内的大致估计位置（陆勤，2011）。

3）极端风暴影响的估计

除了长期的海岸演变趋势外，还要考虑风暴的作用。极端事件（风暴潮、飓风）的发生往往造成岸线的剧烈变化，因此在描述短期的海岸线起伏变化时必须充分考虑这些事件的影响。不过从长期来看，这些极端事件并没有直接控制海岸线的变化。因为这些变动是与长期过程，如海平面上升（或下降）和沉积物供给变化有关。上面得到的侵蚀预警线（S_{50}和S_{50c}）已经考虑了50年来风暴的平均影响，它包括了岸线的短期波动，因为在风暴作用之后海岸往往会自我调整恢复。但是我们对侵蚀预警线的设置不只是为了确定50年后的岸线位置，也为了确定海岸侵蚀灾害可能发生的范围，因此要考虑极端风暴影响下发生的最坏情况。通过对短期的海岸线后退和极端风暴可能引起的冲越流的泛滥等方面的分析，可以对原来已经确定的海岸侵蚀预警线做进一步调整。

Kriebel等（1997）通过长期对Delaware附近海岸剖面观察与测量，提出了如下经验公式对风暴潮造成的岸线后退进行估计（Kriebel et al.，2010）。

$$I = HS \left(\frac{t_d}{12}\right)^{0.3} \tag{4.8}$$

式中，I 为风暴潮引起的海岸后退量（ft）；H 为近岸波高（ft）；S 为风暴增水（ft）；t_d 为风暴潮持续时间（h）。

选取历史以来风暴潮引起的最大波高、风暴增水和持续时间作为未来 50 年最大风暴潮的可能发生值，来计算不同海岸带最大风暴作用下的岸线后退量。

通过以上方法计算得到 50 年周期风暴所引起的岸线后退值（I），并增加到 50 年海岸预警线 S_{50c} 后得到包括风暴潮作用在内的海岸侵蚀预警线 S_{50s}（图 4.47（c））。

$$S_{50s} = S_{50c} + I \qquad (4.9)$$

极端风暴可能发生在这 50 年期间的任何时候，按照最坏情况假定，我们将岸线后退量增加在岸线位置最靠陆地的方向（图 4.47（c））。

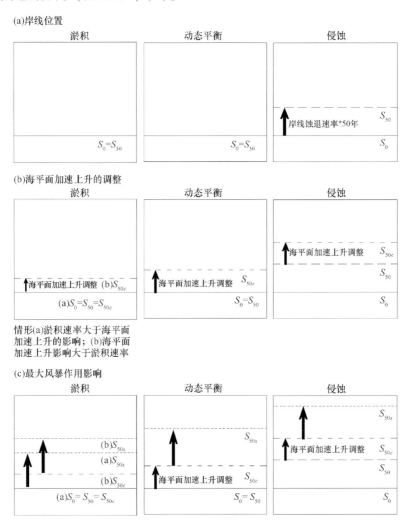

图 4.47　淤积、动态稳定和侵蚀 3 种情况下未来 50 年海岸预警线示意图

4.3.2.2　东海岛海岸侵蚀预警结果

1）海岸侵蚀趋势

P01 监测剖面位于监测沙滩最南端，下蚀速率达到 0.66 m/a，低滩与高滩下蚀速率相对较慢，下蚀速率为 0.1～0.2 m/a。后滨风成沙丘处于缓慢后退，后退速率约 0.4 m/a。2014 年 7 月，台风

"威马逊"直接登陆湛江市,造成该处沙丘严重后退达 11 m,高滩下蚀达 0.7 m,崩塌的沙体堆积于中滩,厚度达到 0.7 m。

P03 监测桩剖面位于监测区中部灯塔附近,后滨沙丘突入海中呈"岬角"状。2013 年 7 月至 2014 年 6 月,该处滩面下蚀 0.3 m,下蚀速率达到 0.3 m/a。后滨沙丘处于后退状态,后退速率达到 4 m/a。2014 年 7 月台风"威马逊"造成该处沙丘后退 18.9 m,滩面下蚀 0.7 m。

P05 监测剖面位于监测沙滩最北端,正常条件下,低滩处于下蚀状态,中、高滩基本稳定。2014 年 7 月台风"威马逊"造成该处高滩下蚀 0.6 m,沙丘后退 15.9 m。

整体监测结果表明,东海岛东北侧海岸监测区砂质岸线整体处于侵蚀后退和滩面不断下蚀的状态,岸线后退速率为 0.4~0.8 m/a,而以灯塔附近为典型的局部岸段,因为呈"岬角"状突入海中,遭受侵蚀非常严重,后退速率可达 4.0~10 m/a,最大后退速率达 17 m/a。滩面高程下蚀速率为 0.1~0.3 m/a,最大下蚀速率可达 0.66 m/a。

根据预警指标参数和就高不就低的原则,东海岛海岸侵蚀监测区正常天气条件下岸线后退速率为 4 m/a,滩面下蚀速率为 0.66 m/a,台风登陆期间遭受更为严重的冲蚀,后退和下蚀速率均大大超过严重侵蚀预警指标。因此,监测区岸段属于严重侵蚀岸段(图 4.48)。

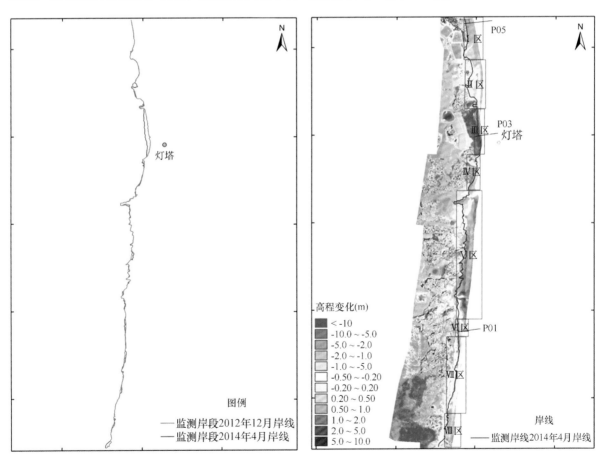

图 4.48 东海岛海岸侵蚀监测区岸线后退和滩面高程变化

2）海岸线后退 50 年预警线

（1）初始岸线位置 S_0。根据东海岛监测区的地貌调查和观测分析，选择海岸沙丘坡脚线作为确定海岸侵蚀预警线的基准线。该线能反映海岸不同动力地貌的转变，并且不存在短期波动变化，可以描绘初始岸线位置 S_0（图 4.49）。

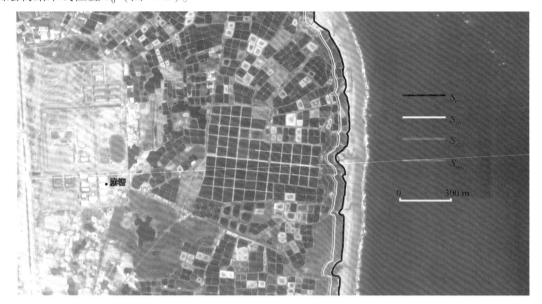

图 4.49　东海岛东北侧监测区海岸侵蚀预警线

（2）50 年蚀退线 S_{50}。首先需要得到该海岸的海岸蚀退速率。根据调查研究结果，结合已有的研究资料，该岸段的平均蚀退速率为 0.8 m/a，岸线后退 40 m，据此来绘制 50 年蚀退线 S_{50}。

（3）海平面加速上升引起的后退量 R_a。从 1980 年到 2013 年，广东沿海海平面总体呈波动上升趋势，平均上升速率为 3.2 mm/a，预计 50 年后海平面上升值为 30 cm，由式（4.4）计算得到海平面上升速率调整值 SLR_a 为 14 cm。

监测区共设置 3 条典型海岸监测剖面来监测海滩剖面形态变化。活动海滩上下限之间为从滩肩到破波带坡度变缓处，通过多次重复测量来确定不同剖面的 L、h 和 D。各剖面的实测值和估计值以及 R_a 的计算值列于表 4.13，以剖面的蚀退值来代表相邻岸段的蚀退量。根据以上结果和假设，绘制 S_{50c}（图 4.49）。

表 4.13　不同剖面基本形态参数统计及海平面加速上升引起的后退值

剖面号	L（m）	h（m）	D（m）	R_a（m）
P1	85	4.2	1.0	2.29
P3	60	4.0	1.5	1.53
P5	90	4.1	1.5	2.25

（4）极端风暴引起的岸线后退量。根据东海岛附近水文站监测数据，获得历史以来风暴潮引起的最大波高为 6.1 m，风暴增水为 4.63 m，假定其持续时间为 8 h，根据式（4.8）可以得到 50 年来最大风暴潮引起的岸线后退量 I 为 25.0 m。最后根据式（4.9）得到该区 50 年的侵蚀预警线 S_{50s}（图 4.49）。

5 海岛地质灾害监测预警辅助决策系统

我国海岛数量众多，类型多样。这些海岛对于发展海洋经济、确定海洋权属、保障国家安全方面具有重要的地位。随着社会和经济的发展，海岛开发和利用的强度也日趋增加，对海岛的生态环境带来了一系列的影响，诸如海水入侵、海岸侵蚀、滑坡等海岛地质灾害现象发生的概率逐渐增大，直接威胁着海岛的可持续发展。

借助先进的动态监测设备和以 GPS、GIS、RS（"3S"）技术为主的空间信息学和对地观测新技术，对海岛综合信息进行快速获取和处理，通过建立不同的海岛地质灾害评价模型和指标体系开展分析和评价，是海岛地质灾害监测和评价的重要手段。由于海岛地质灾害数据的多样性和复杂性，海岛地质灾害评价模型、方法较多，指标体系和技术规程不同，目前，在海岛地质灾害监测工作中，大多集中在理论和技术研究，缺乏专业的分析评价和监测预警工具，制约了海岛地质灾害综合管控能力的提升。

因此，基于海岛地质灾害监测和管控工作的需求，借助于成熟、先进的空间信息技术，设计和开发的海岛地质灾害监测预警辅助决策系统，在对海岛地质灾害数据进行有效管理和便捷获取的基础上，实现数据动态监测、专业分析、评估预测和实时预警等功能，不仅为海岛地质灾害的监测、评价和预警工作提供高效、便捷的辅助决策支撑，而且对于及时、全面地了解海岛地质灾害综合信息，制定出科学合理的海岛保护和规划决策具有重要的意义。

5.1 系统设计

5.1.1 系统总体设计

5.1.1.1 设计目标

海岛地质灾害监测预警辅助决策系统是建立在 GIS 平台基础上，以海岛数据库为基础，以海岛地质灾害信息动态监测、管理、检索、分析、评价、预警和表达为核心的专业应用系统，能够为海岛地质灾害预防和管控提供先进、高效的技术手段，进而推动管理部门更加科学、合理地制定海岛保护、开发和利用等相关政策，促进海岛健康、可持续发展。海岛地质灾害监测预警辅助决策系统应当提供以下 5 个方面的服务。

（1）建立海岛数据库，对包括海岛基础地理信息、自然要素、地质灾害等在内的海岛综合信息进行统一管理。

（2）提供基于文本、地图等多种方式的快速浏览和检索，便于海岛综合数据的获取和使用，进而提高数据使用效率。

（3）对海岛地质灾害动态监测信息进行实时分析和处理，并且能够通过短信、邮件、声音等方式进行预警。

（4）基于不同的评价指标体系和技术规程，能够对各类单体海岛地质灾害（如海岸侵蚀、海水入侵、滑坡等）进行分析、评价和表达。

（5）基于各单体地质灾害评价结果，对海岛地质灾害进行区域性综合评价，并且将评价结果进行可视化表达。

5.1.1.2　系统架构设计

根据海岛地质灾害监测预警辅助决策系统的总体需求和设计目标，系统主要采用3层架构进行设计。3层架构就是将整个业务应用划分为：表现层、业务逻辑层、数据访问层，从而体现"高内聚，低耦合"的设计理念（图5.1）。

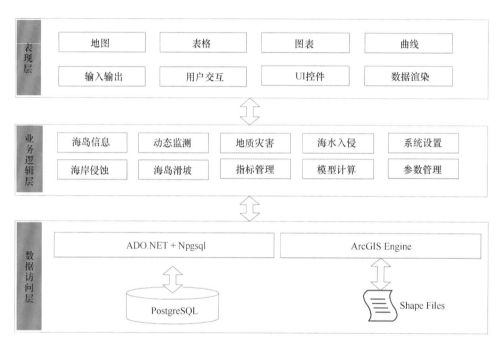

图5.1　海岛地质灾害监测预警辅助决策系统总体结构

表现层主要部署应用系统，通过桌面应用程序向用户提供海岛地质灾害评价和成果表达服务，满足用户的业务需求。表现层位于最外层，离用户最近，用于显示数据和接收用户输入的数据，为用户提供交互式操作界面。表现层基于图形界面的用户应用接口，采用图形用户接口（GUI），进行人机交互操作，实现用户与功能层的对话功能。

业务逻辑层主要基于 GIS 模块、算法/模型和数据接口，实现海岛综合信息查询、地质灾害动态监测、单体评价、综合评价等业务逻辑处理。同时，负责连接底层数据库，通过 UI 界面为用户提供信息交互浏览和获取功能。

数据访问层包含数据存储和数据操作功能，为系统提供业务数据、系统配置数据、地图图层等数据支持。其中 ADO. NET+Npgsql 提供对业务数据和系统数据的存取操作，ArcGIS Engine 提供对地图数据的操作。

3 层架构有以下优点。

（1）开发人员可以只关注整个结构中的其中某一层。

（2）可以很容易地用新的实现来替换原有层次的实现。

（3）可以降低层与层之间的依赖。

（4）有利于标准化。

（5）有利于各层逻辑的复用。

（6）结构更加的明确。

（7）在后期维护的时候，极大地降低了维护成本和维护时间。

5.1.2 数据库设计

5.1.2.1 数据分类

数据分类乃至数据编码是数据组织、管理和共享过程中的基础性工作。海岛信息种类繁多，有必要按照一定的原则和方法进行划分和归类，以便能够更好地存储和应用，促进后续科学研究工作的开展。

通过对数据来源的归纳和统计，以及对数据属性或特征等要素进行分析，面向海岛地质灾害管控的实际需求，对海岛综合数据主要归结为以下 4 大数据集。

（1）海岛基础地理数据集。主要包括地形图、海图、GPS 观测数据、海岸线、行政区划图、地理交通图、基础地理设施等。

（2）海岛自然要素数据集。包括滩涂资源、植被资源、水资源、土地资源、矿产资源、生物资源、气象气候数据、地质地貌数据、空气质量数据、地表水质量等。

（3）海岛社会要素数据集。包括人口、综合经济、文化教育、医疗卫生、产业布局、渔业布局、功能区划图、使用现状图等。

（4）海岛地质灾害数据集。包括海水入侵、海岸侵蚀、滑坡等。

5.1.2.2 数据格式

海岛数据来源、数据分类的复杂性决定了数据结构的差别和数据格式的多样性。目前，海岛数据主要分为文本数据、矢量数据、栅格数据、多媒体数据等类型。

1）文本数据

海岛地质灾害评价涉及的文本数据主要以 ASCII 码或二进制形式进行存储。文本数据是海岛地质灾害评价工作中涉及的最常见最普遍的数据格式。文本数据直观简便、便于存储，适合进行数据的快速理解和应用，并常被用于数据备份形式，是一种通用性较强的数据格式。

2）矢量数据

矢量数据是一种用点、线、面等形式进行空间要素表达的数据类型。矢量数据能够以直观的图形化形式实现对空间信息的表达，是对空间信息的一种直观抽象，在海岛地质灾害评价工作中具有广泛的应用，主要用于对基础地理数据、海岛地质灾害等专题数据集中空间要素的描述。矢量数据抽象性好、冗余度低、结构紧凑，有利于对数据的分析、检索和处理；同时矢量数据显示精度高、显示质量好，能够适应较高的显示要求。由于矢量数据结构的高度抽象，也使得数据的叠加等处理过程中操作不够简便易行，必要情况下需要转换为栅格数据结构进行相应操作。

3）栅格数据

栅格数据是以网格单元组成的规则阵列来表示地物或现象的数据组织类型。栅格数据结构中以网格单元的行与列的排列形式存储数据的属性信息，是一种强调属性特征、淡化空间拓扑特征的空间数据处理方式，主要用于遥感影像、航空影像和网格化数据的存储。栅格数据的网格阵列中直接记载了数据的属性信息，便于对空间属性数据进行直接的代数运算，在坐标位置搜索、面积计算、属性叠加等方面具有与生俱来的优势。由于栅格数据结构的网格存储形式，导致栅格数据结构对同一地物的描述达到矢量数据的精度，需要更大的数据量，即使采用各种数据压缩存储方法，栅格数据的空间占用量也往往远远超过矢量数据。

5.1.2.3 结构设计

海岛数据库设计是海岛地质灾害监测预警辅助决策系统建设的基础，通过合理的逻辑结构与物理结构的设计，实现对海岛综合数据的高效、统一管理。海岛数据具有种类繁杂、多源异构、数据量大、时效性强等特点，因此，在数据库设计过程中，通过细化信息表、优化各信息表间的逻辑关系，在符合数据库范式的基础上，降低数据库的复杂度，提高系统的稳定性。

根据海岛数据的分类，对海岛数据库的数据表属性结构和组织关系进行详细设计，具体数据见表 5.1，图 5.2 是部分数据表的 ER 图，能够展示数据表的逻辑结构。

表 5.1　海岛数据库中的数据表

序号	表名	说明
1	ce_ line_ fact	海岸侵蚀-测线监测数据表
2	ce_ line_ plan	海岸侵蚀-计划测线表
3	ce_ param_ risk_ factor	海岸侵蚀-风险评价系数表
4	ce_ param_ risk_ level	海岸侵蚀-风险评价分级表
5	ce_ param_ status_ level	海岸侵蚀-现状评价分级表
6	ce_ project	海岸侵蚀-方案表
7	ce_ result	海岸侵蚀-评价结果表
8	ce_ risk_ factor	海岸侵蚀-方案风险系数表
9	island_ archive	海岛信息-收集资料表
10	island_ diary	海岛信息-工作日志表
11	island_ hazard	海岛信息-灾害信息表
12	island_ image	海岛信息-遥感影像表
13	island_ info	海岛信息-海岛信息表
14	island_ photo_ info	海岛信息-海岛照片信息表
15	island_ photo_ sum	海岛信息-海岛照片统计表
16	island_ ref_ archive	海岛信息-关联表
17	island_ site	海岛信息-站位表
18	ls_ attach	滑坡评价-相关资料表
19	ls_ project	滑坡评价-方案表

序号	表名	说明
20	mon_ alert_ config	动态监测–报警配置表
21	mon_ site	动态监测–站位表
22	sw_ attach	海水入侵–相关资料表
23	sw_ mon_ cl	海水入侵–氯离子浓度表
24	sw_ mon_ m	海水入侵–矿化度表
25	sw_ mon_ water	海水入侵–水位表
26	sw_ project	海水入侵–评价方案表
27	sw_ site	海水入侵–站位表
28	sys_ code	系统代码表
29	sys_ codetype	系统代码类别表
30	sys_ columns	系统字段信息表
31	sys_ params	系统参数表
32	sys_ tables	数据表信息

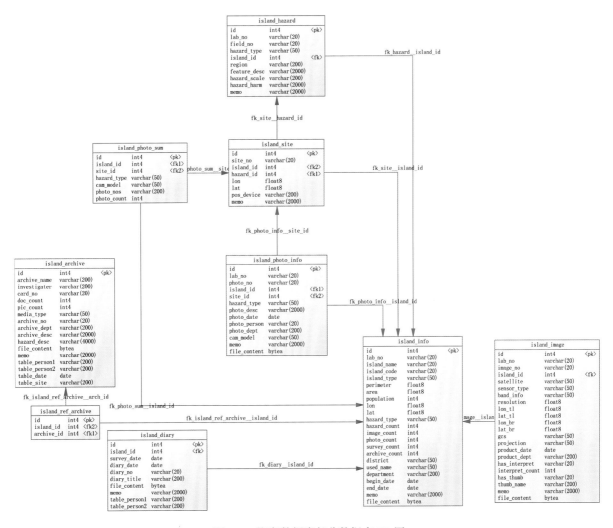

图 5.2　海岛数据库部分数据表 ER 图

5.1.3　系统功能设计

5.1.3.1　系统功能模块划分

依据系统的应用需求，海岛地质灾害监测预警辅助决策系统包括以下 6 个子系统：海岛地质灾害动态监测子系统、海岛信息管理子系统、海岛灾害地质评价子系统、海岛海水入侵评价子系统、海岛海岸侵蚀评价子系统、海岛滑坡风险评价子系统（图 5.3）。

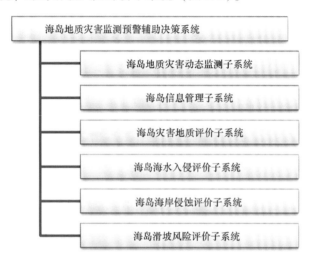

图 5.3　系统功能模块

其中，基于 GIS 技术的信息显示和交互操作是海岛地质灾害监测预警辅助决策系统各子系统的通用模块，包括地图操作（放大、缩小、平移、全屏等）、鹰眼视图、图层控制、空间定位、网格化等功能，使用户可以方便、直观地获取海岛自然和社会属性信息、地质灾害动态监测和预警信息、地质灾害评价信息等综合信息。

5.1.3.2　海岛地质灾害动态监测子系统

海岛地质灾害动态监测子系统主要根据现场实时监测的数据，进行分析和评价。如果发现异常现象，通过声音、邮件或者短信的方式向用户进行预警提示，以便于用户及时进行灾害防控。

海岛地质灾害动态监测子系统主要功能包括：数据源设置、灾害数据采集、实时数据的接收及显示、历史数据的查询分析、异常数据报警、监测站位信息查询、监测点地图定位、报警方式设置等（图 5.4）。

目前，该子系统主要实现了海水入侵和滑坡的实施监测和预警功能，可接收来自 Access、SQLServer 等不同数据源的监测数据，并可通过声音、颜色、邮件等方式向用户发送报警信息。软件采用 ArcGISEngine 作为空间数据操作引擎，可实现监测点的空间定位。

5.1.3.3　海岛信息管理子系统

海岛信息管理子系统主要针对海岛综合信息（如海岛相关照片、影像、工作日志、历史资料等数据）进行管理和共享。该子系统不仅能够实现海岛综合信息的录入、编辑和查询功能，而且可以

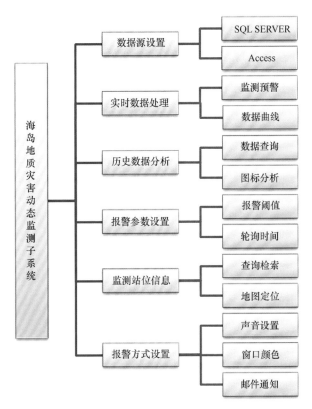

图 5.4 海岛地质灾害动态监测子系统功能模块

方便地通过电子海图对海岛空间位置进行查询定位，进一步通过三维场景直观、全面地展示海岛综合信息（图 5.5）。

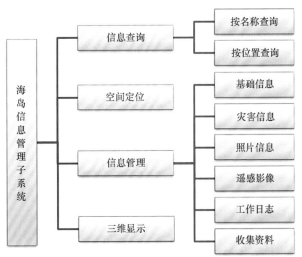

图 5.5 海岛信息管理子系统功能模块

5.1.3.4 海岛灾害地质评价子系统

海岛灾害地质评价子系统主要基于空间信息技术，选取适合的指标体系，采用模糊综合评价、灰色聚类综合评价等模型，实现研究区海底稳定性的分区定量评价。利用评价结果，确定研究区基于网格的海底稳定性级别，并对评价结果进行可视化展示。

该子系统的主要功能包括项目管理、评价指标管理、层次分析法确定权重、评价指标量化、评价计算、地图基础操作、数据管理等（图 5.6）。

图 5.6　海岛灾害地质评价子系统功能模块

海岛灾害地质评价子系统的每个评价过程以方案来进行组织，每个方案保存评价过程的综合信息，包括指标体系、输入参数、评价结果等信息，方便用户对历史评价结果的查看、参数修改和重新评价。

在海岛地质灾害评价工作中，评价计算的步骤如下。

（1）评价指标构建。利用 ArcGIS Engine 二次开发组件，将评价指标图层从本地 Shape 文件或者数据库中调入系统，在 MapControl 控件中存放并显示，MapControl 控件支持对图层的缩放、漫游等 GIS 操作，并可做进一步的网格划分等空间数据处理和分析。本系统涉及的评价指标包括地震区划类、构造型灾害地质类、触发型灾害地质类、人类活动型灾害地质类、灾害地质单体类、地貌区划类 6 大类。

（2）评价单元设定。海底稳定性评价是以灾害地质因素为评价因子的加权统计模型分区定量评价，因此分区是进行评价的必要条件。研究表明，地貌格局是控制灾害地质区域分异的基础，地貌本身不仅是灾害地质的一种因子，而且它也间接地反映新构造运动的格局，并且影响各种外动力作用的性质和强度。本系统海底稳定性评价分区即可基于地貌分区为评价单元，也可由用户自定义区域为评价单元。

①地貌分区评价单元：由用户调入地貌分区的图层，系统自动提取该图层的所有图元作为评价单元，并在后续处理中以这些评价单元为基础进行量化计算。

②自定义区域评价单元：由用户指定网格起止点的经纬度坐标，并输入网格尺寸，系统自动将评价指标图层划分成指定大小的网格，并在后续处理中以这些网格为基础进行量化计算。

（3）层次分析法计算权重。

（4）确定评价因子对风险的隶属度。

（5）评价计算。选择合适的评价模型，对各个评价指标进行量化。本系统提供加权统计、模糊综合评价和灰色聚类综合评价3种模型评价计算。

（6）评价结果输出。计算后的评价结果有两种输出形式：文本模式或专题图模式。文本模式即系统将计算结果以文件形式保存在磁盘中；专题图模式可调用 AE 的 IFeatureRender 接口所提供的方法，将评价结果按稳定性的级别以不同的颜色表示在地图上。

5.1.3.5 海岛海水入侵评价子系统

海岛海水入侵评价子系统基于观测站位获得的常规监测数据，对海水入侵的现状和风险进行评价，并且将评价结果进行直观的表达。

该子系统的主要功能包括：业务数据管理（氯离子浓度、水位数据和矿化度等）、空间数据管理、地图操作、方案管理、海水入侵现状评价、海水入侵风险评价、评价结果显示、图层渲染等。

海岛海水入侵评价子系统的每个评价过程以方案来进行组织，每个方案保存评价过程的综合信息，包括指标体系、输入参数、评价结果等信息，方便用户对历史评价结果的查看、参数修改和重新评价（图 5.7）。

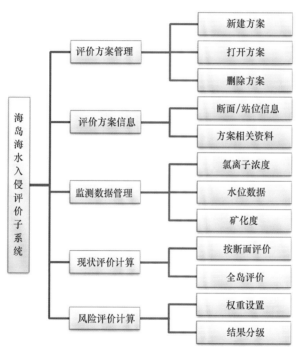

图 5.7　海岛海水入侵评价子系统功能模块

海岛海水入侵评价主要包括现状评价和风险评价。

1）现状评价

海水入侵现状评价是在区域海水入侵调查的基础上，针对区域海水入侵特点，分析区域海水入侵特征与时空分布规律，评价区域海水入侵灾害的入侵距离、范围和程度。现状评价是根据区域地下水氯离子浓度确定海水入侵的入侵距离、范围和程度。评价指标为：地下水氯离子浓度。

现状评价方法包括入侵距离和入侵面积的计算。根据断面监测结果，采用距离插值法确定地下水氯离子浓度为 250 mg/L 和 1 000 mg/L 位置，并计算其与岸线的垂直距离，确定海水入侵距离；海水入侵范围主要是依据连接监测断面的氯离子浓度为 250 mg/L 和 1 000 mg/L 的各点，并与监测区岸线作封闭曲线，计算其面积。海水入侵现状评价等级划分见第 3 章表 3.16，评价图图式见表 5.2。

表 5.2　海水入侵现状评价图图式

类别	式样	宽度	颜色（RGB）
严重入侵		图上 0.5 cm	边框：0，0，0 图案：255，50，0
入侵		图上 0.5 cm	边框：0，0，0 图案：199，99，74
无入侵		图上 0.5 cm	边框：0，0，0 图案：50，153，102

2）风险评价

海水入侵风险评价依据区域海水入侵的现状评价结果，分析区域海水入侵发生的可能性。风险评价主要是针对区域海水入侵发生的可能性、大小和范围进行评价。评价指标如表 5.3 和表 5.4 所示。

表 5.3　海水入侵风险评价指标体系

分级指标	1	2	3	4	5	6	7
矿化度（g/L）	<1	1~2	2~3	3~10	>10		
地下水水位（m）	<0	0~1	1~2	2~4	>4		
离岸距离（km）	0~5	5~10	10~15	15~20	20~25	25~30	>30
沉积物类型	S_1	S_2	S_3	S_4	S_5		
土地利用类型	H_1	H_2	H_3	H_4	H_5		

表 5.4　海水入侵指标类型分级说明

沉积物类型	人类活动强度
基岩、黄土（S_1）	未开垦区域（H_1）
冲积物（S_2）	农村居民地点（H_2）
湖相沉积物（S_3）	耕地（H_3）
冲积海积物（S_4）	城镇及建设用地（H_4）
海积物（S_5）	盐田与养殖区域（H_5）

根据海水入侵风险评价指标体系，将区域海水入侵风险等级划分为 4 级：高风险区、较高风险区、较低风险区和低风险区。评价模型如下：

$$l\,(y,\ x_i) = \lg \frac{\dfrac{S_i}{S}}{\dfrac{A_i}{A}} \tag{5.1}$$

式中，A_i 为含有因素 x_i 的单元总面积；S_i 为含有因素 x_i 的单元中发生海水入侵灾害的单元面积之和；A 为区域内单元总面积；S 为区域内发生海水入侵灾害单元总面积。

评价结果在地图上按标准式样分级显示如表 5.5 所示。

表 5.5　海水入侵风险评价图图式

类别	式样	宽度	颜色（RGB）
高风险		图上 0.5 cm	边框：0，0，0 图案：255，0，0
较高风险		图上 0.5 cm	边框：0，0，0 图案：255，128，0
较低风险		图上 0.5 cm	边框：0，0，0 图案：139，209，0
低风险		图上 0.5 cm	边框：0，0，0 图案：56，168，0

5.1.3.6　海岛海岸侵蚀评价子系统

海岛海岸侵蚀评价子系统在对观测剖面数据进行管理的基础上，开展历史数据对比分析，进行现状评价和风险评价。

该子系统的主要功能包括：监测数据管理、空间数据管理、地图操作、方案管理、海岸侵蚀现状评价（侵蚀速率、下蚀速率等）、海岸侵蚀风险评价、评价结果显示、图层渲染、海岸侵蚀预警等（图 5.8）。

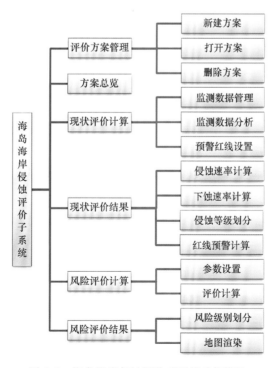

图 5.8　海岛海岸侵蚀评价子系统功能模块

海岛海岸侵蚀评价子系统的每个评价过程以方案来进行组织，每个方案保存评价过程的综合信息，包括指标体系、输入参数、评价结果等信息，方便用户对历史评价结果的查看、参数修改和重新评价。

海岛海岸侵蚀评价主要包括现状评价和风险评价。

1）现状评价

海岸侵蚀现状评价是根据区域海岸线或等深线侵蚀后退速率或岸滩下蚀速率为依据，计算海岸侵蚀变化速率，评价海岸侵蚀灾害的活动强度，及其灾害程度等级。

计算海岸线或等深线后退速率时，宜垂直于海岸线或等深线作剖面线，分别读取该垂直剖面线与不同时期海岸线或等深线交点位置，或直接根据测量所得海岸线与监测桩之间的距离，然后计算海岸侵蚀速率。

计算岸滩下蚀速率时，应向下作垂线，分别读取该垂线与不同时期地形剖面线的交点位置，然后计算海岸侵蚀下蚀速率。

海岸线变化速率的计算一般采用简单的数学方法，来分析岸线位置随时间的变化关系。最常用的计算方法是端点法。绝大多数研究的海岸线变化速率统计数据都是根据该方法得到的。此外，平均速率法、线性回归法和折减法也因其在数据处理方面具有不同的优势而逐渐被引入到岸线变化率的计算中。本系统采用端点法进行评价计算。

端点法仅用 2 个历史位置数据来计算岸线变化率 EPR。其数学表达式为：

$$EPR = \frac{D_1 - D_2}{T_1 - T_2} \tag{5.2}$$

式中，D_1 和 D_2 分别为时间 T_1 和 T_2 时的海岸线、等深线或地形剖面线位置，一般参与计算的是时间跨度最大的 2 个数据。

计算岸线或等深线侵蚀后退速率或岸滩下蚀速率后，以海岸侵蚀等级划分标准为依据（表 5.6），对海岸侵蚀现状进行评价，评估海岸侵蚀灾害等级。

表 5.6　海岸侵蚀现状等级划分标准

侵蚀等级	海岸侵蚀速率		岸滩下蚀速率
	砂质海岸（r） m/a	淤泥质海岸（r） m/a	下蚀速率（s） cm/a
淤涨	$r \geq +0.5$	$r \geq +1$	$s \geq +1$
稳定	$-0.5 < r < +0.5$	$-1 < r < +1$	$-1 \leq s < +1$
微侵蚀	$-0.5 \geq r > -1$	$-1 \geq r > -5$	$-1 \geq s > -5$
侵蚀	$-1 \geq r > -2$	$-5 \geq r > -10$	$-5 \geq s > -10$
强侵蚀	$-2 \geq r > -3$	$-10 \geq r > -15$	$-10 \geq s > -15$
严重侵蚀	$r \leq -3$	$r \leq -15$	$s \leq -15$

注："+"表示淤涨；"-"表示侵蚀。当某段线同时具有海岸线位置变化和岸滩蚀淤速率时，采用就高不就低的原则，如岸线后退但岸滩淤涨时，判断海岸变化主要为岸线后退，即海岸侵蚀。

将评价结果按标准的图式在地图上显示（表5.7）。

表 5.7　海岸侵蚀现状等级图图式图例

类别	式样	宽度
严重侵蚀		图上 0.5 cm
强侵蚀		图上 0.5 cm
侵蚀		图上 0.5 cm
微侵蚀		图上 0.5 cm
稳定		图上 0.5 cm
淤涨		图上 0.5 cm

2）风险评价

海岸侵蚀风险评价主要针对区域海岸侵蚀发生的可能性、大小和范围进行评价。评价内容包括：区域海岸侵蚀发生的风险，遭受侵蚀破坏的可能性。

海岸侵蚀风险评价采用综合评判法（也称为综合指数法），综合分析各指标体系，然后进行总体评价。为了综合分析反映各评价区各影响因子影响程度或贡献率，本文评价因子和权重的确定采用层次分析法和统计分析法求取。选取有代表性的评价因子，并将其贡献程度进行等级划分，给出归一化指标。将各评价指标值按权重进行叠加，得出一个评价总指标，得出每个评价单元的风险指数。然后综合分析各单元的指数情况，进行总体评价。

根据海岸侵蚀风险评价指标体系，即海岸类型、风暴潮最大增水、海平面变化、平均波高和海岸变化速率，对区域海岸侵蚀灾害的风险进行评价。

风险评价指标体系见表5.8。

表 5.8　海岸侵蚀灾害风险评价指标体系和分级取值

	评价指标	权重值	划分标准	量化分级
自然因素（A）	海岸类型（g）	0.10	平直软质海岸	3
			弧形软质海岸	2
			受保护软质海岸	1
	海平面相对上升（s）	0.05	≥2 cm	3
			1.5~2.0 cm	2
			≤1.5 cm	1
	风暴潮最大增水（h）	0.07	≥3.0 m	3
			1.5~3.0 m	2
			≤1.5 m	1
	平均波高（Hw）	0.08	≥1.0 m	3
			0.4~1.0 m	2
			≤0.4 m	1

评价指标		权重值	划分标准	量化分级
海岸动态 变化（B）	海岸动态变化速率（r 或 s）划 分标准见表海岸侵蚀程度等级 划分方案	0.70	严重侵蚀、强侵蚀	3
			侵蚀、微侵蚀	2
			稳定、淤涨	1

各影响因子数据来源见表5.9。

表 5.9　海岸侵蚀灾害风险评价指标的含义及资料来源建议

评价因子	含义	资料来源
海岸类型（g）	海岸类型、海岸外部形态	《中国海湾志》，其他有关海岸基本概况资料等
海平面相对上升（s）	海平面上升幅度	《中国海平面公报》等
风暴潮最大增水（h）	风暴潮导致的最大增水量	《中国海洋灾害公报》等
平均波高（Hw）	至少一年波高平均值	《中国海湾志》，附近海洋站不少于一年的波浪波高平均值等
海岸动态变化速率	海岸后退或滩面下蚀速率	监测或计算的海岸动态数据资料

风险评价是基于一定的量化规则，对各评价指标进行量化，然后按照一定的计算规则对选定的评价区域各单元风险进行相对大小的比较。若定义 g 为海岸类型；s 为海平面变化；h 为风暴潮最大增水；Hw 为平均波高，r 为海岸动态变化因子（海岸侵蚀变化速率），因上述指标单位不同、量级不同，很难将其合并进行运算。因此，一般定义一种规则对各因子，首先进行标准划分，然后再量化分级。步骤如下：对各级别对应的量值进行规定。级别数为3，1级对应的量值为1；2级对应的量值为2；3级对应的量值为3。各因子都已经经过量化分级，则定义风险性 R 计算模型：

$$R = g \times 0.10 + s \times 0.05 + h \times 0.07 + Hw \times 0.08 + r \times 0.70$$

海岸侵蚀风险等级划分标准见表5.10。

表 5.10　海岸侵蚀风险等级划分标准

风险等级	侵蚀风险指数
低风险	$1 \leq R < 1.5$
中风险	$1.5 \leq R < 2.5$
高风险	$2.5 \leq R < 3$

将评价结果按标准的图式在地图上显示（表5.11）。

表 5.11　海岸侵蚀风险评价图图式图例

类别	式样	宽度	颜色（RGB）
高风险		图上 0.5 cm	边框：0，0，0 图案：255，0，0
中风险		图上 0.5 cm	边框：0，0，0 图案：255，255，0
低风险		图上 0.5 cm	边框：0，0，0 图案：0，0，255

5.1.3.7 海岛滑坡风险评价子系统

海岛滑坡风险评价子系统主要基于海岛山体位移监测数据，依据经验公式，对海岛滑坡风险进行评价。

该子系统的主要功能包括：滑坡数据管理、空间数据管理、地图操作、方案管理、滑坡风险评价、评价结果显示、地图渲染等功能（图5.9）。

图 5.9 海岛滑坡风险评价子系统功能模块

海岛滑坡风险评价子系统的每个评价过程以方案来进行组织，每个方案保存评价过程的综合信息，包括指标体系、输入参数、评价结果等信息，方便用户对历史评价结果的查看、参数修改和重新评价。

海岛滑坡风险评价主要针对降雨量和采石量数据，通过参数阈值判断和经验关系计算，对海岛滑坡进行风险评价。

5.2 系统开发

基于对海岛地质灾害监测预警辅助决策系统的设计，需要选择合适的数据库管理系统、GIS平台、开发语言和UI界面进行系统开发，使得系统在满足功能需求的同时，具有较高的执行效率和友好的交互界面。

5.2.1 开发与运行环境

海岛地质灾害监测预警辅助决策系统的开发环境包括数据库平台与系统开发平台两部分。数据库平台是基础，系统开发平台是实现手段，两者相互影响与制约，需要依据海岛地质灾害数据内容、数据库结构设计、海岛灾害预警评价需求等内容，选择系统的开发平台与运行环境。

5.2.1.1 数据库平台

基于对海岛综合数据的分析和海岛地质灾害管控需求，综合考量软件成本、开发成本等因素，海岛数据库采用开源数据库平台 PostgreSQL 进行数据库建设。PostgreSQL 最初是由美国加州大学伯克利分校计算机系开发并推广的一款关系型数据库管理系统，系统规模适中，对数据的管理能力较强，并且具有开源软件的一系列优点，是一款广泛应用的数据库开源软件，特别是在国外的科学研究领域应用甚广。因此，对于海岛数据库，无论从数据规模还是开发应用成本考虑，PostgreSQL 都是比较适合的数据库平台。

此外，在数据库接口上，开发人员可以通过 ADO. NET 数据访问接口对 PostgreSQL 数据库进行数据访问和读写操作。该方式简单易行，并且具有较好的通用性，使数据库管理系统可以在不改变代码的情况下，快速实现数据库平台的更改，减少系统移植和维护的工作量。

5.2.1.2 系统开发平台

由于微软在操作系统上占有很大的优势，因此，在此次系统的开发中，采用 C#语言作为开发语言。C#语言是微软公司推出的一种面向对象的编程语言，也是一种精确、简单、类型安全的编程语言，它有以下优点。

（1）完全面向对象。

（2）支持分布式，解决了处理过程分布在客户机和服务器上的分布式问题。

（3）C#平台无关性，C#代码经过编译之后，成为一种中间语言，在运行时，再把中间语言编译成平台专用的语言。

（4）健壮，C#在检查程序错误和编译与运行错误非常强大，它也启用了自动内存管理机制，有效利用内存。

（5）C#语言编程灵活。

（6）安全性，C#的安全性是由 . NET 平台来提供的。C#代码编译后成为中间语言，是一种受控代码，. NET 提供类型安全检查等机制，保证代码是安全的。

（7）可移植性，由于 C#采用中间语言机制，使其可以方便地移植到其他系统。

（8）解释性，C#是一种特殊的解释性语言。

（9）高性能，C#把代码编译成中间语言后，可以高效地执行程序。

（10）多线程，可以由一个主进程分出多个执行小任务的多线程。

（11）组件模式，C#很适合组件开发，多个组件可以由其他语言实现，然后集成在 . NET 中。

Visual Studio . NET 是微软推出一款基于 . NET 架构的开发工具，该架构将强大功能与新技术结合起来，用于构建具有视觉上引人注目的用户体验应用程序，实现跨技术边界的无缝通信，并且能支持各种业务流程。Visual Studio . NET 的优势如下。

（1）多语言开发：公共语言运行库使跨语言开发十分方便，可选语言有多种。

（2）开发效率高：大量控件封装了常用的模块，无须冗长的代码即可完成高级任务。

（3）运行效率高：编译后与 Windows 操作系统底层结合紧密。

（4）部署方便：. NET 开发中的部署模型以及微软的应用服务器使应用程序的部署十分方便。

（5）应用普遍技术成熟：. NET 平台当前应用比较广泛，相关技术成熟，组件安全方便。

基于以上优点，结合本项目的实际要求，分别选择 . NET 和 C#作为本系统的开发平台和开发语言。

综上所述，本系统的开发环境如下。

➢ 操作系统：Windows7

➢ 开发语言：C#

> 开发工具：Visual Studio . NET 2010
> 数据库组件：Npgsql
> GIS 组件：ArcGIS Engine
> 图表组件：ZedGraph

5.2.1.3 运行环境

依据系统分析和开发平台的选择，海岛地质灾害监测预警辅助决策系统的运行环境如下。

> 操作系统：WindowsXP/Windows7/Windows8
> 系统组件：. NET framework 4.0
> GIS 组件：ArcGIS Engine Runtime

5.2.2 系统实现

依据功能设计和开发平台，对海岛地质灾害监测预警辅助决策系统进行开发和实现。图 5.10 是海岛地质灾害监测预警辅助决策系统的初始界面。通过该界面，用户可以选择进入海岛地质灾害动态监测子系统、海岛信息管理子系统、海岛灾害地质评价子系统、海岛海水入侵评价子系统、海岛海岸侵蚀评价子系统和海岛滑坡风险评价子系统等，进行海岛信息管理、地质灾害动态监测和风险评价等工作。海岛地质灾害监测预警辅助决策系统的各子系统界面集主视图、功能面板、鹰眼视图、菜单栏、工具栏等于一体，界面美观，可操作性强。

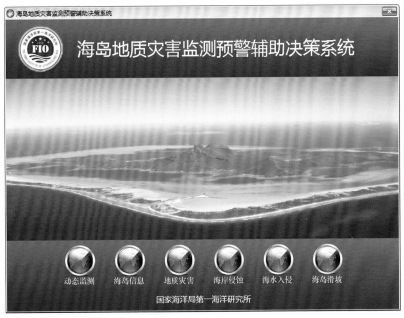

图 5.10 系统初始界面

5.2.2.1 海岛地质灾害动态监测子系统

海岛地质灾害动态监测子系统如图 5.11 至图 5.14 所示。该子系统主要实现海岛海水入侵和滑坡两个单体灾害的动态监测和预警功能。该子系统界面布局主要分为左右两部分：左侧为功能面板，分别对海水入侵和滑坡监测站位进行查询和显示；右侧的上方为可视化窗口，基于电子地图

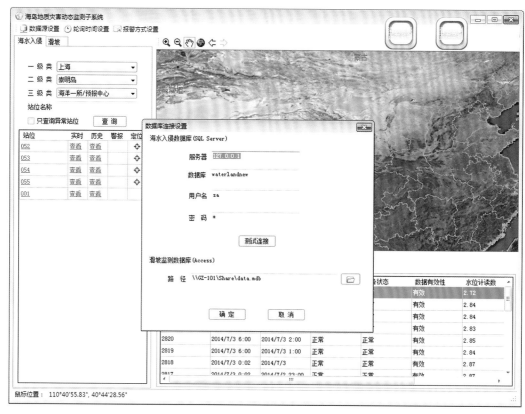

图 5.11 数据库连接设置

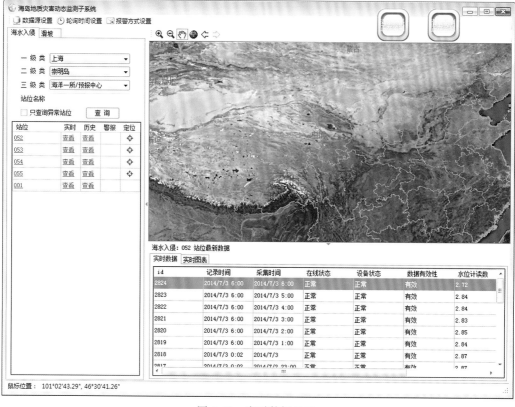

图 5.12 实时数据显示

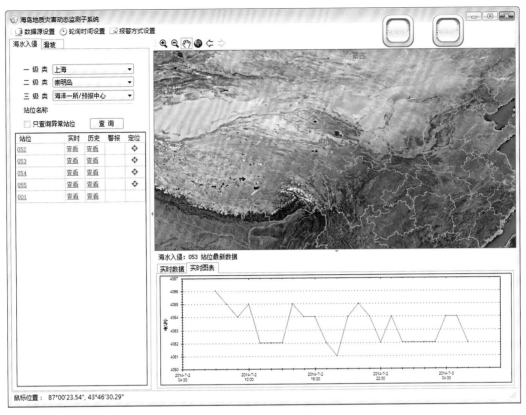

图 5.13　实时数据曲线

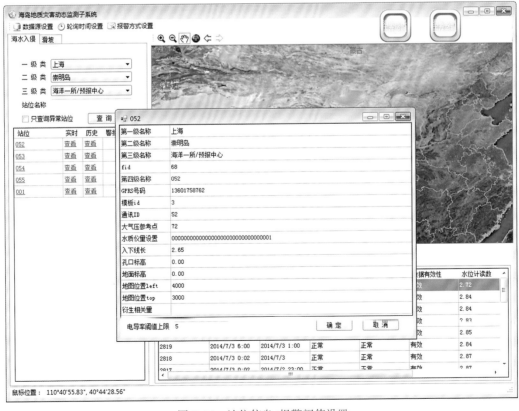

图 5.14　站位信息/报警阈值设置

（遥感影像、行政区划等信息）对动态监测站位进行定位，并且利用工具栏中的快捷菜单可以方便地实现图层的放大、缩小、漫游等交互浏览功能，直观、方便地了解监测数据的空间位置信息；右侧下方为实时监测数据显示列表，根据用户选择的监测站位，显示不同时刻的监测数据，并且以不同的颜色对异常信息进行预警。此外，海岛地质灾害动态监测子系统还提供两个浮动窗口，分别对应海水入侵和滑坡监测的实时监测和预警。当出现数据异常时，浮动窗口颜色由绿色变为红色，用户可以通过该窗口切入到子系统主界面，进一步查询异常站位。浮动窗口使用便捷、直观，节省计算机桌面空间，在实现动态监测和预警的同时，不影响用户的正常工作。

系统在连接数据库（图5.11）之后，动态读取监测站位的最新数据进行分析和预警。用户既可以通过列表（图5.12）来查看监测数据，也可以通过时间序列曲线直观地了解数据变化情况（图5.13）。系统根据用户定义的预警阈值（图5.14），对监测数据进行分析，如果超过阈值，则通过声音、邮件、短信等方式进行预警。

5.2.2.2 海岛信息管理子系统

海岛信息管理子系统主界面如图5.15所示。该子系统界面布局主要分为左右两部分：左侧由功能面板和鹰眼视图组成；右侧为主视图。功能面板主要提供检索条件录入界面，供用户查询海岛信息，查询结果以列表方式显示（图5.16），也可以通过三维漫游方式直观地展示海岛综合信息（图5.17）；鹰眼视图标识主视图中所显示视野范围在全图中的位置；主视图是海岛空间要素的可视化窗口，利用工具栏中的快捷菜单可以方便实现图层的放大、缩小、漫游等交互浏览功能。此外，海岛信息管理子系统还提供了海岛数据管理模块（图5.18），通过便捷、友好的交互界面，提供海岛综合信息的添加、修改、删除、导入、导出等服务。

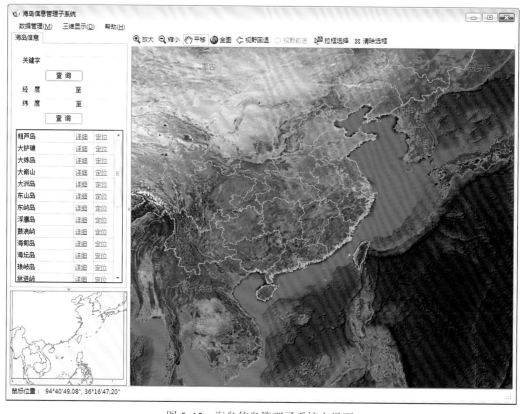

图5.15　海岛信息管理子系统主界面

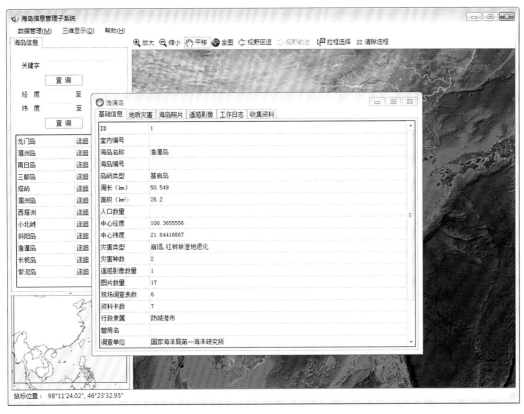

图 5.16 海岛信息查看

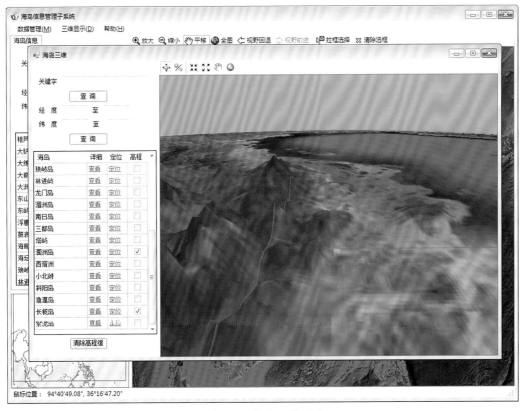

图 5.17 海岛三维显示

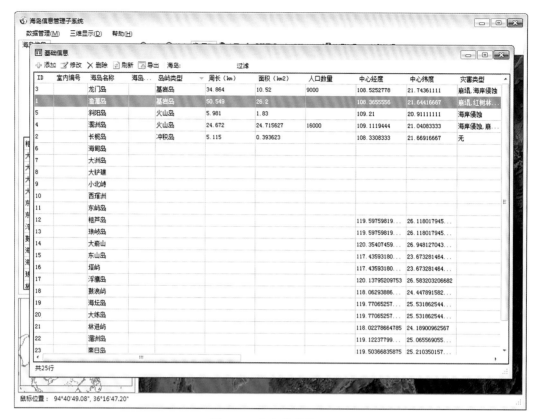

图 5.18 海岛数据管理

5.2.2.3 海岛灾害地质评价子系统

海岛灾害地质评价子系统界面如图 5.19 至图 5.24 所示。该子系统界面布局主要分为左右两部分：左侧为功能面板；右侧为主视图。海岛灾害地质评价子系统功能面板主要包括项目管理、图层管理和查询 3 个模块。项目管理主要对海岛地质灾害评价过程中的指标体系、输入参数和评价结果进行管理，便于用户对历史评价过程的查看；图层管理主要对海岛基础地理空间图层信息和评价结果进行管理，控制图层的加载和显示；查询模块主要对海岛信息进行查询和定位。主视图是主要基于电子地图，对海岛空间要素和地质灾害评价结果进行可视化表达，利用工具栏中的快捷菜单可以方便实现图层的放大、缩小、漫游等交互浏览功能。

在评价过程中，用户首先新建或者选择已有的项目，然后从数据库中选择加载进行评价的要素图层（图 5.19），调入采用的评价指标，设置指标参数（图 5.20）。基于输入图层和指标参数，通过层次分析法（图 5.21）、指标量化（图 5.22）、评价计算（图 5.23）等处理过程，最终可以得到海岛地质灾害的评价结果（图 5.24）。评价结果可以在主视图中进行显示，用户可以对评价结果进行栅格化、重分类等二次处理。

5.2.2.4 海岛海水入侵评价子系统

海岛海水入侵评价子系统界面如图 5.25 至图 5.29 所示。该子系统界面布局主要分为左右两部分：左侧为功能面板；右侧为主视图。海岛海水入侵评价子系统功能面板主要包括图层管理和评价计算两个模块。图层管理主要对海岛基础地理空间图层、监测站位和评价结果等信息进行管理，控

图 5.19　数据库管理

图 5.20　评价指标管理

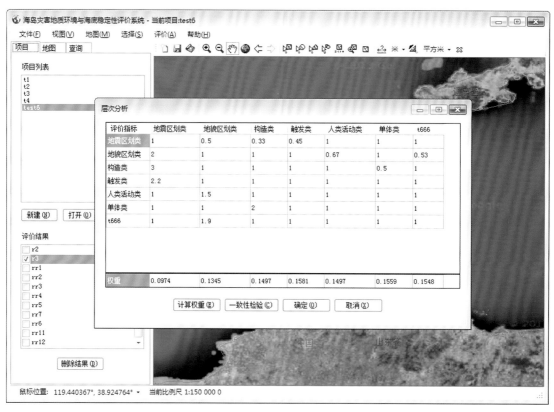

图 5.21　层次分析计算权重

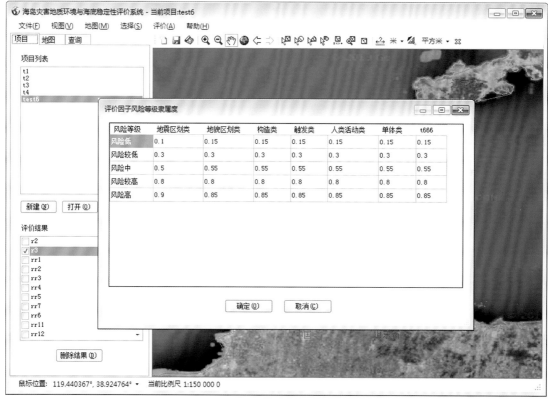

图 5.22　评价指标量化

图 5.23　评价计算

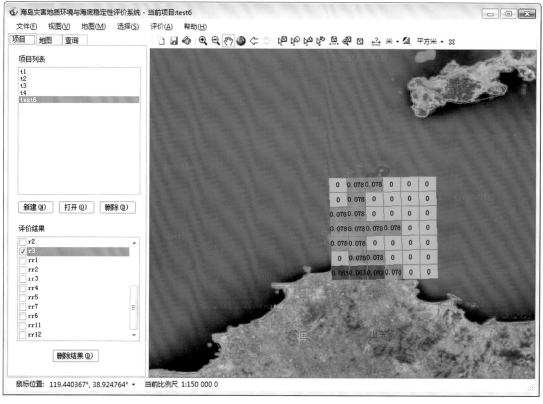

图 5.24　评价结果

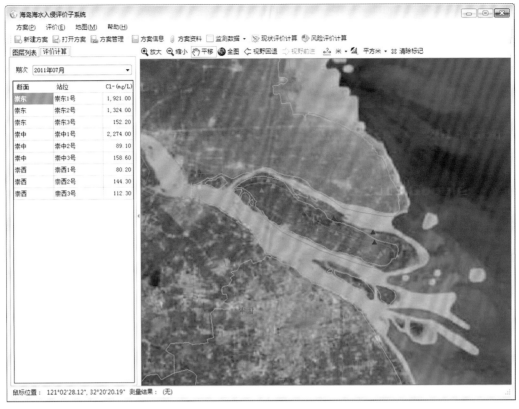

图 5.25　站位分布

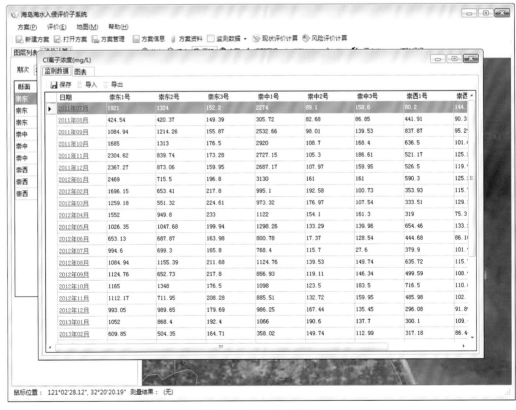

图 5.26　监测数据管理

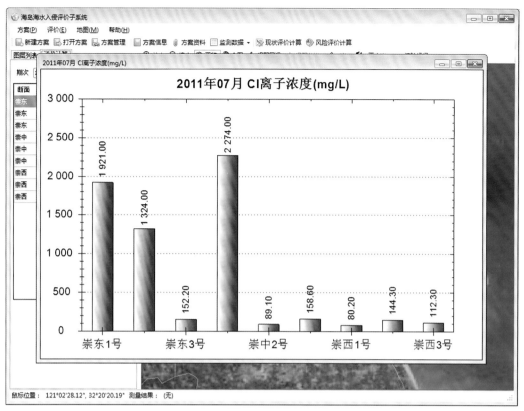

(a)柱状图

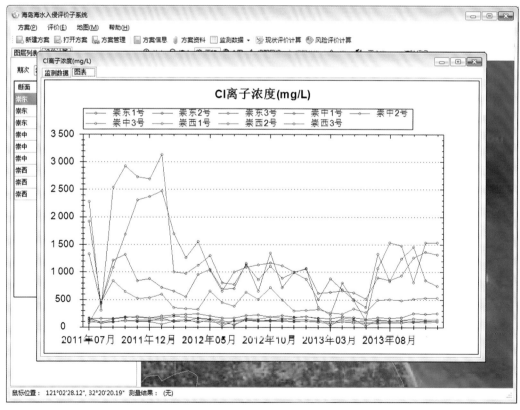

(b)曲线图

图 5.27 监测数据分析

图 5.28　现状评价

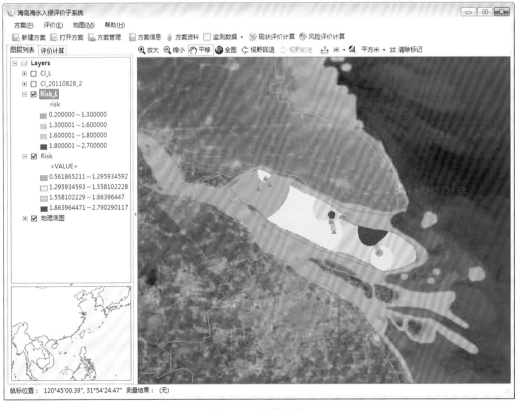

图 5.29　风险评价

制图层的加载和显示；评价计算模块主要对监测站位信息进行浏览和评价。主视图是主要基于电子地图，对海岛空间要素和监测站位状态进行可视化表达，利用工具栏中的快捷菜单可以方便实现图层的放大、缩小、漫游等交互浏览功能。

在海岛海水入侵评价子系统中，用户可以对监测站位进行浏览（图 5.25），监测站位的颜色表示该站位监测到的数据状态，如果有异常数据，则通过颜色给出提示。用户可以进一步查询监测站位的详细数据（图 5.26），并且通过柱状图、曲线图对各站位的数据进行对比分析（图 5.27）。用户可以针对目标岛屿和监测站位，开展海水入侵现状评价（图 5.28）和风险评价（图 5.29），并且基于在主视图中对评价结果进行可视化表达。

5.2.2.5 海岛海岸侵蚀评价子系统

海岛海岸侵蚀评价子系统界面如图 5.30 和图 5.31 所示。该子系统界面布局主要分为左右两部分：左侧为功能面板；右侧为主视图。海岛海岸侵蚀评价子系统功能面板主要包括图层管理和鹰眼视图两个模块。图层管理模块主要对海岛基础地理空间图层、海岸侵蚀参数图层和评价结果图层进行管理，控制图层的加载和显示；鹰眼视图模块标识主视图中所显示视野范围在全图中的位置。主视图是主要基于电子地图，对海岛基础地理空间要素、海岸侵蚀参数和评价结果进行可视化表达，利用工具栏中的快捷菜单可以方便实现图层的放大、缩小、漫游等交互浏览功能。

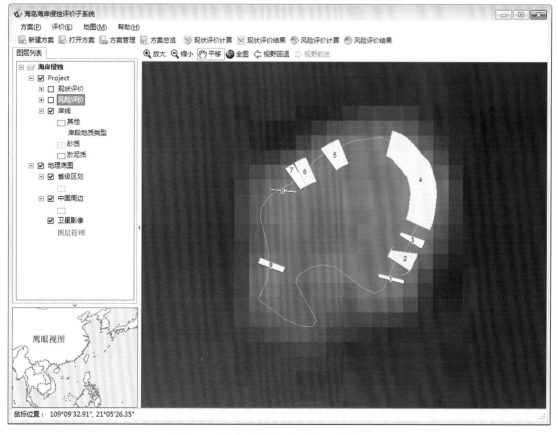

图 5.30　海岛海岸侵蚀评价子系统主界面

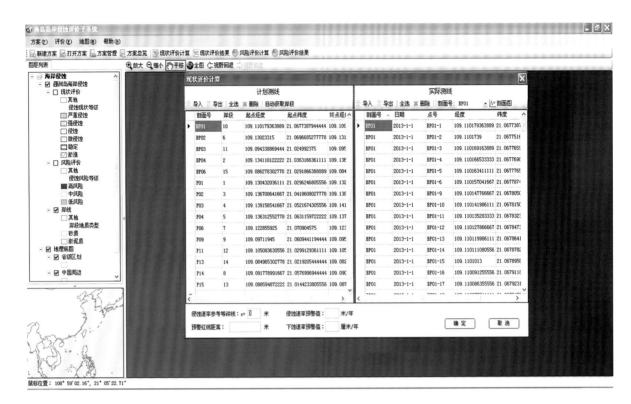

(a) 断面参数输入

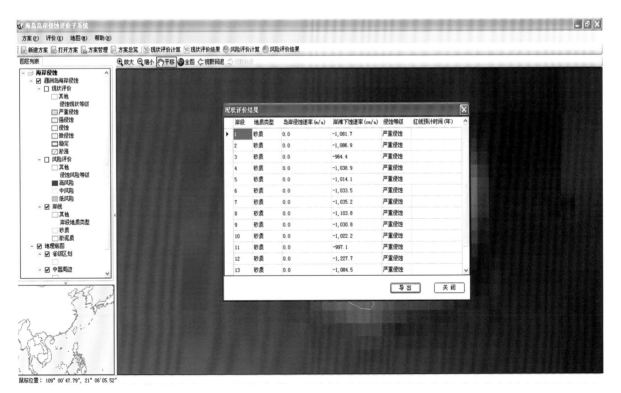

(b) 评价结果

图 5.31　现状评价

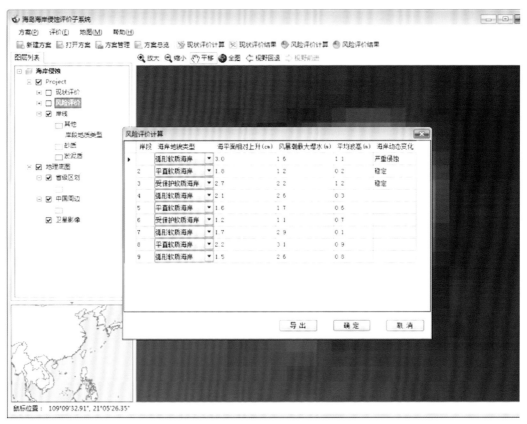

(a) 指标参数输入

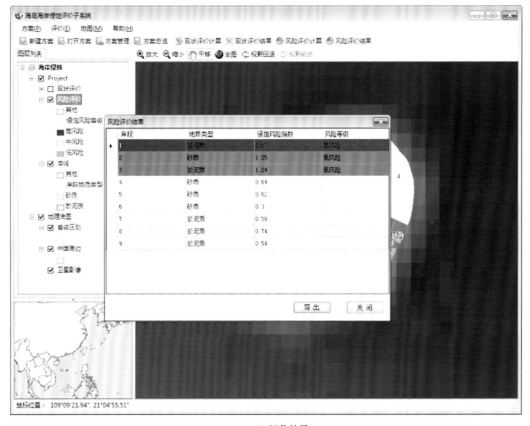

(b) 评价结果

图 5.32 风险评价

在海岛海岸侵蚀评价过程中，用户首先需要创建评价方案，并且选择加载评价参数图层（图5.30）。然后，用户需要输入海岛海岸断面监测数据进行海岛海岸侵蚀现状评价，现状评价结果以列表的方式显示，对于异常评价结果通过颜色高亮给出提示（图5.31）。基于现状评价结果，用户可以进一步开展海岛海岸侵蚀风险评价，通过输入评价指标参数，运行风险评价模型，得到风险评价结果。风险评价结果不仅以列表的方式显示和预警，而且可以将结果以图层的方式在主视图中进行表达（图5.32）。用户在完成一个评价过程后，可以通过方案管理模块，选择历史评价方案，对评价参数和结果进行查看。

5.2.2.6 海岛滑坡风险评价子系统

海岛滑坡风险评价子系统界面如图5.33至图5.35所示。该子系统界面布局主要分为左右两部分：左侧为功能面板；右侧为主视图。功能面板主要包括方案管理和鹰眼视图两个模块。方案管理模块主要对海岛滑坡风险评价方案进行管理，包括评价参数、阈值等信息；鹰眼视图模块标识主视图中所显示视野范围在全图中的位置。主视图是主要基于电子地图，对海岛基础地理空间要素进行可视化表达，使用户直观了解评价目标海岛的位置和相关信息，利用工具栏中的快捷菜单可以方便实现图层的放大、缩小、漫游等交互浏览功能。

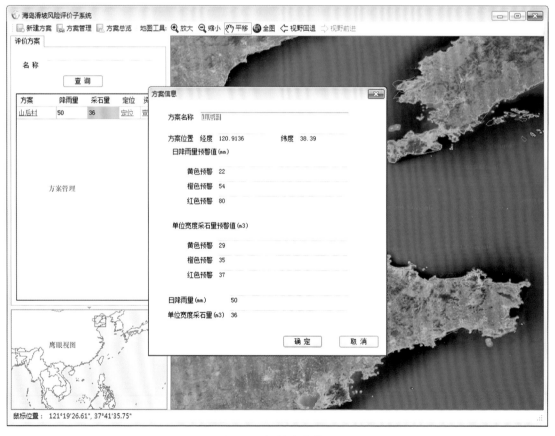

图 5.33　评价参数输入

在海岛滑坡风险评价过程中，用户首先需要创建评价方案，并且输入评价方案的判别阈值（图 5.33），系统自动根据预设的参数阈值和经验关系进行评价，评价结果以不同的颜色在列表中进行显示（图 5.34）。此外，海岛滑坡风险评价子系统还提供滑坡风险评价资料管理功能，将目标海岛的滑坡风险评价相关的评价结果或者报告进行统一管理，便于用户检索和查看（图 5.35）。

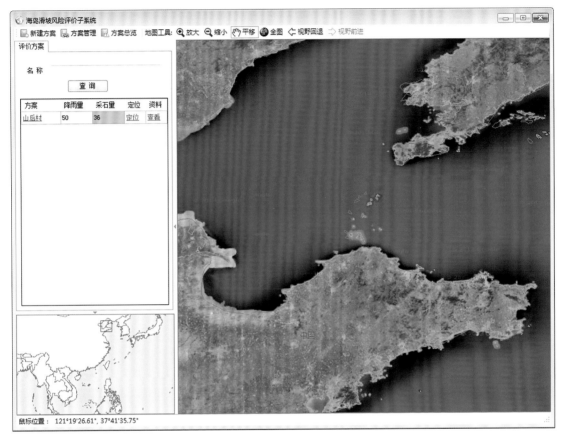

图 5.34　评价结果

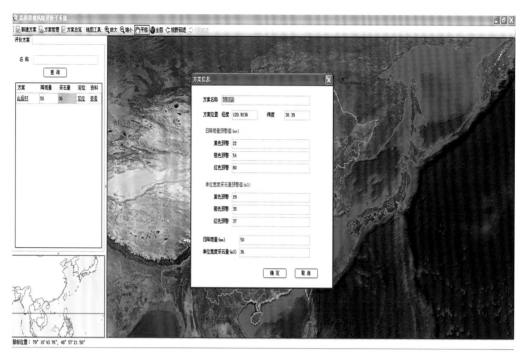

(a) 资料选择

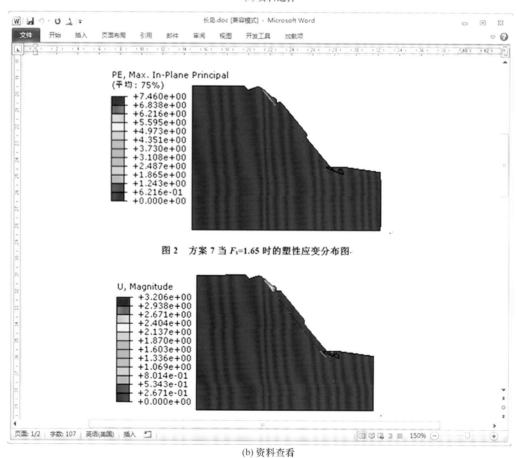

(b) 资料查看

图 5.35   方案相关资料查询

6 海岛地质灾害防治对策

随着经济的发展，海岛开发活动及一些大型海岛工程越来越多地上马，海岛地质条件恶化的趋势不断加剧。很多填海工程、环岛公路和土地开发工程等，爆破山体采石、开挖坡脚，改变岛坡体原始平衡状态，导致崩塌和滑坡等地质灾害不断发生；填海工程、港口和连岛工程等极易改变海洋动力条件，发生淤积灾害，如舟山岛西渔港码头防波堤阻碍了水流运动，致使潮汐通道严重淤积。

由于开发活动日益增强，工程建设增多，海岛地质灾害日趋显著，开始影响海岛人民的生活和生存环境。珍贵地貌景观的破坏或退化，也影响着海岛的生态系统和经济社会和谐发展。开展地质灾害的防治和环境的保护工作将越来越成为人们的共识。

6.1 海岛重要地质灾害防治战略对策

6.1.1 完善的法律制度

自 20 世纪 80 年代始，我国已经开始了自然灾害的立法。将灾害管理规范化、制度化作为重要手段，明确规定了各部门在灾前预防、灾中救援、灾后重建的责任、义务和职责（杜殿均，2013）；建设完成了国家总体应急预案、部门应急预案和行业应急预案的整体预案体系，而且还在不断完善过程中；灾害标准的建设工作开展顺利，各部门和行业已经进入到业务工作标准化阶段，一大批有关灾害的国家和行业标准研究与制定工作正在进行中（张鹏等，2011）。

我国灾害法律法规建设虽然取得了巨大成就，但从法律法规文件的制定颁布整体来看，表现出部门分割、协调不足，以及减灾立法不完备，尚未形成从内容到形式与中国国情相符合的科学的法律体系（黄国恩，2011）。

2010 年 3 月，《中华人民共和国海岛保护法》（简称《海岛保护法》）的颁布实施，改变了长期以来我国海岛保护管理缺乏国家层面立法保障的局面，将海岛保护管理工作纳入了法制化的轨道（范秀利，2010）。填补了我国海洋法规体系中岛屿法律的空白，对提升海岛法律规定的效力层次，对于维护国家的海洋权益和领海安全、保护海岛资源、维护海岛生态系统均有重要意义（哈斯，2011）。

在扎实做好海岛保护立法工作的同时，国家海洋局积极开展了法律配套制度的研究与制定工作，出台了《无居民海岛使用金征收使用管理办法》《海岛名称管理办法》《省级海岛保护规划编制管理办法》等 20 多部海岛管理法规政策（胡增祥，2005）。沿海地方海岛法制建设也取得了突破性进展。2007 年，浙江省人民政府印发《关于进一步加强无居民海岛管理工作的通知》，2008 年，山东省人大常委会通过了《青岛市无居民海岛管理条例》，宁波市人民政府印发了《关于进一步加强无居民海岛管理工作的实施意见》。到目前为止，我国已基本形成了以《海岛保护法》为统领，内容涵盖无居民海岛申请审批、使用权登记、有偿使用、执法监察、海岛名称管理等方面的较为完整的海岛保护管理法律体系。

对于海岛地质灾害而言，迄今为止，还没有一部专门的法律法规和制度出台，但海岛的地质灾害可以纳入到国家针对国土地质灾害的防灾减灾体系中来统一应对。考虑到海岛自身的特殊性，应对海岛地质灾害的防灾减灾做进一步的法律和制度规定，使其更具有可行性和实效性。

6.1.2　合理的开发利用

对于海岛的开发利用，应遵循因岛制宜、科学规划、保护优先、合理开发、有序利用的原则（彭超等，2005）。具体来说，包括以下 5 个方面：①因岛制宜。由于我国海岛地域分布、自然环境、周边环境等差异较大，海岛功能呈现多样化特征，因此，应根据海岛的自身特点，实现差异化的开发利用和保护，最大程度地开发利用海岛资源；②科学规划。在海岛的生态保护、公共资源配置等方面，应加强政府的引导和监管作用，逐岛制定海岛保护和开发规划，避免盲目开发和无序开发，同时应调动社会各方面力量共同参与开发和保护海岛的工作；③保护优先。海岛是重要的战略资源，但其生态环境较为脆弱，在开发利用过程中应将生态环境保护放到重要位置，最大限度地降低开发海岛对环境的负面影响；④合理开发。以海岛的主导功能为基础，实施海岛的分类开发和分级保护，妥善处理保护与开发的关系，形成合理的开发利用和发展格局；⑤有序利用。采用远近结合、有序推进的方式，妥善处理近期和长远之间的关系，在开发和利用海岛的同时，为长远的发展提供足够的空间。

海岛所在县级以上人民政府应将海岛的开发利用列入国民经济和社会发展规划，加强海岛开发利用的管理，保护海岛及周边海域的自然生态环境，确保海岛的开发利用合理可持续。海岛所在县级以上人民政府负责本行政区内海岛的开发利用和保护的监督管理工作，应逐岛编制海岛保护和开发利用规划，并与全国海岛保护规划、海洋功能区划以及省海岛保护规划和海洋功能区划相衔接（贾英杰，2014）。海岛保护和开发利用规划应包括以下主要内容：①海岛的地形、地貌、主要的地质灾害类型及分布、需要保护的自然资源等；②海岛不同区域、岸线及周边海域的使用性质、确权情况及范围等；③海岛的电力、通信、航道、码头等基础配套设施的现状及发展规划；④海岛的规划用途，尤其是规划为旅游娱乐及工业性质的开发利用活动，应重点考虑海岛及周边海域的环境容量以及相应的环境保护对策措施（刘志军等，2009）；⑤生态环境质量现状评价，对于已经受损的还应提出相应的生态修复措施；⑥海岛开发利用中应采取的保护措施。

6.1.3　科学的理论指导

海岛开发利用活动，需要合理的开发利用规划和高水平的地质灾害防治理论指导做基础，才能切实提高我国海岛地质灾害的防灾减灾能力。近年来，越来越多的科学技术应用于地质灾害的勘察、监测、预测、防治等方面，对减少海岛地质灾害的发生、降低灾害损失发挥了重要作用（周航等，2016）。基于这种情况，切实加强科学研究，不断丰富地质灾害防治理论，提高减灾技术和管理水平，对促进我国海岛减灾事业发展具有至关重要的作用。海岛地质灾害研究不仅综合了地貌学、工程地质学、环境工程学、生态学、结构工程学、资源环境学等专业学科，还包括了社会制度、政策法规、规划布局、民众防灾减灾素养、应急救灾队伍建设等社会学科。奠定海岛地质灾害防灾减灾综合体系的基础理论研究，充分发挥各学科的优势，构成一个高效、科学的防灾综合体系。通过多学科的通力合作，建立海岛地质灾害信息数据库，为海岛地质灾害的防治研究提供基础数据（郭承燕等，2012）。

为了对海岛地质灾害的防灾减灾提供科学的理论指导，开展相应的科学研究非常必要。相关的科学研究主要包括以下内容：海岛地质灾害长期原位监测技术、数值模拟、预报预警技术、处置技术研究等（福建省地质学会，2015）。地质灾害体的长期连续原位监测不仅可以及时掌握灾害体的变形动态，为分析其稳定性、预测灾害发生、灾害的治理以及地质灾害的研究等提供基础数据，同时也为政府部门对地质灾害体的环境治理规划和决策等提供依据。基于地质灾害体原位监测数据，结合试验测试技术及计算机科学，对地质体的灾害过程进行数值模拟，探讨地质灾害评价、预测和防治理论，研究地质灾害发生与降水、岩土体温度、地震以及开挖、爆破等人为因素的相关关系，定量分析海岛地质灾害的发生条件。在现有海岛地质灾害体观测和预报业务的基础上，以卫星遥感、航空遥感和地面监视监测为主要手段，实现对我国重点海岛地质灾害的监视监测，全面提升我国海岛地质灾害监测业务能力；建立我国海岛地质灾害数据库，实现监视监测数据的完整、安全和及时传递；建立国家、海岛市、海岛县三级海岛地质灾害监测、评价与预警业务体系，形成业务化运行机制；并通过系统的运行，为各级政府制定海岛开发与保护规划服务；定期发布海岛地质灾害监测评价成果，并实时发布灾害预警信息。

另外，科学的理论指导需要一批掌握相关学科前沿知识、勇于创新、富有经验的研究技术人才，因此，在海岛地质灾害相关研究领域培养高素质科研人才具有重要意义。

6.1.4 积极的防治措施

由于地质灾害本身的演变过程复杂、具有多样性和阶段性，影响因素较多，又是动态变化的（朱吉祥等，2012），因此地质灾害防治是一项复杂的系统工程。在采取防治措施预防海岛地质灾害的发生时，要兼顾效益最优化原则，实现科学性、可操作性、最小风险和最大效益原则。具体来说，包括以下4个方面：①加强海岛地质灾害调查与研究工作。从海岛的地质条件和自然环境出发，开展海岛专项地质灾害调查，查明海岛地质灾害的形成条件、分布规律、灾害类型、发展机理及危害程度等；②完善地质灾害监测预警系统。灾害体的监测是灾害预报和防治基础信息获取的重要手段，由于地质灾害发生的复杂性和后果的严重性等特点，对灾害严重的地质体进行长期有效监测并进行及时预警非常必要；③地质灾害治理与避让。对于一些能量较小，处于能量积累过程中的地质灾害，可以采取人工方法，诱使其提前发生，减小能量，或者采取加固处理措施，增加稳定性；对于规模大、危害程度高、难以治理的地质灾害体，应及时采取搬迁避让措施；④地质灾害信息系统建设。不断完善地质灾害及防治成果等基础信息库的建设，推进地质灾害防治信息资源的整合，促进信息共享，实现地质灾害防治管理的网络化、信息的规范化，为海岛地质灾害的防治提供全过程信息保障（郭承燕等，2012）。

6.1.5 广泛的宣传教育

加强防灾减灾的宣传教育是提高民众防灾减灾意识和能力的有效途径，也是国家防灾减灾工作的重要内容（姜金征等，2012）。由于历史、政治、经济、文化、信息交流等方面的原因，海岛地质灾害文化建设和防灾减灾教育等存在明显的滞后现象，海岛居民的防灾减灾意识比较薄弱，将减灾简单视为救灾和赈灾的片面观念仍然存在。目前，我国海岛地质灾害的防灾减灾基本知识宣传明显不足，海岛居民对于地质灾害的警觉性差，避灾能力差，缺乏自救和救护的能力，是我国海岛防灾减灾工作中的普遍问题。现阶段，应开展全民普及宣传教育工作，提高海岛居民对地质灾害的防灾意识和自我保护能力。

以我国地质灾害多发易发、人口密集海岛地区为重点，面向海岛普通群众、基层干部等，开展海岛地质灾害防灾减灾知识的集中宣传教育活动，增强海岛居民的防灾减灾意识和自救、互救能力，树立海岛居民地质灾害关系切身利益的意识和主动防灾的观念，避免和减轻海岛地质灾害造成的损失，为海岛经济社会的和谐健康发展提供地质安全保障。

加强各级政府部门的防灾减灾意识和责任感，通过政府部门和新闻媒体、科研单位以及其他社会团体之间的相互合作宣传和普及海岛地质灾害的防灾减灾知识，依托国家防灾减灾科普教育支撑网络平台，鼓励有条件的海岛居民参加防灾减灾远程教育；结合海岛地质灾害的特点，通过编制科普读物、挂图、音像制品等对防灾减灾的案例、经验和相关知识等进行宣传；通过广播、电视、网络、现场科普活动、演习等方式进行海岛灾害和防灾减灾的宣传教育，进一步增强海岛居民的防灾减灾意识，提高紧急避险和自救互救能力。

6.1.6　统一的行政管理

我国现行的灾害管理体制是按灾种划分的，分别由不同的部门分别承担，形成了单灾种、分部门、分地区的防灾抗灾的管理体制（戴胜利等，2010）。每一个灾种或几个相关灾种分别由一个或几个相关的部门负责；根据灾害的发生地点在地域上实行属地管理；并且根据灾害的监测、预报、防御、抗灾、救灾、援建等多个环节，按照各单位部门的职能实行分阶段管理（周国强等，2009）。

我国减灾工作虽然已经开展了十几年，但就全国而言，综合减灾还处于起步阶段（王振耀等，2004），而国外的综合减灾已经开展了几十年，有着相当成熟的经验和做法（Side et al.，2002）。许多国家都设立了综合减灾管理机构，建立了较完善的综合减灾管理体系，有一套高效的综合减灾管理机制，并通过综合减灾法律来保证其组织机构的管理工作和运行机制的有效实施（Montero，2002），值得我们参考与借鉴。

我国现有的防灾减灾体系是在经济不发达、技术起点低的困难条件下形成的，缺乏灾害管理的整体性和系统性，已不适应社会发展和减灾形势发展的需要，更不利于以社会单元作为一个综合承灾体进行综合减灾规划的制定和作用的发挥。与发达国家相比，对自然灾害的综合管理水平有较大差距，灾害管理法制尚不健全，尚缺乏防灾减灾的总体规划，灾害管理体系与制度建设，以及协调运行机制均有必要加强。

结合国外综合减灾的先进管理模式，应该构建我国综合减灾管理体制。其目的就是要加强部门的协作，通过综合减灾机制，统一调配、整合分散于各部门、各单位的技术、人力、物资、装备等减灾资源，形成工作合力，实现减灾投入的最小化和减灾效果的最佳化（李保俊等，2004）。针对我国综合减灾管理体制机制方面存在的问题，提出以下战略对策：①进一步加强综合减灾的组织领导，健全各级综合减灾组织机构，建立统一、高效的综合减灾指挥管理系统；②增强灾害管理的协调机制，推动灾害管理体制的完善；③整合减灾信息资源，形成合力，大力实施综合减灾；④加强灾害链的科学研究，提高综合防御自然灾害的能力。

6.1.7　规范的体系建设

防灾体系建设的基本方针就是加强海岛灾害应急体系建设，制定和完善海岛灾害应急预案，建立一个充分完善的灾害预防体系，迅速的灾害应急对策体系，妥善的灾后重建修复体系。逐步实现海岛灾害预报、预警、应急、救援、评估的规范化，提高防灾减灾的水平。防灾减灾体系包括预报预警体系、应急处置体系、救助支援体系（陈鹏等，2013）。

1）预报预警体系

各级人民政府要加快建立以预防为主的地质灾害监测、预报、预警体系建设，开展地质灾害调查，编制地质灾害防治规划，建设地质灾害群测群防网络和专业监测网络，形成覆盖全国的地质灾害监测网络。国务院国土资源、水利、气象、地震部门要密切合作，逐步建成与全国防汛监测网络、气象监测网络、地震监测网络互联，连接国务院有关部门、省（区、市）、市（地、州）、县（市）的地质灾害信息系统，及时传送地质灾害险情灾情、汛情和气象信息。

负责地质灾害监测的单位，要广泛收集整理与突发地质灾害预防预警有关的数据资料和相关信息，进行地质灾害中期和短期趋势预测，建立地质灾害监测、预报、预警等资料数据库，实现各部门间的信息共享。

地方各级人民政府国土资源主管部门和气象主管部门要加强合作，联合开展地质灾害气象预报预警工作，并将预报预警结果及时报告本级人民政府，同时通过媒体向社会发布。当发出某个区域有可能发生地质灾害的预警预报后，当地人民政府要依照群测群防责任制的规定，立即将有关信息通知到地质灾害危险点的防灾责任人、监测人和该区域内的群众；各单位和当地群众要对照"防灾明白卡"的要求，做好防灾的各项准备工作（林鸿潮，2008）。

2）应急处置体系

建立统一指挥、分级管理、反应灵敏、协调有序、运转高效的应急处置体系和运行机制，加强救灾物资、装备、队伍建设，建立完善的社会动员机制。海岛地质灾害应急处置体系应包括以下内容：①有关部门按职责收集和提供地质灾害发生、发展、损失以及防御等情况，及时向当地人民政府或相应的应急指挥机构报告，各地区、各部门要按照有关规定逐级向上报告；②按灾害程度和范围，及其引发的次生、衍生灾害类别，有关部门按照其职责和预案启动应急响应；③根据地质灾害的类型及发展情况随时更新预报预警信息，并及时通报相关应急部门和单位，依据需求提供专门的应急处置办法；④当启动应急响应后，各有关部门和单位要加强值班，密切监视灾情，针对不同灾害种类及其影响程度，采取应急响应措施和行动。新闻媒体按要求随时播报灾害预警信息及应急处置相关措施；⑤地质灾害现场应急处置由灾害发生地人民政府或相应应急指挥机构统一组织，各部门依职责参与应急处置工作。包括组织营救、伤员救治、疏散撤离和妥善安置受到威胁的人员，及时上报灾情和人员伤亡情况，分配救援任务，协调各级各类救援队伍的行动，查明并及时组织力量消除次生、衍生灾害，组织公共设施的抢修和援助物资的接收与分配；⑥地质灾害事发地的各级人民政府或应急指挥机构可根据灾害事件的性质、危害程度和范围，广泛调动社会力量积极参与灾害突发事件的处置，紧急情况下可依法征用、调用车辆、物资、人员等；⑦地质灾害的信息公布应当及时、准确、客观、全面，灾情公布由有关部门按规定办理，信息公布内容主要包括海岛地质灾害种类及其次生、衍生灾害的监测和预警，因灾伤亡人员、经济损失、救援情况等。

3）救助支援体系

受灾地区人民政府应当在确保安全的前提下，采取就地安置与异地安置、政府安置与自行安置相结合的方式，对受灾人员进行过渡性安置。就地安置应当选择在交通便利、便于恢复生产和生活的地点，并避开可能发生次生自然灾害的区域，尽量不占用或者少占用耕地。受灾地区人民政府应当鼓励并组织受灾群众自救互救，恢复重建。

自然灾害危险消除后，受灾地区人民政府应当统筹研究制定居民住房恢复重建规划和优惠政策，组织重建或者修缮因灾损毁的居民住房，对恢复重建确有困难的家庭予以重点帮扶。

居民住房恢复重建应当因地制宜、经济实用，确保房屋建设质量符合防灾减灾要求。受灾地区人民政府民政等部门应当向经审核确认的居民住房恢复重建补助对象发放补助资金和物资，住房城乡建设等部门应当为受灾人员重建或者修缮因灾损毁的居民住房提供必要的技术支持。居民住房恢复重建补助对象由受灾人员本人申请或者由村民小组、居民小组提名，经村民委员会、居民委员会民主评议，符合救助条件的，在自然村、社区范围内公示；无异议或者经村民委员会、居民委员会民主评议异议不成立的，由村民委员会、居民委员会将评议意见和有关材料提交乡镇人民政府、街道办事处审核，报县级人民政府民政等部门审批。

自然灾害发生后的当年冬季、次年春季，受灾地区人民政府应当为生活困难的受灾人员提供基本生活救助。受灾地区县级人民政府民政部门应当在每年 10 月底前统计、评估本行政区域受灾人员当年冬季、翌年春季的基本生活困难和需求，核实救助对象，编制工作台账，制定救助工作方案，经本级人民政府批准后组织实施，并报上一级人民政府民政部门备案。

6.2　海岛典型地质灾害防治措施

我国海岛数量众多，自改革开放以来，海岛的开发活动进入了一个繁荣期。随着海岛资源开发利用活动的普遍展开，海岛上由自然或人为因素引起的地质灾害逐渐引起人们的重视，主要包括海水入侵、海岸侵蚀、滨海湿地退化、地面沉降、滑坡崩塌等（高伟等，2014；徐元芹等，2015；刘乐军等，2015），对这些典型地质灾害进行科学、有效的防治，对保护海岛环境、合理开发利用海岛资源具有十分重要的意义。

6.2.1　海水入侵防治措施

海水入侵是海岛滨海地区的一种常见地质灾害类型，主要是由于陆地地下淡水水位下降而引起海水直接侵染地下淡水层，会对水质和土壤环境造成严重影响。海岛面积本身较小、四周被海水包围，同时淡水资源有限，海岛这些特殊的性质使得海水入侵问题在海岛上较为普遍。海岛海水入侵灾害的防治措施主要包括：

1) 加强地下水资源管理，限制地下淡水开采量

海岛地区淡水资源有限，随着社会经济的不断发展，对淡水资源的需求越来越大，开采地下水成了解决水资源不足的主要手段，地下水资源的超采，势必造成地下水水位下降，进而引发海水入侵。

因此，加强地下水资源管理、限制和减少海岛地区地下淡水开采量是防治海水入侵的一种有效的方法（黄磊等，2008）。海岛地区淡水资源非常宝贵，必须做到合理开采，保持地下水水位，对于海水入侵严重的海岛地区，应限制地下淡水开采量，严禁乱打井、打深井，涵养地下水水源，从根本上控制和缓解海水入侵灾害。另外，在海岛区可以将传统垂直抽水井改变为水平集水方式，如水平集水廊道或辐射井等井型，这样可以有效减小由抽水引起的地下水盐度快速上升，从而一定程

度上减缓海水入侵。

海岛地区淡水资源相对缺乏，在这种情况下可以寻求岛外淡水资源，通过修建调水工程引调客水可以从根本上缓解岛内水资源供需矛盾，减少岛内地下水开采量，从而防控海水入侵灾害。

2）修建各种阻碍海水入侵的屏障，有效抵御海水入侵

通过建立各种工程屏障或水力屏障来阻隔海水，可以有效抵御海水入侵。这种方法属于一种防御性措施，主要包括建立防潮堤坝、水力帷幕、地下水坝、地下水库、气体防渗墙等（吴晨立，2013）。

风暴潮对沿海地区的危害很大，它将海水带上陆地，直接造成海水入侵并加剧海水入侵在沿岸地区的蔓延。所以在易受海水侵入的海岸带修建防潮堤可以防御风暴潮，改善由风暴潮造成的海水入侵问题。同时还可以在防潮堤坝内侧建立淡水水库，提高淡水水位，逼迫已入侵的海水倒退，是一项防治海水入侵的有效措施。

水力帷幕是在咸淡水界面之间形成水力屏障，阻碍海水入侵。水力帷幕可分为注水帷幕、抽水帷幕以及两者相结合的抽注水帷幕。注水帷幕主要是在海水入侵前缘的内陆一侧布置一系列钻井，通过向其中注入淡水来提升咸淡水界面处的淡水水位，形成水力屏障，也称淡水帷幕，适用于有充足淡水资源进行贯入的地区。抽水帷幕是在咸淡水界面的海水一侧通过抽水形成水位低谷，达到防止海水入侵的效果，适用于淡水资源相对匮乏的海岸地区。在我国长兴岛，这种方法被应用于以滩涂养殖业为主的海水入侵地区，将抽水帷幕与海水养殖相结合，在潮间带抽取大量地下咸水，利用抽取的地下咸水发展滩涂养殖，在对海水入侵起到防治作用的同时，也给养殖业带来了一定的效益。

陆地地下淡水有一部分以地下径流的形式输入海洋，在地质条件适宜的地区，可通过建造拦蓄地下径流的地下水防渗墙或地下水库（岩溶地下水库或河谷型地下水库）的方式防治海水入侵。其主要是通过高压喷射灌浆、静压灌浆等方法，在含水层下游修建一条弱透水或不透水的地下坝来拦截向海方向的地下径流。这种水利工程既可以拦蓄地下淡水、提高地下水位，又可以阻断海水入侵路径，具有防治海水入侵、扩大淡水供应、无垮坝风险、投资小等优点。这种方法20世纪70年代在日本开始出现，日本冲绳宫古岛皆福、长崎野母崎町桦岛和神井三方町长福等地都修建了地下坝形成的地下水库，经过40多年的发展目前这种方法在国外已经比较成熟。

气体防渗墙是通过向含水层注入空气，在充气孔四周形成人工非饱和带或包气带，包气带中渗透系数随含水率的降低而降低，相当于形成了一道空气屏障，从而阻止了两侧水体的流动，起到防治海水入侵和阻止淡水向海渗流的作用。

3）人工补给地下水，恢复抬升地下淡水水位

人工补给地下淡水，可以提高滨海地区地下淡水的水位和流速，从而改善海水入侵状况，是一种防治海水入侵的补源恢复性措施，主要有地下水回灌、拦蓄补源等方法。

地下水回灌是通过渗坑、渗井、渗渠等回灌工程人工补充地下水，提高地下淡水水位，维持海岸地区的地下水动力平衡，达到防治海水入侵的效果。但该措施受到一定的水文地质条件（如地下含水层埋藏条件）及水资源补给条件的限制，要求当地有足够的符合标准的回灌水源。回灌水源可以选用地表径流水、雨水或处理达标的再生水。当采用地表水、雨水等洁净水源时，常用回灌井、渗渠等进行回灌补源；而当采用再生水时，为保证地下水安全应对水质严格要求，并采用渗塘、湿地等措施进行回灌。

拦蓄补源主要是通过建设蓄水工程来拦蓄地表水或雨洪水，增加地表水可利用量，并蓄渗结合补充地下水，提高地下淡水水位。海岛地区面积较小、多为丘陵山地，无过境客水，河流多为季节性短源河流，汛期水位暴涨、水量充沛。拦蓄补源的方法一方面可以缓解海岛地区水资源共需矛盾；另一方面有利于恢复地下水动力平衡，对预防和治理海水入侵具有积极的效果。

同时，在淡水资源严重缺乏的海岛地区，可以实施引调客水工程，通过修建调水工程引调岛外淡水资源，一方面解决供水不足问题；另一方面可以对海水入侵地区进行回灌补源，减少地下水开采量。

4）生态修复，改善海水入侵地区的生态环境

生态修复措施是指改善海水入侵区域的生态环境，在防治海水入侵的同时兼顾周边生态环境的恢复和保护，通过环境效应来缓解海水入侵灾害，最终在一定程度上控制海水入侵，并形成新的咸淡水的动态平衡（陈广泉，2013）。

海水入侵的生态修复措施主要包括：一是恢复原有湿地、滩涂，建设人工湿地等生态型海水入侵防治工程，使地表淡水有效渗入地下，起到蓄积淡水、淡化地下水水质、提高地下水水位的作用；二是海滩养护，维护陆地和海洋之间的连接系统，同时恢复海岸植被缓冲带，蓄养水源；三是发展生态农业和养殖业，进行适应性耐盐作物培育，利用地下微咸水浇灌耐盐作物，在潮间带可进行抽咸养殖，降低地下咸水水位，防治海水入侵。

6.2.2 海岸侵蚀防治措施

海岛地区自然生态环境脆弱、陆域入海泥沙量小，在全球气候变化等自然因素和海岛开发等人为因素影响下，海岛极易发生海岸侵蚀，其已经成为海岛地区地质灾害的主要类型之一。海岸侵蚀主要表现为岸线后退、滩面下蚀，会直接导致海岛岸带植被破坏、水土流失，对岛屿的生态安全造成严重威胁。海岛海岸侵蚀灾害的防治措施主要包括：

1）建设结构性防护工程，消减海洋动力，保护海岸

波浪、潮流、风暴潮等是造成海岸侵蚀的主要海洋动力，为了防止岸线后退、消减海洋动力，建设各类海岸防护工程是最常见的海岸防护手段（刘孟兰等，2007）。依据不同岸段的环境特征，建造护岸、丁坝、防波堤、人工岬角等海岸侵蚀防护工程，以使造成海岸侵蚀的动力因素在达到岸外海区之前就可以消减。这些护岸工程可以单独建造，也可以进行多种形式的相互组合，以达到更好的防护效果。

建造人工护岸工程是防治海岸侵蚀的传统方式，其成本低廉，能有效保护后方陆域，在特定时期内起到阻止岸线后退的作用。但是，顺岸的人工护岸隔断了陆地和海洋的联系，阻止了陆地和海洋之间沉积物的输运，随着时间的推移，护岸向海侧的岸滩在波浪与潮流的作用下逐渐下蚀，海水掏蚀坝基，容易造成护岸损坏、坍塌，丧失海岸防护功能。

丁坝是我国海岸防护采用较多的一种保滩促淤工程，其功能主要是拦流截沙，也能消耗一部分入射波的能量，使其掩护范围内的波浪减弱，但由于丁坝一般垂直于海岸或与主波向平行，所以消浪作用较弱。丁坝常设置在沉积物不足的海岸带，丁坝的促淤效果取决于它的方向、长度、高度和间距，丁坝通常构成丁坝群，将沿岸输沙拦截在丁坝群的上游侧以及间隔的两座丁坝之间。在长江口的崇明岛、长兴岛及横沙岛上就分布着数百座丁坝，起到海岸防护的作用。但同时，丁坝的建设也要考虑到对下游海岸的冲刷和侵蚀。

潜堤、离岸堤等防波堤可以起到消波减浪的作用，一般在距岸边一定距离处平行海岸设置。潜堤突出于海底，可使入射波浪迅速变形破碎、能量消减并改变其传播方向，减少波浪对海岸的冲击。离岸堤平行海岸并露出水面，主要功能是阻挡海浪，使其发生绕射，消耗入射波能，在堤后形成波影区，促使泥沙在堤后岸段淤积，起到防护海岸侵蚀的作用。

同时，在砂质海岸可以通过模仿自然系统设计人工岬角，形成静态岬湾，达到防止侵蚀、保护海滩的作用。静态平衡岬湾是稳定的理想湾岸，在自然环境中存在很多静态平衡岬湾，其平面布置是一个天然岬角、礁岩与弯曲砂质海岸的组合。实际中，可以通过人工建造适当的突堤或离岸堤等构筑物形成人工岬角，与已有的砂质海岸形成一种典型的静态平衡岬湾布置，保持海岸稳定。

2）人工养滩防护海岸侵蚀，包括海滩填沙养护、生物防护等

目前，人工补沙养滩作为一个有效的防护砂质海岸侵蚀的措施，越来越多地被用来保护现有的海滩或恢复被侵蚀破坏的海滩（杨燕雄等，2009）。该方法主要是通过人工方法，将附近海底或陆地的沙料运来填补侵蚀掉的泥沙，以恢复自然的海滩剖面，从而减弱海岸侵蚀。与其他防护工程相比，这种方法更加自然，对生态环境影响很小，可以长效地防治海岸侵蚀。由于人工补充的海滩沙仍将受到海浪的冲刷，所以应定期给海滩补沙，保持输沙平衡。

随着护岸理念的不断转变，生物护滩逐渐兴起，其主要是通过在岸滩上或水下种植某些植物，以达到促淤造滩的目的。这种措施一般适用于侵蚀强度不大的海岸，或与其他防护工程配合使用，依据当地的环境特点，选择种植红树林、海草等植物。生物护岸对海岸生态环境影响较小，造价相对低廉，其缺点是对强风浪侵袭的防护效果有限，同时易遭到破坏，一旦植被被破坏，侵蚀又会发生，同时还需要考虑物种入侵的风险。

3）合理规划有序开采，尽量减少近岸采砂

近岸采砂会导致海岸严重侵蚀，尤其是在滩面和近滨部位采砂，危害最为严重。所以人类在开发建设中要合理、有序地开采海砂资源，杜绝不合理的开发利用，禁止在对海岸演化起关键作用的海域开采，尽量减少近岸采砂。

4）减少或恢复不合理的海岸工程建设

不合理的海岸工程建设造成的负面环境效应也是引发海岸侵蚀的重要人为因素，如河流建闸会导致入海泥沙量减少；沿海围垦、码头建设等会改变局部海岸动力环境等；同时有些设计不合理的长突堤、长丁坝等护岸工程，从长期来看会造成岸段下游由于缺乏泥沙来源而侵蚀后退。所以，在设计建设海岸工程时要合理规划，尽量避免对海岸环境造成新的不利影响。

海岸处在陆地和海洋的过渡地带，受到来自陆地、海洋以及人为因素的共同作用，环境复杂并且脆弱。以上这些防治海岸侵蚀的措施各有其适用范围，在防治海岸侵蚀时要因地制宜，针对不同岸段的具体特点，选择适宜的一种或多种方法，在保护海岸的同时考虑其长期影响、生态影响、社会及经济影响。

6.2.3 滨海湿地退化防治措施

海岛滨海湿地是海岛海陆交互系统的重要组成部分，是海洋与岛屿相互作用形成的特殊的生态系统，具有抵御风暴、调节气候、促淤造陆、蓄积淡水、防治海水入侵、降解环境污染物质等功能。由于滨海湿地位于海洋与陆地的交汇地带，受到海陆作用的双重影响，再加上人为因素的作用，其生态功能极易退化。滨海湿地退化主要表现在湿地面积减小、湿地水质和底质污染、湿地生

物多样性水平和初级生产力下降、湿地植被退化等方面（韩秋影等，2006；李团结等，2011）。对滨海湿地退化的防治措施也主要是从以下几个方面入手，对已退化的湿地进行修复、重建，具体包括：

1）保护为主、适度开发，减少对湿地面积的不合理占用，保持湿地面积

湿地的退化是随着人类对湿地的不合理的开发利用而出现的，对滩涂的开发利用和大面积的围填海工程大大缩减了湿地的面积，造成湿地丧失和湿地景观破碎化。因此，在对海岛的开发与利用中，要处理好滨海湿地的开发与保护的关系，本着保护为主、适度开发的原则，合理规划建设港口、道路，减少养殖、围垦等对滨海湿地的占用，对于滨海湿地退化严重的区域，可考虑拆除对湿地的不合理占用，恢复原有湿地面积。

2）加强淡水资源管理，满足湿地生态环境需水量

在整个湿地生态系统中，水资源作为重要因素决定湿地生态结构及功能，导致滨海湿地退化的一个重要原因是淡水资源不足。海岛地区淡水资源有限，随着对淡水资源开发力度的不断加强，滩涂湿地的萎缩退化不断加剧。因此，海岛地区应加强淡水资源管理，合理规划淡水资源的开发利用，满足湿地生态环境需水量，同时限制和减少海岛地区地下淡水开采，控制海水入侵，因为海水入侵也是造成滨海湿地退化的一个重要因素。

3）减轻湿地污染，恢复水质和底质环境

湿地水质和底质污染也会引起湿地植被退化和湿地景观变化。随着工业化和城镇化的加快，滨海地区的工业废水、养殖废水、生活废水被大量排入海中，造成滨海湿地水质和底质污染，逐渐引发湿地植被、景观及生态功能的退化。所以在海岛开发利用中，要注重环境保护，减少入海污染物排放量，保持滨海地区水体质量，逐渐恢复被污染的湿地的水体和底质质量。

4）滨海湿地的生物恢复，提升湿地生物多样性水平

滨海湿地的生物资源包括陆生生物和水生生物，大量的鱼类、鸟类、底栖动物和浮游生物生活在滨海湿地中，这些生物对维持滨海湿地的生态功能起着非常重要的作用。滨海湿地的生物恢复，主要是人工选育、培植、引入相关生物物种，优化群落结构，控制与恢复群落演替。近年来，随着经济的发展，近海鱼类捕捞强度不断增大，生物多样性受到威胁，渔业资源衰退。因此在滨海湿地还可以通过控制捕捞、增殖放流等措施来恢复滨海湿地的渔业资源。

6.2.4　地面沉降防治措施

海岛四面环海，多沿海低地，受地面沉降影响大，地面沉降发生后容易引起滨海低地面积扩大、相对海平面上升，造成海水入侵，海堤、海港等有效标高降低，抵御风暴潮等的能力减弱，导致沿海经常受到海水的侵袭。随着人类对海岛的开发，海岛地面沉降灾害逐渐加剧，主要包括在滩涂等淤泥质软黏土上围垦、填海造成的软土地基地面沉降；过量开采地下水导致的地面沉降等（薛宇群，2012）。前者只是在工程周边产生局部的地面沉降，而后者会产生大范围的区域性的沉降（殷跃平等，2005）。因此，过量开采地下水导致的地面沉降是海岛地面沉降灾害防治的重点（王小静等，2008），其防治措施主要包括：

1）合理利用地下水，减少地下水开采量

地面沉降与地下水过量开采紧密相关，只要地下水位以下存在可压缩地层，就会因过量开采地

下水而导致地面沉降的发生。海岛地区淡水资源相对匮乏，对地下水的超量开采会导致地下水水位下降，形成局部的沉降漏斗，进而向外围扩展，形成大面积的沉降区。所以合理节约利用地下水、减少地下水开采量是防治海岛地面沉降的主要措施之一，可以从根本上控制和缓解由超采地下水造成的海岛地面沉降。

2）寻找替代水源，并进行地下水人工回灌

对于防控因超采地下水引起的地面沉降，寻找替代水源从而减少地下水开采量是一个重要方面，这对于地表水资源缺乏的岛屿来说尤为重要。可以寻求岛外淡水资源，通过修建调水工程引调客水的方法，来缓解岛内水资源供需矛盾，减少岛内地下水开采量，从而防控海岛地面沉降灾害。

同时，还可以通过人工回灌地下水的方式，补充地下含水层的水量，抬高地下水水位，以达到控制地面沉降、修复含水层的目的。这种方法对于控制含水砂层的压缩变形是有很好效果的，对于黏性土层也有一定效果，但是其效果不明显。

3）调整优化地下水开采层位，禁采深层地下水

防治地面沉降在减少地下水开采量的同时，也应优化地下水开采层位。因为深层地下水的补偿功能较弱，大量开采深层地下水会直接形成严重的沉降漏斗，所以禁采深层地下水是控制地面沉降的有效措施。而浅层地下水与深层地下水相比，其补偿能力强，相对具有更大的允许开采量，所以应调整优化地下水开采层位，开发利用浅层地下水，提高浅层地下水的利用率。

4）加强对湿地和海岸的保护，并采取工程措施防御海水入侵

海岛地区受地面沉降影响大，地面沉降发生后容易引起滨海低地面积扩大、相对海平面上升，造成海水入侵，抵御风暴潮的能力减弱。所以应采取措施，加强对湿地和海岸的保护，包括湿地修复与重建、新建海滩和海滩养护、恢复沙丘、回填垫高地面、沿岸修筑防潮工程、提高堤坝、港口的设计标高等。

5）加强地面沉降监测

地面沉降发展缓慢，短期内不易察觉，但其影响范围很广，一旦出现则很难治理，所以要重视地面沉降的监测，防患于未然。定期进行地下水水位、水量及水质的监测与分析，定期进行水准测量，计算沉降量，为全面分析地面沉降变化和发展情况、制定防控措施提供可靠依据。

6.2.5 滑坡、崩塌防治措施

滑坡、崩塌属于重力因素引发的海岛地区的典型地质灾害，其发生与坡面角度、物质组成、地貌、植被、降水、海洋动力及人类活动有关。在海岛地区，滑坡多发生于丘陵、山地等陆地区域，同时受气候因素影响，在降雨充沛、气候湿润的南方地区更为常见，而在北方地区滑坡较少发生（王恭先，2005）。崩塌除易发生在丘陵、山地等陆地区域外，在海岸带地区也广泛分布。海岸带的崩塌现象主要发生在基岩海岸和由松散沉积层组成的海岸，在海洋动力作用下海岸发生侵蚀，基岩风化脱落或松散沉积层被掏蚀后上部沉积物受重力作用而崩塌。海岛滑坡、崩塌地质灾害的防治措施主要包括：

1）工程治理，减小灾害发生隐患

滑坡、崩塌灾害的工程治理措施主要包括：刷方减载，减小滑坡滑动力；削坡处理，减小坡度，剥除表层风化体；清除危石，在发生崩塌之前将近乎脱离基岩的危石和孤石清除，但随着风化

的继续会产生新的危石，需要周期性清除；回填压脚，在滑坡体坡脚处提供足够的自重力，增加滑坡抗滑力，提高稳定性；岩体锚固，当边坡具有下倾的不利结构面，或具备大裂隙时，可用锚索或锚杆加固，同时起到护坡和抗滑的作用；注浆加固，将水泥砂浆或化学浆注入滑动带附近的岩土中，提高岩土抗剪强度（罗丽娟等，2009）。

2）积极防御，保障生命财产安全

对于滑坡、崩塌灾害要防治结合，对于灾害环境复杂、变形较大等治理难度很大的滑坡崩塌灾害体，要积极地采取防御措施，避让、远离灾害体，并可修建一些防御工程。具体包括：修建落石槽，用一定宽度和深度的沟槽来承接落石，避免落石直接降落到需要保护的区域；修建挡土墙、挡石墙、拦石网等支挡建筑物，保护下部区域；当灾害体下方有交通线路或其他建筑物时，可建造棚洞等遮拦结构进行防护。

3）间接防治，缓解滑坡崩塌灾害

滑坡、崩塌灾害的治理需要标本兼治，将工程措施与生态措施等其他措施相结合，注重自然生态环境的保护，缓解滑坡、崩塌灾害。滑坡、崩塌灾害的发生与坡面植被的破坏有一定关系。植被具有护坡和防止水土流失的功能，植物深根具有锚固作用，浅根具有加筋作用，所以在采用工程措施治理滑坡、崩塌的同时，应注意植被保护，充分发挥植被护坡的作用。

海岸侵蚀会造成海岸基岩风化脱落发生崩塌，或海岸松散沉积层被掏蚀后上部沉积物受重力作用而崩塌，所以减弱海岸侵蚀可以从一定程度上缓解海岸带崩塌灾害。在受到侵蚀的海岸带，可以采用修筑防波堤、石块护坡、种植防护植被、减少地下水开采等措施，减轻海岸侵蚀。

4）加强滑坡、崩塌灾害监测

滑坡、崩塌等重力作用引发的地质灾害成因复杂，具有潜在性和突发性，应对地质灾害体进行长期监测，包括应力、应变、位移、倾斜等的监测，掌握地质体演变过程及监测地质灾害防治效果，积极预防灾害的进一步发生（唐亚明等，2012）。

6.3 全国海岛地质灾害防灾减灾管理措施的建议

6.3.1 合理开发利用，加强监督管理

与陆地相比，海岛由于地理环境独特，其土地、森林等资源有限，淡水资源更是严重短缺，生态系统十分脆弱（宋婷等，2005），这些因素导致开发利用海岛时应根据海岛的自身特点，实现差异化的开发利用和保护，最大程度地开发利用海岛资源。加强政府的引导和监管作用，逐岛制定海岛保护和开发规划，避免盲目开发和无序开发，调动社会各方面力量共同参与开发和保护海岛的工作。对于生态环境已经受损的海岛还应提出相应的生态修复措施。

海岛所在县级以上人民政府应加强海岛开发利用的管理，逐岛编制海岛保护和开发利用规划，并与全国海岛保护规划、海洋功能区划以及省海岛保护规划和海洋功能区划相衔接，保护海岛及周边海域的自然生态环境，确保海岛的开发利用合理可持续，负责行政区内海岛的开发利用和保护的监督管理工作。根据经济、社会发展水平以及海岛保护和开发利用规划，制定海岛开发利用预警机制，使经济社会发展、海岛开发利用与自然资源保护相适应。

6.3.2 健全减灾机构，完善工作制度

目前，我国海岛地质灾害防灾减灾管理体制缺乏全方位、快速有效的工作机制，协调机制不够完善，海岛地质灾害应急指挥系统普遍没有成立，缺少经费等情况较为突出。我国海岛地质灾害防灾减灾中存在的问题主要有地质灾害发生后灾情报告渠道不够畅通、应急反应不够快、救援装备落后等，因此，应推进海岛地质灾害应急指挥体系建设，建立统一指挥、分级管理、反应迅速、协调有序、运转高效的管理体制和运行机制。

进一步加强综合减灾的组织领导，健全各级综合减灾组织机构，建立统一、高效的综合减灾指挥管理系统，建立全面覆盖的综合减灾网络，形成政府综合减灾机构、专业减灾部门、社会团体以及人民群众相互配合的防灾减灾系统和应急救援指挥体系。

增强灾害管理协调机制，推动灾害管理体制的完善。按照政府负责、部门指导协调、各方联合行动的要求，打破部门分割的界限，建立完善的多层次、多方位联防工作机制，加强党政机关部门之间、政府部门之间、政府各层级之间、政府与社会之间、各辖区之间的合作，建立和完善气象、国土资源、水利、农业、林业、地震等有关灾害主管部门之间信息的沟通、会商、通报制度，实现资源整合与共享，逐步形成"政府统一领导、部门分工协作、社会共同参与"的综合减灾工作联动机制。

整合减灾信息资源，大力实施综合减灾。通过合理整合资源，建立信息交换机制，逐步实现减灾信息共享，为开展自然灾害综合会商、决策服务、灾害研究等提供信息基础保障。加强灾害管理方式由部门、区域、环节、学科相分离的封闭式单项管理向综合、系统、协调式的方向发展，建立跨地域、跨部门的灾害信息管理系统和科学的决策系统，大力实施综合减灾。

6.3.3 鼓励科学研究，推进风险评估

我国海岛地质灾害防灾减灾的科研水平整体不高，科研支撑能力不足，防灾减灾高素质科研人才相对匮乏。海岛地质灾害信息管理、风险评估、应急处置、灾情评估等缺乏规范，未能建立有效的海岛地质灾害防灾减灾科研支持体系，对其基础理论研究较为落后，对发生机理、规律、临界条件等的研究水平不高，缺乏海岛地质灾害与经济学、社会学等的交叉研究。我国的海岛灾害区划和风险评估标准尚未完全建立，灾害评估的监测方法和技术手段较为有限，灾害的过程监测、危险性评估及灾后综合评估等没有建立专门的工作机制，这些均不同程度地影响了政府部门的预警、决策、预案制定和防灾减灾效果等。

目前，我国应针对海岛地质灾害特点，建立海岛地质灾害评估的监测方法、评估标准（杜军等，2010），完善海岛地质灾害灾情统计标准，建立我国海岛地质灾害统计体系，形成县、市、省（自治区、直辖市）、国家四级灾情上报系统，健全灾情信息快报和核报机制，建立相关部门灾害信息沟通、会商、通报制度。充分利用各政府部门、科研单位的基础地理信息、经济社会信息、地质灾害信息等建立海岛地质灾害信息共享和发布平台，加强对海岛地质灾害信息数据的分析、处理和应用，为政府部门发布预警信息、制定海岛地质灾害应急预案和灾后处置等提供决策依据。

同时，也要加强海岛地质灾害综合研究，对灾害的成因、机制、过程、预防措施、不同类型灾害之间的相互关系、灾后处置等进行全面研究（叶涛等，2005），研究海岛地质灾害的防灾减灾对策措施，最大限度地减少损失。具体包括：①增加科研投入，提高防灾减灾的科技含量；②加强对

外交流，吸收国外先进技术、先进经验、先进设备，提升我国海岛地质灾害防灾减灾能力；③加强海岛防灾减灾重大技术攻关，对重大科技攻关项目，要协同作战、联合攻关，在关键技术上取得重大突破，并把科技成果转化为实际应用，高起点、高水平地建设海岛地质灾害防灾减灾体系。

6.3.4 加强宣传教育，普及防灾知识

防灾减灾宣传教育是提高群众防灾减灾意识和技能的有效途径，也是防灾减灾系统工程中的一项重要内容和应对措施。由于海岛地理环境独特，相对孤立，交通不便，基础设施较差，加上防灾减灾基本知识宣传教育的不足，致使海岛居民防灾减灾意识相对薄弱，对于灾害的警觉性差，缺乏避灾意识以及自救能力差等。针对这种情况，应树立居安思危、未雨绸缪的思想，开展海岛地质灾害防灾减灾普及宣传活动，提高防灾意识和减灾能力，保护海岛居民的生命财产安全。

海岛所在县、市、区相关部门应认真学习贯彻《地质灾害防治条例》和《地质灾害防治管理办法》，面向海岛普通群众、基层干部等，加强宣传教育，坚持不懈地开展防灾减灾科普宣传活动，通过编制科普读物、挂图、音像制品等对防灾减灾的案例、经验和相关知识等进行宣传，通过广播、电视、网络、现场科普活动、演习等方式进行海岛灾害和防灾减灾的宣传教育，提高海岛居民的地质灾害防治意识。把日常宣传和重点教育相结合，在进行地质灾害调查的同时，向当地群众宣传地质灾害防治知识，宣传防灾、避灾的基本技能，调动社会力量，共同做好地质灾害的防治宣传教育工作。

6.3.5 搞好灾害调查，完善防范措施

由于客观因素的制约，海岛地区各项基础设施建设相对落后，防灾减灾设施建设有待加强，抗灾标准普遍较低，尚未建立完善的海岛灾害监测、预报系统。海岛地区地质灾害监测系统的建设水平相对薄弱，监测能力不能满足提高灾害预报准确性、时效性的需要。监测设备落后、自动化程度低，监测技术和方法落后，监测数据实时传输能力不强。这些都与海岛地区的经济社会安全发展、海岛防灾减灾要求不相适应。

全面调查我国重点海区海岛各类地质灾害的类型、分布、风险隐患、减灾能力，建立完善的海岛灾害信息数据库，为增强我国海岛地质灾害防灾减灾能力提供科学依据。完善灾情评价标准，建立我国海岛灾害灾情评价体系，评估海岛各类地质灾害的风险级别，编制海岛地质灾害风险分布图。

编制海岛地质灾害应急减灾预案，制定适合中国国情的海岛地质灾害防灾、抗灾、救灾应急计划和措施，指导政府有关部门、海岛基层干部及居民在灾情发生后采取及时的处置措施，协同有关部门，减轻灾害导致的损失。开展海岛地质灾害监测、预报、预防技术、灾害应急处理方法和程序、救灾措施等的标准和技术方法的制定，为我国海岛地质灾害防灾减灾工作提供标准化的技术方法，为应急处置预案的实施提供科学依据，为提高海岛地质灾害的处置效率和水平、为海岛居民的生产和生活提供安全保障。

6.3.6 强化灾情预警，提高应急反应

完善海岛与陆地联网的海岛地质灾害监测预警、预报系统，加强海上救援体系建设，贯彻"以防为主、防抗结合"的政策，建立海岛灾害的监测、预报、预警系统（李培英等，2014），增强对

海岛地质灾害的快速反应和科学决策能力，切实提高海岛地质灾害的防灾减灾效果。①加强监测体系建设，实行固定监测和流动监测相结合，传统手段和现代监测手段相结合，专业人员监测与群众监测相结合的方式，对海岛地质灾害实施全方位、全天候、立体式的监测；②加强预报体系建设，建立完善的海岛地质灾害预报服务系统，开展短期、中期、长期的地质灾害预报；③加强预警体系建设，完善和建立移动预警终端、多媒体信息电话、电子显示屏、手机短信、专用预警终端、网站、传真、报纸、电视、电台、农村广播站等手段全覆盖、多渠道地发布海岛地质灾害预警信息；④编制海岛地质灾害防治应急预案，成立应急指挥机构，不断提高地质灾害应急处置能力；⑤提高灾害应急反应能力，根据海岛地质灾害的程度、范围、引发的次生和衍生灾害类别，启动应急响应，并及时通报相关应急部门和单位，依据海岛地质灾害应急处置预案提供专门的应急处置。

参考文献

《中国海岛志》编纂委员会 .2013. 中国海岛志：江苏、上海卷 [M]．北京：海洋出版社，1-513.

鲍才旺，姜玉坤 .1999. 中国近海海底潜在地质灾害类型及其特征 [J]．热带海洋学报，18（3）：24-31.

陈达森，严金辉 .2006. 湛江湾海区流场特征及其对水环境的影响 [J]．科学技术与工程，6（14）：2100-2103.

陈广泉 .2013. 莱州湾地区海水入侵的影响机制及预警评价研究 [D]．上海：华东师范大学.

陈吉余 .2010. 中国海岸侵蚀概要 [M]．北京：海洋出版社.

陈鹏，蔡晓琼，廖连招 .2013. 海岛灾害及其防灾减灾策略 [J]．海洋开发与管理，30（11）：8-12.

成松林 .1990. 令人关注的海平面变化 [J]．大自然，（2）：34-35.

崔震，陈广泉，徐兴永，等 .2015. 北长山岛海水入侵成因机理及现状评价 [J]．海洋环境科学，34（6）：930-936.

岱山县志编纂委员会 .1994. 岱山县志 [M]．杭州：浙江人民出版社.

戴胜利，邓明然 .2010. 我国与发达国家灾害管理系统比较研究 [J]．学术界，（2）：213-219.

董育烦 .2008. 基于 InSAR 技术的滑坡监测及稳定性评价方法研究 [D]．南京：河海大学.

杜殿均 .2013. 我国海岛法律保护问题研究 [D]．南昌：江西师范大学.

杜军，李培英 .2010. 海岛地质灾害风险评价指标体系初建 [J]．海洋开发与管理，27（B11）：80-82.

杜军 .2009. 中国海岸带灾害地质风险评价及区划 [D]．青岛：中国海洋大学.

范秀利 .2010. 我国无居民海岛环境保护法律问题研究 [D]．北京：中央民族大学.

方志雷，王寒梅，吴建中，等 .2009. InSAR 技术在上海地面沉降监测中的应用研究 [J]．上海地质，（2）：22-26.

冯东霞，余德清，龙解冰 .2002. 地质灾害遥感调查的应用前景 [J]．国土资源导刊，21（4）：314-318.

冯有良 .2013. 海洋灾害影响我国近海海洋资源开发的测度与管理研究 [D]．青岛：中国海洋大学.

冯志强，冯文科，薛万俊 .1996. 南海北部地质灾害及海底工程地质条件评价 [J]．南京：河海大学出版社.

福建省地质学会 .2015. 福建省岛屿地质环境学科发展研究报告 [J]．海峡科学，（1）：10-16.

高庆华，聂高众 .2007. 中国减灾需求与综合减灾——国家综合减灾"十一五"规划相关重大问题研究 [M]．北京：气象出版社.

高抒 .1998. 沉积物粒径趋势与海洋沉积动力学 [J]．中国科学基金，12（4）：241-246.

高伟，李萍，傅命佐，等 .2014. 海南省典型海岛地质灾害特征及发展趋势 [J]．海洋开发与管理，（2）：59-65.

郭承燕，贾建华，马荣华，等 .2012. 滑坡灾害预测预报信息共享平台 [J]．地球信息科学学报，14（2）：199-208.

郭对田 . 蓬长大桥 [EB/OL]. http：//baike. baidu. com/link？url＝jjHP6NDmUTKtlKZ4ZDI7W5zDiSl MmvVkcrQa0JN8OZ BLHyvtBx49Bgpc1QYMENKxNYl5V5nh26nhjjG4h0ilS_ . 2015-11-04.

郭俊英，李荣勋 . 2008. 降雨对滑坡的影响分析 [J]．黑龙江科技信息，（33）：109-109.

国家海洋局 . 我国沿海海平面上升明显 [EB/OL]. http：//www. soa. gov. cn/xw/hyyw90/201211/t20121109_878. html. 2012-07-09.

国家海洋局 .2014. 中国海平面公报 [R]．北京：国家海洋局.

国家海洋局环保司 .2014. 海水入侵监测技术规程（试行） [M].

哈斯 .2011. 中日海岛生态环境保护法律制度比较研究 [D]．大连：大连海事大学.

韩秋影，黄小平，施平，等 .2006. 华南滨海湿地的退化趋势、原因及保护对策 [J]．科学通报，（B11）：102-107.

韩志男 .2013. 崇明岛海水入侵特征及趋势分析 [D]．青岛：国家海洋局第一海洋研究所.

贺松林，丁平兴，孔亚珍 .2006. 长江口南支河段枯季盐度变异与北支咸水倒灌 [J]．自然科学进展，16（5）：584-589.

侯宁，任坤 .2008. 降雨对滑坡的影响研究 [J]．山西建筑，34（31）：135-136.

胡增祥 .2005. 论中国海岛立法的必要性 [J]．中国海洋法学评论，73-79.

黄国恩.2011.我国海岛生态安全问题研究：国家海岛保护法律——从香港海岸公园及海岸保护区法律中得到的启示 [J].榆林学院学报，21（1）：55-59.

黄晖，马斌儒，练健生，等.2009.广西涠洲岛海域珊瑚礁现状及其保护策略研究 [J].热带地理，29（4）：307-312.

黄磊，郭占荣.2008.中国沿海地区海水入侵机理及防治措施研究 [J].中国地质灾害与防治学报，19（2）：118-123.

贾英杰.2014.山东省海洋环境污染深层原因及对策研究 [D].青岛：中国海洋大学.

姜金征，赵建明，薛伟，等.2012.加强防灾减灾宣传教育提高全民防灾减灾意识 [J].山西建筑，38（36）：268-270.

姜胜辉.2009.南、北长山岛海域沉积动力特征研究 [D].青岛：中国海洋大学.

姜文明，李新运.1994.莱州湾地区海水入侵与相关因子研究 [J].山东师范大学学报：自然科学版，9（4）：58-61.

金德山.2009.滑坡裂缝的识别与分析 [J].中国地质灾害与防治学报，13（2）：16-18.

金伟，葛宏立，杜华强，等.2009.无人机遥感发展与应用概况 [J].遥感信息，（1）：88-92.

来向华，叶银灿.2000.浙北近海潮汐通道地区水下滑坡分布及成因机制研究 [J].海洋地质与第四纪地质，20（2）：45-50.

黎广钊，梁文，农华琼，等.2004.涠洲岛珊瑚礁生态环境条件初步研究 [J].广西科学，11（4）：379-384.

李保俊，袁艺，邹铭，等.2004.中国自然灾害应急管理研究进展与对策 [J].自然灾害学报，13（3）：18-23.

李从先，王平，范代读，等.2000.布容法则及其在中国海岸上的应用 [J].海洋地质与第四纪地质，20（1）：87-91.

李凡，张秀荣，唐宝珏.1998.黄海埋藏古河道及灾害地质图集 [M].济南：济南出版社，102-113.

李福林，张保祥.1999.水化学与电法在海水入侵监测中的应用 [J].物探与化探，23（5）：376-379.

李福林.2005.莱州湾东岸滨海平原海水入侵的动态监测与数值模拟研究 [D].青岛：中国海洋大学.

李江，潘洪捷，刘俊廷，等.2011.遥感技术在地质灾害调查中的应用及前景 [J].内蒙古水利，（2）：80-82.

李培英，刘乐军，杜军，等.2014.典型海岛地质灾害监测与预警示范研究 [C]//海洋防灾减灾学术交流会.

李培英，刘乐军，傅命佐，等.2007.中国海岸带灾害地质特征及评价 [M].北京：海洋出版社.

李萍，杜军，刘乐军，等.2010.我国近海海底浅层气分布特征 [J].中国地质灾害与防治学报，21（1）：69-74.

李拴虎.2013.湛江湾填海工程对湾口冲淤影响的分析研究 [D].青岛：国家海洋局第一海洋研究所.

李团结，马玉，王迪，等.2011.珠江口滨海湿地退化现状、原因及保护对策 [J].热带海洋学报，30（4）：77-84.

李晓敏.2008.东海岛土地利用变化及影响因素分析 [D].呼和浩特：内蒙古师范大学.

梁文，黎广钊，范航清，等.2010.广西涠洲岛造礁石珊瑚属种组成及其分布特征 [J].广西科学，17（1）：93-96.

梁文，黎广钊，张春华，等.2010.20年来涠洲岛珊瑚礁物种多样性演变特征研究 [J].海洋科学，34（12）：78-87.

梁文，黎广钊.2002.涠洲岛珊瑚礁分布特征与环境保护的初步研究 [J].环境科学研究，15（6）：5-7.

廖晓留.2007.崇明岛土壤高光谱特征分析与盐碱化最优波段选择 [D].上海：同济大学.

林发永.2003.崇明岛水系改造的几点设想 [J].水利水电快报，24（8）：15-16.

林鸿潮.2008.试论危机预控的概念、功能和具体措施——从年初雪灾中的一次争论说起 [J].湖南社会科学，（5）：74-76.

刘国霞.2012.基于GIS的有居民海岛土地利用适宜性和开发强度评价研究 [D].呼和浩特：内蒙古师范大学.

刘华磊，徐则民，张勇，等.2011.降雨条件下边坡裂缝的演化机制及对边坡稳定性影响——以云南省双柏县丁家坟滑坡为例 [J].灾害学，26（1）：26-29.

刘冀闽，师沙沙，韩涛.2009.电导率法在海水入侵监测中的应用 [J].中国环境管理干部学院学报，19（1）：

77-79.

刘乐军，高珊，李培英，等.2015.福建东山岛地质灾害特征与成因初探［J］.海洋学报，37（1）：137-146.

刘孟兰，郑西来，韩联民，等.2007.南海区重点岸段海岸侵蚀现状成因分析与防治对策［J］.海洋通报，26（4）：80-84.

刘晓东，傅命佐，李萍，等.2014.河北南堡—曹妃甸海域潜在的浅表灾害地质类型及特征［J］.海洋学报，36（7）：90-98.

刘毅飞，夏小明，贾建军.2007.舟山外钓山海岸边坡泥沙动力与冲淤演变特征［J］.海洋通报，26（6）：53-60.

刘志军，刘金，崔伦辉.2009.无居民海岛旅游开发发展对策研究［J］.海洋开发与管理，26（10）：29-32.

卢刚，王连纯.2014.浅谈遥感技术在地质方面的应用［J］.地球，5：251-253.

鲁学军，史振春，尚伟涛，等.2014.滑坡高分辨率遥感多维解译方法及其应用［J］.中国图像图形学报，19（1）：141-149.

陆勤.2011.废黄河三角洲淤泥质海岸稳定性研究［D］.上海：华东师范大学.

吕京福，印萍，边淑华，等.2003.海岸线变化速率计算方法及影响要素分析［J］.海洋科学进展，21（1）：51-59.

罗丽娟，赵法锁.2009.滑坡防治工程措施研究现状与应用综述［J］.自然灾害学报，18（4）：158-164.

罗渝，何思明，何尽川.2014.降雨类型对浅层滑坡稳定性的影响［J］.地球科学——中国地质大学学报，39（9）：1357-1363.

美国地质调查局.2009.美国地质调查局的滑坡灾害计划［J］.资源与人居环境，（17）：42-46.

莫永杰.1988.涠洲岛珊瑚岸礁的沉积特征［J］.广西科学院学报，4（2）：54-59.

南澳县地方志编纂委员会.2000.南澳县志.上海：中华书局.

欧阳祖熙，张宗润，陈明金，等.2005.三峡库区万州—巫山段地质灾害监测预警研究［J］.地质灾害调查与监测技术方法论文集，190-199.

彭超，文艳，韩立民.2005.构筑海岛可持续发展的保障体系［J］.中国海洋大学学报：社会科学版，（2）：10-13.

彭亚非.2007.砂质海滩溅浪带表层沉积物粒度特征及其与水动力环境的关系［D］.广州：华南师范大学.

任自力.2012.美国洪水保险法律制度研究［J］.清华法学，6（1）：122-135.

容穗红.2014.广东南部滨海地区工程地质问题及对策［J］.地质灾害与环境保护，25（4）：61-65.

山东省科学技术委员会.1995.山东省海岛志［M］.济南：山东科学技术出版社.

嵊泗县志编纂委员会.1989.嵊泗县志.杭州：浙江人民出版社.

宋婷，朱晓燕.2005.国外海岛生态环境保护法律制度对我国的启示［J］.海洋开发与管理，22（3）：14-19.

搜狗百科.东海岛［EB/OL］.http://baike.sogou.com/v371284.htm；jsessionid = 9CA19F07C09E487 A7B8A9746C0959 DD2.2015-01-31.

唐亚明，张茂省，薛强，等.2012.滑坡监测预警国内外研究现状及评述［J］.地质论评，58（3）：533-541.

田淳，王娟，高燕芳，等.2007.湛江钢铁基地自备电厂取排水方案局部流场和泥沙冲淤特性研究［J］.水道港口，28（2）：91-95.

王凤和，孙洪梅.2007.电导仪法在海水入侵监测分析中的应用［J］.吉林水利，（12）：30-31.

王恭先.2005.滑坡防治中的关键技术及其处理方法［J］.岩石力学与工程学报，24（21）：3818-3827.

王国忠，吕炳全，全松青.1987.现代碳酸盐和陆源碎屑的混合沉积作用——涠洲岛珊瑚岸礁实例［J］.石油与天然气地质，（1）：15-25.

王琦.2007.崇明岛盐水入侵预警系统开发及应用研究［D］.上海：华东师范大学.

王思文，张绪杰，宋玉金.2011.露天矿边坡稳定性的安全因素分析及防治建议［J］.露天采矿技术，（3）：21-23.

王小静，周冬子.2008.苏州市过量开采地下水导致的地面沉降问题［J］.水资源研究，（2）：11-13.

王振耀，方志勇，李先瑞，等.2004.加快灾害信息管理系统建设——美国、日本灾害应急管理系统建设启示［J］.中国减灾，（5）：49-51.

王志才，邓起东，晁洪太，等．2006.山东半岛北部近海海域北西向蓬莱—威海断裂带的声波探测［J］.地球物理学报，49（4）：1092-1101.

吴晨立．2013.烟台市大沽夹河河口平原区海水入侵防治研究［D］.济南：山东大学.

吴树仁，金逸民，石菊松，等．2004.滑坡预警判据初步研究——以三峡库区为例［J］.吉林大学学报（地），34（4）：596-600.

吴彤．2007.基于GIS和遥感的崇明岛土地资源承载力研究［D］.上海：华东师范大学.

吴晓芳．2008.地面沉降［J］.北京规划建设，（4）：40-41.

徐广波，孔亮，刘乐军，等．2015.考虑降雨与坡脚采石影响的海岛岩质边坡稳定性分析［J］.宁夏大学学报：自然科学版，36（2）：151-156.

徐元芹，刘乐军，李培英，等．2015.我国典型海岛地质灾害类型特征及成因分析［J］.海洋学报，37（9）：71-83.

许方宏．2011.湛江红树林国家级自然保护区的建设与发展［C］//联合国开发计划署UNDP/全球环境基金GEF/小额赠款项目SGP"湛江特呈岛滨海湿地保护与可持续发展利用示范"项目论文成果汇编.

薛禹群．2012.论地下水超采与地面沉降［J］.地下水，34（6）：1-5.

鄢武先，桂林华，骆建国，等．2012.日本的山地灾害治理考察报告［J］.四川林业科技，33（2）：35-41.

杨顺，潘华利，王钧，等．2014.泥石流监测预警研究现状综述［J］.灾害学，29（1）：150-156.

杨燕明，郑凌虹，文洪涛，等．2011.无人机遥感技术在海岛管理中的应用研究［J］.海洋开发与管理，28（1）：6-10.

杨燕雄，张甲波．2009.治理海岸侵蚀的人工岬湾养滩综合法［J］.海洋通报，28（3）：92-98.

杨子赓．2004.海洋地质学［M］.济南：山东教育出版社.

叶涛，郭卫平，史培军．2005.1990年以来中国海洋灾害系统风险特征分析及其综合风险管理［J］.自然灾害学报，14（6）：65-70.

叶维强，黎广钊，庞衍军，等．1988.北部湾涠洲岛珊瑚礁海岸及第四纪沉积特征［J］.海洋科学，12（6）：13-17.

叶银灿，陈俊仁，潘国富，等．2003.海底浅层气的成因、赋存特征及其对工程的危害［J］.海洋学研究，21（1）.

叶银灿，宋连清，陈锡土．1984.东海海底不良工程地质现象分析［J］.东海海洋，2（3）：30-35.

殷跃平，张作辰，张开军．2005.我国地面沉降现状及防治对策研究［J］.中国地质灾害与防治学报，16（2）：1-8.

尹泽生，林文盘，杨小军．1991.海水入侵研究的现状与问题［J］.地理研究，（3）：78-86.

尹泽生．1992.莱州市滨海区域海水入侵研究［M］.北京：海洋出版社，137-142.

游大伟，汤超莲，陈特固，等．2012.近百年广东沿海海平面变化趋势［J］.热带地理，32（1）：1-5.

余逸锋，邵耀棋，彭沛来．2002.山泥倾泻警报系统［C］//中国土木工程学会年会.

张金芝．1995.海上仙山，长岛［J］.园林，4：033.

张铭汉，于洪军，单秋美．1999.莱州湾地区海水入侵通道研究［J］.海洋科学集刊，41：33-39.

张鹏，李宁，范碧航，等．2011.近30年中国灾害法律法规文件颁布数量与时间演变研究［J］.灾害学，26（3）：109-114.

张卫东，周平根，徐素宁，等．2006.遥感技术在滑坡灾害监测预警中的应用及前景［C］//2006遥感科技论坛暨中国遥感应用协会2006年年会.

张燕．2007.日本最新滑坡调查及防治对策技术——赴日本考察地质灾害监测防治技术报告［J］.中国地质灾害与防治学报，18（增刊）：1-4.

张永奇，林卓，丁晓光，等．2014.基于CORS系统的网络RTK技术原理及应用［J］.测绘标准化，（2）：9-11.

赵尚毅，郑颖人，张玉芳．2005.极限分析有限元法讲座——Ⅱ有限元强度折减法中边坡失稳的判据探讨［J］.岩土力学，26（2）：332-336.

赵书泉，徐军祥，李培远，等．2004.高密度电法在莱州湾东南岸海水入侵监测中的应用［C］//海岸带地质环境与城市发展研讨会.

浙江省玉环县编史修志委员会 . 1994. 玉环县志 . 上海：汉语大词典出版社 .

志编撰委员会编译 . 1983. 崇明县志译本 ［M］. 上海：上海市崇明县志编纂委员会 .

中国地质调查局 . 地质灾害预警 ［EB/OL］http：//www. cgs. gov. cn/ztlanmu/xylunguotuziyuandadi/ 74. htm, 2007-10-21.

中国天气网山东站 . 烟台市气候特点 ［EB/OL］. http：//www. weather. com. cn/shandong/sdqh/ gsqhtd/11/ 86237. shtml. 2009-11-13.

中国新闻网 . 中国沿海海平面上升明显近三年处于历史高位 ［EB/OL］. http：//www. chinanews. com/gn/2012/07- 04/4007432. shtml. 2012-07-04.

周国强，董保华 . 2009. 我国综合减灾组织管理体系和运行机制探讨 ［J］. 防灾科技学院学报，11 （2）：86-89.

周航，刘乐军，王东亮，等 . 2016. 滑坡监测系统在北长山岛山后村山体滑坡监测中的应用 ［J］. 海洋学报，（1）： 124-132.

周浩郎，黎广钊，梁文，等 . 2013. 涠洲岛珊瑚健康及其影响因子分析 ［J］. 广西科学，20 （3）：199-204.

周平根 . 2004. 滑坡监测的指标体系与技术方法 ［J］. 地质力学学报，10 （1）：19-26.

周松 . 2003. 探地雷达技术及其应用 ［J］. 治淮，（8）：39-40.

朱吉祥，张礼中，周小元，等 . 2012. 区域地质灾害评价的有效性周期分析 ［J］. 安全与环境学报，（3）：251-256.

Adrian, D. Wemer, 葛秀珍 （翻译），等 . 2012. 澳大利亚海水入侵及其管理策略 ［J］. 水文地质工程地质技术方法动 态，（5）：1-4.

Aydan O. 2008. Seismic and tsunami hazard potentials in Indonesia with a special emphasis on Sumatra Island ［J］. Journal of the School of Marine Science and Technology-Tokai University （Japan），6 （3）：19-38.

Bruun P. 1999. Sea-level rise as a cause of shore erosion ［J］. Journal of the Waterways & Harbors. DawsonEM, RothWH, DrescherA. SlopeStabilityAnalysisByStrengthReduction ［J］. Géotechnique, 49 （6）：835-840.

Cambers Gillian. 1998. Coping with beach erosion with case studies from the Caribbean ［M］. Paris：Unesco.

Carpenter G B, McCarthy J C. 1980. Hazards Analysis on the Atlantic outer continental shelf ［C］//Offshore Technology Conference. Offshore Technology Conference.

Division Proceedings of the America Society of Civil Engineers, 1962.

Douglass S L. 1994. Beach erosion and deposition on Dauphin Island, Alabama, USA ［J］. Journal of Coastal Research, 306 -328.

DZ/T 0221-2006. 2006. 崩塌·滑坡·泥石流监测规范 ［S］. 北京：中国标准出版社 .

Ferreira Ó, Ciavola P, Taborda R, et al. 2000. Sediment mixing depth determination for steep and gentle foreshores ［J］. Journal of Coastal Research, 830-839.

Furuya G, Sassa K, Hiura H, et al. 1999. Mechanism of creep movement caused by landslide activity and underground erosion in crystalline schist, Shikoku Island, southwestern Japan ［J］. Engineering geology, 53 （3）：311-325.

Gao S. 1996. A FORTRAN program for grain-size trend analysis to define net sediment transport pathways ［J］. Computers & Geosciences, 22 （4）：449-452.

Griffiths D V, Lane P A. 2004. Slope Stability Analysis By Finite Elements ［J］. Géotechnique, 51 （7）：653-654.

Jones M A. 1985. Occurrence of ground water and potential for seawater intrusion, Island County, Washington ［R］. United States Geological Survey.

Kriebel D, Dalrymple R, Pratt A, et al. 2010. A Shoreline Risk Index for Northeasters ［C］// Natural Disaster Reduction. ASCE.

Manakou M V, Tsapanos T M. 2000. Seismicity and seismic hazard parameters evaluation in the island of Crete and the sur- rounding area inferred from mixed data files ［J］. Tectonophysics, 321 （1）：157-178.

Mills T, Hoekstra P, Blohm M, et al. 1988. Time Domain Electromagnetic Soundings for Mapping Sea-Water Intrusion in Monterey County, California ［J］. Ground Water, 26 （6）：771-782.

Montero G G. 2002. The Caribbean: main experiences and regularities in capacity building for the management of coastal areas [J]. Ocean & Coastal Management, 45 (9 - 10): 677-693.

Morgan R P C, Quinton J N, Smith R E, et al. 1998. The EUROpean Soil Erosion Model (EUROSEM): a dynamic approach for predicting sediment transport from fields and small catchment [J]. Earth Surface Processes & Landforms, 23 (6): 527 -544.

Richard T. Barber, Anna K. Hilting, Marshall L. Hayes. 2001. The Changing Health of Coral Reefs [J]. Human & Ecological Risk Assessment, 7 (5): 1255-1270.

Seara J L, Granda A. Interpretation of I. P. 1987. time domain/resistivity soundings for delineating sea-water intrusions in some coastal areas of the Northeast of Spain [J]. Geoexploration, 24 (2): 153-167.

Side J, Jowitt P. 2002. Technologies and their influence on future UK marine resource development and management [J]. Marine Policy, 26 (4): 231-241.

Stewart, Mark T. 1982. Evaluation of Electromagnetic Methods for Rapid Mapping of Salt-Water Interfaces in Coastal Aquifers [J]. Ground Water, 20 (5): 538-545.

Theodore M, Pieter H, Marx B, et al. 1988. Time domain electromagnetic soundings form mapping seawater intrusion in Monterey county, California [J]. Groundwater, 26 (6): 771-752.

Thornton E, Dalrymple T, Drake T, et al. 2000. State of Nearshore Processes Research: Ⅱ, Technical Report NPS-OC-00- 001 [R]. Monterey: Naval Postgraduate School.

Wieczorek G F, Wilson R C, Mark R K. 1990. Landslide warning system in the San Francisco Bay Region, California [J]. Landslide News, 4: 5-8.

Yang C H, Tong L T. 2012. Combined application of dc and TEM to sea-water intrusion mapping [J]. Digital Library Home, 64 (2): 417-425.